单片机应用系统设计精讲

周国雄　晏密英　编著

中国铁道出版社
CHINA RAILWAY PUBLISHING HOUSE

内容简介

本书遵循“完整性、系统性和启发性”的原则，从提出问题、论证方案及系统的设计与实现等环节入手，全面阐述了城市公交车无线自动报站系统的应用、基于超声波雾化器的智能控制系统等多个单片机应用系统的设计思想和具体实现，并提供了硬件电路图和软件源程序代码。由于系统设计中所涉及的硬件多为目前流行的型号和系列，并且涉及大量与单片机应用系统开发相关的多学科知识，因此本书具有较好的启发性和借鉴意义。

本书力图使读者了解单片机应用系统开发的完整过程，帮助读者加速对单片机应用系统开发经验的积累。

本书内容精练，实例丰富，深入浅出，讲解详尽，编排合理，适合专门从事单片机项目开发与应用的工程技术人员使用，也可作为本专科院校计算机、通信、电子信息、自动控制和其他相关专业的教材或者教学参考书，还可作为单片机技术培训教材。

图书在版编目（CIP）数据

单片机应用系统设计精讲/周国雄，晏密英编著.
北京：中国铁道出版社，2011.3
ISBN 978-7-113-12254-6

Ⅰ.①单… Ⅱ.①周… ②晏…Ⅲ.①单片微型计算机—系统设计 Ⅳ.①TP368.1

中国版本图书馆CIP数据核字（2010）第231576号

书　　名：单片机应用系统设计精讲
作　　者：周国雄　晏密英　编著

责任编辑：韩中领　　**读者热线电话：**400-668-0820
特邀编辑：韩玉彬　　**编辑助理：**包　宁
封面设计：张　丽　　**封面制作：**白　雪
责任印制：李　佳

出版发行：中国铁道出版社（北京市宣武区右安门西街8号　　邮政编码：100054）
印　　刷：北京鑫正大印刷有限公司
版　　次：2011年3月第1版　　2011年3月第1次印刷
开　　本：787mm×1092mm　1/16　**印张：**16　**字数：**329千
印　　数：3 500册
书　　号：ISBN 978-7-113-12254-6
定　　价：39.00元（附赠光盘）

前　言

微型计算机的出现和大量使用将人类社会带入一个新的时代，单片微型计算机（简称单片机）在其中扮演着十分重要的角色，在工业控制、数据采集以及仪器仪表自动化等许多领域都起着十分重要的作用。随着国家工业化建设的迅速发展，对电子信息类专业技术人才的需要也日益扩大。

为什么写这本书？

原因只有一个，就是让更多人喜欢并使用单片机。

笔者现就职于中南林业科技大学，从事单片机应用系统设计的教学工作，通过这几年的教学工作，总结了一些教学方法和教学案例。为了将自己在教学中遇到的问题以及解决的方法和经验与大家分享，笔者将这些知识汇聚成书展现在读者面前，使更多喜欢单片机的广大读者能够有一本非常适合自己学习的设计宝典。

本书特色

- 知识点讲解透彻。作者根据多年教学工作的积累，经过沉淀之后采用读者容易理解的语言和生活中的场景去解释计算机中的专业知识，目的是希望不懂编程的读者在学习时不再为书中有大量的专业词汇而感到吃力。
- 知识点丰富而精练。本书讲解的知识点涉及的编程范围较广，难度较深，打破了传统书籍知识点单一、肤浅的特点。作者在丰富书中内容的同时也力求做到讲好每一个知识点。
- 图文并茂。本书采用大量图片进行知识点的讲解，目的是希望读者能够更加有效地吸收和掌握书中讲到的知识点。
- 实用性案例丰富。本书介绍的每一个实例所涉及的代码都是笔者在多年开发工作中积累和提炼的经典代码，以及在多年教学工作中积累的教学示例代码，目的是希望广大读者通过理解代码能够快速掌握书中的每一个知识点。
- 理论和实践结合最紧密。书中在介绍每一个知识点的来龙去脉时不仅有文字阐述，还配有相应的代码介绍，目的是让读者能将理论与实践相互映射。另外，书中还有很多知识点的讲解都是以实际开发中的经典代码为例进行的。
- 读者适用范围广。对于一个零基础的读者，需要从本书第 1 章开始循序渐进地学习。对于一个有一定经验的编程人员，可能苦于平时工作忙碌，而疏忽了及时总结，那么本书中的大量知识点和示例代码将会为其工作提供总结性的资料。

➢ 内容超值，附送视频讲座、源代码、硬件电路图光盘。书中的第 13 章还配有视频讲解，从而让读者能够更好地掌握 Keil C 和 Proteus 工具的使用。

本书内容

本教材共分为 13 章：第 1 章，单片机概述；第 2 章，单片机 C 语言基础；第 3 章，城市公交车无线自动报站系统；第 4 章，超声波雾化器的智能控制系统；第 5 章，住宅公用路灯用电量自动分配装置设计；第 6 章，一种输出可调智能开关稳压电源设计；第 7 章，单片机温度控制系统；第 8 章，智能数字显示交流毫伏表；第 9 章，基于单片机原理改进的“自动结鞭机”设计；第 10 章，基于 AT89C51 的风力发电偏航控制系统；第 11 章，家电遥控器系统；第 12 章，智能时钟系统；第 13 章，Proteus 开发环境的使用。

本书导读

读者可以按顺序阅读本书各章节，也可以按照需要深入学习。本书可作为一本设计单片机应用系统的参考资料，帮助读者在具有单片机原理知识的基础上，通过设计单片机应用系统来加深对单片机的理解和应用。

读者对象

本书主要针对如下读者：

专门从事单片机项目开发与应用的工程技术人员；本、专科院校计算机、通信、电子信息、自动控制和其他相关专业的学生或教师。

创作团队

本书由周国雄和晏密英编写，在编写过程中叶自清和朱俊杰教授给予了大力支持，同时还要特别感谢朱寅、薛崇盛、郑瑞玲、曾鑫松、丁小安、汤琼、王飞翔、韦树恒、袁超、张建芳、褚佩锐、肖捷、李智、张鹏、邹辉、赵深、彭细、曹瞻等人，是他们的积极参与和帮助才得以让本书早日和读者见面。本书在编写过程中力求精益求精，但难免存在一些疏漏，敬请读者批评指正。

如果读者在阅读本书的时候出现任何疑问，可以发送电子邮件及时与笔者联系。我们会尽快给予答复，邮箱：HappySAnts@163.com。

说明：本书提供的电路图源于某些实际产品的原图，图中电容器电容量的标注采用了两种方法：

（1）直标法：用数字和字母把电容量、单位符号直接标出。例如，C1 0.1 μF。

（2）文字符号法：又称数码法，即用 3 位数字表示电容量的大小，其中前 2 位是有效数值，第 3 位数代表后补的 0 的个数，即 10 的幂，默认单位是 pF。例如，C1 104，其中 104 表示 $=10\times10^4$pF=100000pF=0.1 μF。

周国雄

2011 年 1 月

目　录

第 1 章　单片机概述 1
1.1　单片机简介 1
1.1.1　单片机的发展概况 1
1.1.2　单片机的发展历史 1
1.1.3　单片机的发展趋势 2
1.1.4　单片机的结构 2
1.1.5　单片机的结构类型 3
1.2　单片机的特点及其应用 3
1.2.1　单片机的特点介绍 3
1.2.2　单片机的应用 4
1.3　单片机的分类 4
1.3.1　CISC 与 RISC 单片机的对比 4
1.3.2　CISC 与 RISC 单片机的用途 4
1.3.3　数字信号处理器 5
1.3.4　基于 ARM 芯核的 32 位单片机 5
1.4　品牌单片机简介 6
1.4.1　Intel 公司的 MCS-51 系列 6
1.4.2　Atmel 公司的 AT89 系列 6
1.4.3　Philips 公司的增强型 80C51 系列和 LPC 系列 7
1.4.4　Atmel 公司的 AVR 系列单片机 7
第 2 章　单片机 C 语言基础 9
2.1　C51 语言简介 9
2.1.1　C51 语言的特有数据类型 10
2.1.2　常量数据类型 10
2.1.3　C51 的变量及其数据存储类型 11
2.2　C51 语言的运算符与表达式 12
2.2.1　算术运算符 12
2.2.2　赋值运算符 13
2.2.3　关系运算符 13

2.2.4 逻辑运算符 13
2.2.5 C51 位操作及其表达式 14
2.3 C51 语言的函数 15
2.3.1 C51 函数概述 15
2.3.2 C51 中断函数 16
2.4 闪烁灯的设计 17
2.4.1 设计需求 17
2.4.2 程序设计 17
2.4.3 源程序 18
2.5 I/O 并行口直接驱动共阴数码管显示 19
2.5.1 设计需求 19
2.5.2 程序设计 20
2.5.3 源程序 21
2.6 多路开关状态指示设计 22
2.6.1 设计需求 22
2.6.2 程序设计 23
2.6.3 源程序 23
2.7 T0 作定时使用技术设计 26
2.7.1 设计需求 26
2.7.2 程序设计 27
2.7.3 源程序 27
2.8 报警声 31
2.8.1 设计需求 32
2.8.2 程序设计方法 32
2.8.3 源程序 33
第 3 章 城市公交车无线自动报站系统 35
3.1 报站系统的需求调研 35
3.1.1 前期调研 35
3.1.2 GPS 定位系统公交报站的原理 36
3.2 硬件电路分析 36
3.2.1 单片机小系统 37
3.2.2 编码设置电路 37
3.2.3 无线数据收发模块 37
3.3 数据接收、语音报站系统（车载系统） 38

3.3.1　无线数据接收模块 38
3.3.2　单片机小系统 39
3.3.4　语音录放电路连接和调试 40
3.3.5　功放电路介绍 41
3.3.6　显示电路 41
3.4　软件分析 43
3.4.1　程序流程图 43
3.4.2　ISD4004 语音录放子程序 44
3.5　系统功能测试与比较 48
第 4 章　超声波雾化器的智能控制系统 50
4.1　系统功能设计要求 50
4.1.1　系统设计优点 50
4.1.2　各种加湿器优缺点分析 50
4.2　系统设计 51
4.2.1　系统功能设计要求 51
4.2.2　系统总体框图设计 51
4.2.3　系统工作原理 52
4.3　硬件电路设计 53
4.3.1　单片机小系统 53
4.3.2　超声波雾化器 53
4.3.3　雾化器电路工作原理 53
4.3.4　温度测量系统 54
4.4　湿度测量系统 60
4.4.1　湿度传感器 60
4.4.2　A/D 转换 60
4.4.3　水位控制电路 61
4.4.4　键盘显示电路 62
4.4.5　加热电路 63
4.4.6　指示部件 63
4.4.7　控制部件 63
4.5　软件结构与部分程序清单 63
4.5.1　程序结构分析 64
4.5.2　主程序流程图 64
4.5.3　DS18B20 程序分析 65

4.6 系统功能测试及产品功能比较 67
4.6.1 本系统与同类产品功能比较 67
4.6.2 使用说明 68
4.6.3 系统外观平面图 68

第5章 住宅公用路灯用电量自动分配装置设计 69

5.1 系统方案分析及原理 69
5.1.1 系统总体方案分析 69
5.1.2 系统设计原理 70
5.2 系统硬件电路设计 71
5.2.1 主系统设计 71
5.2.2 硬件系统设计分析 72
5.2.3 继电器电路设计 72
5.2.4 供电电源电路分析 73
5.2.5 分配装置的应用示例 73
5.3 可靠性问题 73
5.3.1 把关定时器电路 73
5.3.2 保证长期运行须考虑的安全性问题 74
5.4 系统软件设计 74
5.4.1 软件结构 74
5.4.2 程序说明 75
5.4.3 源程序 75
5.5 结论 78

第6章 一种输出可调智能开关稳压电源设计 79

6.1 开关稳压电源的作用 79
6.2 设计要求 79
6.3 实例原理 80
6.4 元器件分析 80
6.4.1 AT89S52 微控制器 80
6.4.2 SG3525 脉宽调制型控制器 83
6.4.3 其他元器件的介绍 84
6.5 方案选择 84
6.5.1 DC-DC 主回路设计方案及方案选择 85
6.5.2 控制方法的选择 85
6.5.3 提高效率的方法及论证 86

6.6 硬件电路设计 86
6.6.1 主回路硬件电路 86
6.6.2 PWM 控制电路 87
6.6.3 保护电路 87
6.6.4 显示电路 88
6.6.5 系统总硬件电路 88
6.7 软件设计 89
6.7.1 程序流程图 89
6.7.2 源程序 90
6.8 运行情况与分析 101
第 7 章 单片机温度控制系统 104
7.1 温度检测控制系统选型分析 104
7.1.1 总体方案选择 104
7.1.2 方案设计 105
7.1.3 温度传感器选型 105
7.2 硬件电路 106
7.2.1 CPU 电路 106
7.2.2 按键显示电路 106
7.2.3 电源电路 107
7.2.4 加热控制电路 108
7.2.5 温度采集电路 109
7.3 主要器件介绍 109
7.3.1 AT89S51 型号 CPU 109
7.3.2 智能温度传感器 DS18B20 111
7.3.3 5 V 继电器 113
7.3.4 TL431 113
7.3.5 HD7279A 智能显示驱动芯片 114
7.4 软件设计 115
7.4.1 主循环程序 116
7.4.2 读/写传感器 DS18B20 程序 122
7.5 调试与运行分析 125
第 8 章 智能数字显示交流毫伏表 127
8.1 引言 127
8.2 设计要求 127

8.3 系统方案选择和论证 128
8.4 总体设计方案 129
8.5 系统硬件设计 130
8.6 测量部分 131
8.6.1 控制器模块 131
8.6.2 放大及 A/D 转换电路 132
8.6.3 测量显示电路 133
8.7 输出部分 134
8.7.1 控制单元电路 134
8.7.2 信号产生电路（DDS 电路） 135
8.7.3 放大电路 136
8.7.4 滤波电路 137
8.7.5 显示电路 137
8.8 基本电路部分 138
8.9 稳压电源部分 139
8.10 外围辅助电路 139
8.11 系统软件设计 140
8.12 程序设计 140
8.13 系统测试 143
8.13.1 测试仪器选择 143
8.13.2 测试过程 144
8.13.3 结果分析 144
第 9 章 基于单片机原理改进的“自动结鞭机”设计 147
9.1 概述 147
9.2 改进“自动结鞭机”的硬件设计 148
9.2.1 AT89S51 微控制器 148
9.2.2 信号接收电路分析 149
9.2.3 控制电路及整流电路 149
9.2.4 数码显示电路分析 150
9.2.5 系统总体电路图 151
9.3 改进“自动结鞭机”的软件设计 152
9.3.1 改进的“自动结鞭机”的软件框架 152
9.3.2 源程序 153
9.4 系统调试与实际测试 164

第 10 章　基于 AT89C51 的风力发电偏航控制系统 165
10.1　实例原理及背景 165
10.2　偏航控制系统基本原理 165
10.2.1　相关知识提示：偏航装置简介 166
10.2.2　设计任务 167
10.3　系统方案论证 167
10.3.1　控制器模块 168
10.3.2　电动机的选择 169
10.3.3　驱动及调速方案 171
10.3.4　偏差角度（位置）采集方案 171
10.3.5 抗干扰电路 171
10.3.6 机械传动机构和执行元件 171
10.4　系统硬件设计 172
10.4.1　系统电路连接及硬件资源分配 172
10.4.2　系统各模块单元电路设计 172
10.5　系统软件设计 177
10.5.1　理论分析与计算 177
10.5.2　源程序 179
第 11 章　家电遥控器系统 186
11.1　遥控系统概述 186
11.1.1　红外通信的原理 186
11.1.2　红外遥控系统的构成 186
11.2　系统设计 187
11.3　部分元器件介绍 187
11.3.1　AT89C51 简介 187
11.3.2　SM0038 简介 190
11.4　遥控器硬件设计 190
11.4.1　遥控发射器的编码 190
11.4.2　遥控发射器电路的设计 191
11.4.3　遥控接收器设计 191
11.5　遥控器软件设计 192
11.5.1　程序流程图 192
11.5.2　按键说明 193
11.5.3　源程序 193

11.6 系统调试 198
11.6.1 调试方法 198
11.6.2 调试仪器 198
11.6.3 调试步骤 199
11.7 调试中常见故障与处理 200
11.7.1 故障诊断法 200
11.7.2 常见故障原因 200
第 12 章 智能时钟系统 201
12.1 系统概述 201
12.2 系统总体方案 202
12.3 主要器件介绍及功能实现 203
12.3.1 Atmel 公司的 AT89C51 单片机 203
12.3.2 LED 显示及显示器接口 203
12.3.3 计时功能的实现 205
12.4 系统硬件电路 206
12.5 系统软件设计 209
12.5.1 程序流程图 209
12.5.2 程序设计 209
第 13 章 Proteus 开发环境的使用 216
13.1 Proteus 的学习 216
13.1.1 Proteus 的安装 216
13.1.2 Proteus 界面简介 216
13.1.3 操作简介 218
13.2 多个小示例设计 220
13.2.1 闪烁灯的设计 220
13.2.2 多路开关状态指示 227
13.2.3 I/O 并行口直接驱动 LED 显示 230
13.2.4 定时计数器 T0 作定时应用技术 232
13.2.5 “嘀嘀”报警声 233
附录 A 89S51 指令表 235
附录 B ASCII 码表 239
参考文献 240

第 1 章　单片机概述

单片微型计算机（简称单片机）是微型计算机发展的一个分支。随着计算机的发展，单片机以其体积小，控制功能强，性价比高，易于产品化等特点，在机电一体化、家用电器等领域得到了广泛应用，对于各个行业的技术进步和产品更新起着重要的推动作用。

本章将对单片机的组成、特点、分类作简要阐述，并将简单介绍单片机的发展变革、趋势以及应用领域。

1.1　单片机简介

本节主要介绍单片机的发展概况、单片机的发展历史、单片机的发展趋势、单片机的组成和单片机的结构。

1.1.1　单片机的发展概况

从 20 世纪 70 年代单片机诞生以来，至今已研制出 16 位单片机、32 位单片机，但一直是以 8 位单片机为主流机型。面向控制领域应用的单片机作为计算机发展的一个重要分支，今后将向着功能更强、速度更快、功耗更低的方向发展。

1.1.2　单片机的发展历史

如果以 Intel 公司的 8 位单片机的推出作为起点来认识单片机的发展史，根据单片机发展过程中各个阶段的特点，其发展历史阶段大概可分为单片机形成阶段、单片机性能完善阶段、微控制器形成阶段和微控制器发展阶段 4 个阶段。

1．单片机形成阶段

这一阶段主要探索如何把计算机的主要部件集成在单片芯片上，Intel 公司推出的 MCS-48 就是在工业控制领域探索的代表。这一阶段的单片机产品还有 Motorola 公司的 MC6801 系列，Zilog 公司的 Z8 系列等。

2．单片机性能完善阶段

这一阶段的代表产品是 Intel 公司推出的 MCS-51 系列。其设置了单片机的 8 位并行总线形体系结构，有 8 位数据总线、16 位地址总线及多功能的异步串行接口通用异步收发器 UART，寻址范围为 16 位和 8 位的寻址空间。指令系统渐趋于丰富和完善，并且增加了许多突出控制功能的指令。

3．微控制器形成阶段

这一阶段单片机的主要技术发展方向是外围电路的增强，突出单片机的控制功能。该阶段的代表系列为 80C51 系列。此外，还有许多其他知名的单片机系列。

4．微控制器发展阶段

这一阶段出现了高速、大寻址范围、强运算能力的 8 位、16 位、32 位通用型单片机，以及小型廉价的专用型单片机。现阶段的单片机领域技术不断创新、产品日益丰富，以满足日益增长的广泛需求。

1.1.3 单片机的发展趋势

单片机的发展推动了应用系统的发展，应用系统的发展又反过来对单片机提出了更高的要求，从而促进单片机的发展。今后单片机的发展趋势将进一步向着高性能、低功耗、大存储容量、外围电路集成化等几个方面发展。具体内容如下：

- 提高 CPU 处理能力。
- 加大存储器容量。
- 外围电路集成化。
- 低功耗、低电压。
- 小容量、低价格。
- 串行总线结构。

1.1.4 单片机的结构

单片机主要由中央处理器（CPU）、存储器、I/O 接口与设备组成（见图 1-1）。它在结构上的特点是把 CPU、存储器、串行口、定时器、多种 I/O 接口与总线以及其他资源集成在一块超大规模集成电路芯片上。就其组成和工作原理而言，一块单片机芯片就是一台微型计算机。

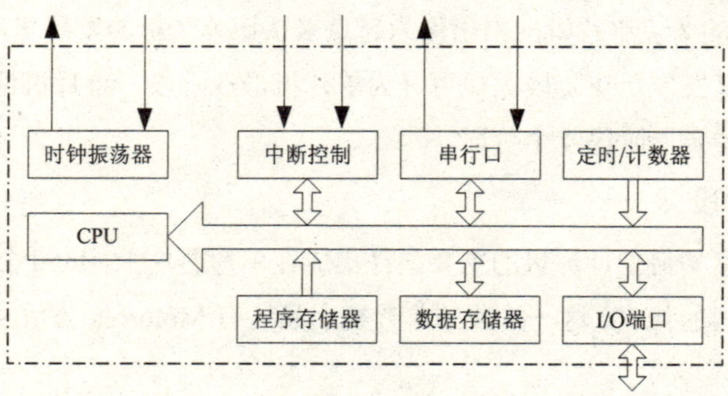

图1-1 单片机组成功能框图

1．中央处理器

中央处理器（central processor unit，CPU）主要由运算器与控制器组成，具有算术运算、逻辑运算和操作控制的功能，是微型计算机的核心部分。

2．存储器

存储器可以分为程序存储器和数据存储器，主要功能是存放程序和数据。程序用于指示计算机如何操作，数据则是计算机操作的对象。

3. I/O 接口与设备

I/O 接口是单片机提供的用于计算机与外围设备之间连接的接口。通过 I/O 接口，可以将外围设备所输入的信息转换成单片机能够接收并识别的数字信号或将计算机使用的数字信号转换为外围设备能够使用的信号形式。

4. 总线

总线是将计算机中 CPU、存储器及 I/O 接口等各个部分有机地连接起来并相互传送信息的导线，是微型计算机各部分之间进行信息交换与传输的公共通道。在单片机中，系统总线主要包括地址总线（address bus，AB）、数据总线（data bus，DB）和控制总线（control bus，CB）。

CPU、存储器、I/O 接口、外围设备等仅构成单片微型计算机的硬件，单片微型计算机真正进行运算还必须要有软件程序的配合。单片微型计算机运算是通过执行程序完成的，程序是指令的集合，而指令是规定计算机进行某种操作的命令。通过将简单的指令进行有序的组合就成为程序，指导计算机进行工作，从而完成复杂的运算。

1.1.5　单片机的结构类型

单片机的结构有两种类型：

- 程序存储器和数据存储器分开的形式，即哈佛（Harvard）结构。
- 采用通用计算机广泛使用的程序存储器与数据存储器合二为一的结构，即普林斯顿（Princeton）结构。

Intel 的 MCS-51 系列单片机采用的是哈佛结构的形式，而后续产品 16 位的 MCS-96 系列单片机则采用普林斯顿结构。

1.2　单片机的特点及其应用

单片机问世以来所走的路与微处理器是不同的。微处理器向着高速运算、数据分析与处理能力、大规模容量存储等方向发展，以提高通用计算机的性能。其接口界面也是为了满足外设和网络接口而设计的。单片机则是从工业测控对象、环境、接口特点出发，向着增强控制功能、提高工业环境下的可靠性、灵活方便地构成应用计算机系统的界面接口的方向发展。本节主要介绍单片机的特点和单片机的应用。

1.2.1　单片机的特点介绍

单片机在很多领域都得到了广泛应用，在很多方面具有显著的优点和特点。

- 控制功能强。
- 集成度大、体积小、可靠性高。
- 低功耗、低电压、性价比高、易于产品化。

- 易于进行系统扩展。
- 串行扩展总线。

近来推出的单片机产品，内部集成有高速 I/O 接口、ADC、PWM、WDT 等部件，并在低电压、低功耗、串行扩展总线和网络控制总线等方面都有了进一步的增强。正是由于单片机的这些特点，使其在各个领域得到广泛的应用。

1.2.2 单片机的应用

单片机的应用十分广泛，在以下领域都有着广泛的应用。

- 智能仪器仪表。
- 机电一体化产品。
- 工业实时控制。
- 分布式控制系统。
- 家用电器。

另外，在其他领域中，单片机也有着广泛的应用，如汽车自动驾驶系统、航天测控系统、精密机床等。

1.3 单片机的分类

单片机在各个应用领域非常广泛，其产品系列也很多，按照其体系结构大致可以分为 CISC 单片机、RISC 单片机、DSP 和 ARM 核 4 类。

1.3.1 CISC 与 RISC 单片机的对比

在早期 CPU 执行的指令都是复杂指令集计算机（complex instruction set computer，CISC），完全采用复杂指令来支持高级语言、应用程序和操作系统。

传统的 CISC 的指令集随着单片机的发展而引入了各种各样的复杂指令，使得指令集和为此要实现这些指令的体系结构越来越复杂。CISC 单片机一般采用数据线和指令线分时复用的方式，称为普林斯顿结构。

精简指令集计算机（reduced instruction set computer，RISC）是一种指令长度较短的计算机，其运行速度比 CISC 要快。RISC 并非只是简单地去减少指令，而是着眼于如何使计算机的结构更加简单合理地提高运算速度。精简指令集计算机（RISC）的数据线和指令线分离，具有哈佛结构。

1.3.2 CISC 与 RISC 单片机的用途

属于 CISC 结构的单片机有 Intel 公司的 MCS-51 系列、Winbond（华邦）公司的 W78 系列等。CISC 结构的单片机适用于控制关系比较复杂的场合，如通信产品、工业控制系统等。采用 CISC

结构的单片机具有指令丰富、功能较强的特点，但由于取指令和取数据不能同时进行，速度受到限制。

采用 RISC 结构的单片机取指令和取数据可同时进行，且由于一般指令线宽于数据线，使其指令较同类 CISC 单片机指令包含更多的处理信息，执行效率更高，速度也更快。属于 RISC 结构的单片机有 Microchip 公司的 PIC 系列、Atmel 公司的 AVR 单片机 AT90S 系列等。一般来说，控制系统较简单的小家电，可以采用 RISC 型单片机。不过，随着 RISC 单片机功能的不断完善，其控制功能也将不断提高。

1.3.3　数字信号处理器

数字信号处理器（digital signal processor，DSP）是一种具有高速运算能力的单片机，是一种专门为实时、快速实现各种数字信号处理算法而设计的，具有特殊结构的微处理器。与普通单片机相比，DSP 器件具有较高的集成度、更快的 CPU、更大容量的存储器，内置有波特率发生器和 FIFO 缓冲器等。

- DSP 采用改进型哈佛总线结构，程序存储器空间和数据存储器空间分开，具有多套地址和数据总线，每个存储空间独立编址、独立访问。
- DSP 均采用多级流水线结构，如 TMS320C54xxDSP 采用 6 级流水线，TMS320C6xxx DSP 采用 8 级流水线。
- 内置硬件乘法累加单元，具有更快的执行速度，零开销循环。
- 具有与普通计算机不同的特殊寻址方式。
- 高效的特殊指令以及丰富的片内外设等。

目前，国内应用最为广泛的 DSP 器件是美国德州仪器公司（TI）生产的 TMS320 系列。

1.3.4　基于 ARM 芯核的 32 位单片机

基于 ARM 芯核的 32 位单片机主要是指以 ARM（advanced RISC machines）公司设计为核心的 32 位 RISC 嵌入式 CPU 芯片的单片机。ARM 提供一系列 IP（intelligence property）内核、体系扩展、微处理器和系统芯片方案。

由于其设计的芯片核具有功耗低、成本低等显著优点，因而获得众多的半导体厂家和整机厂商的大力支持，在 32 位嵌入式应用领域获得了巨大成功，目前具有很高的市场占有率。在低功耗、低成本的嵌入式应用领域确立了市场领导地位。

ARM 微处理器目前包括 ARM 9、ARM 9E、ARM 10E、SecurCore、Intel 的 Xscale、Intel 的 StrongARM 几个系列，除了具有 ARM 体系结构的共同特点以外，每一个系列提供一些相对独特的性能来满足不同应用领域的需求。

其中，ARM 7、ARM 9、ARM 9E 和 ARM 10 为 4 个通用处理器系列，SecurCore 系列专门为安全要求较高的应用而设计。

1.4 品牌单片机简介

单片机作为微型计算机的一个重要分支，应用很广，发展很快。随着集成电路的发展，单片机已发展到 8 位、16 位、32 位。根据近年来的使用情况看，8 位单片机使用率最高，其次是 32 位。这里仅对部分常见的单片机系列进行介绍。

MCS-51 系列单片机是国内最为普及的单片机系列，具有品种类型多、应用广泛、可替换性强的特点。80C51 系列单片机是在 Intel 公司的 MCS-51 系列单片机基础上发展起来的。以后 80C51 系列单片机又出现了新的 AT89 系列单片机。AT89 系列单片机的引脚和 80C51 是一样的，可以直接进行替换，新增加型号的功能是向下兼容的。

AT89 系列单片机最突出的优点是采用快擦写存储器。

1.4.1 Intel 公司的 MCS-51 系列

Intel 公司推出的 MCS-51 系列单片机奠定了嵌入式应用单片微型计算机的经典 CISC 体系结构。MCS-51 系列的主要产品按照其功能可以划分为如下几种类型：

- 基本型。
- 增大内部存储器的基本型。
- 低功耗基本型。
- 高级语言型。
- A/D 转换型。
- DMA 型。
- 多并行口型。

Intel 公司在推出了 MCS-51 系列单片机以后对其实施了技术开放政策，而自己逐步退出了 8 位单片机市场。

1.4.2 Atmel 公司的 AT89 系列

Atmel 公司通过技术交换取得了 MCS-51 的内核使用权，率先把 MCS-51 的内核与其擅长的 Flash ROM 技术相结合，推出了 AT89 系列单片机。Atmel 公司所生产的 AT89 系列单片机，是与 80C51 兼容、且内部含有 Flash 存储器（闪速存储器）的单片机。它是一种来源于 80C51 而又优于 80C51 的系列，是目前主流的 MCS-51 单片机系列。

Flash 存储器的使用加速了单片机技术的发展，基于 Flash 存储器的 ISP/IAP（在系统可编程/在现场可编程）技术，极大地改变了单片机应用系统的结构模式以及开发和运行条件，是 80C51 单片机技术发展的一次重大飞跃。

AT89 系列单片机的特点如下：

- 内部含 Flash 存储器。
- 与 80C51 引脚兼容。

- 错误编程亦无废品产生。
- 可反复进行系统试验。

1.4.3　Philips 公司的增强型 80C51 系列和 LPC 系列

Philips 公司首先购买了 80C51 内核的使用权，在此基础上增加具有自身特点的 I2C 总线，推出了一系列增强型 80C51 系列单片机和 LPC 系列单片机。

Philips 的 8 位单片机产品具有如下特点：

- 除了基本的中断功能之外特别增加了一个 4 级中断优先级。
- 可以通过关闭不用的 ALE，大大改善单片机的 EMI 电磁兼容性能。不仅可以在上电初始化时静态关闭 ALE，还可以在运行中动态关闭 ALE。
- 很多品种有 6/12 Clock 时钟频率切换功能。不仅可以在上电初始化时静态切换 6/12 Clock，还可以在运行中动态切换 6/12 Clock。因此，Philips 单片机只需要较低的时钟频率即可达到同样的性能。
- 特有双 DPTR 指针，使设计查表程序更加灵活方便。
- UART 串行口增加了从地址自动识别和帧错误检测功能，特别适合单片机的多机通信。
- 可提供 1.8～3.3V 供电电源，适合于便携式产品。
- LPC 系列十分适用于要求低功耗、低价格、小引脚的应用场合，这是 Philips 单片机主要的发展趋势。
- Philips 80C51 系列单片机均有 3 个定时器/计数器。

1.4.4　Atmel 公司的 AVR 系列单片机

Atmel 公司的 AVR 单片机是目前最新单片机系列之一，其突出的特点在于速度快、片内硬件资源丰富、功能比较强。AVR 系列单片机的主要优点如下：

- 程序存储器采用 Flash 技术。16 位指令，每条指令执行时间可达 50 ns。
- 功耗低，具有 Sleep（休眠）功能。
- 具有大电流（灌电流）10～20 mA 或 40 mA 输出，可直接驱动 SSR 或继电器；有把关定时器（WTD），提高了产品的抗干扰能力。
- 具有 32 个通用工作寄存器，相当于有 32 个累加器，避免了传统的累加器和存储器之间的数据传送造成的瓶颈现象。
- 具有在线下载功能。
- 单片机内有模拟比较器，I/O 口可作为 A/D 转换用，可组成廉价的转换器。
- 部分 AVR 器件具有内部 RC 振荡器，可提供 1 MHz 的工作频率。
- 计数器/定时器增加了 PWM 输出，也可作为 D/A 转换的控制输出。

汇编源程序代码如下：

（光盘\程序\2_1.txt）

```
ORG 0
START: SEB P1.1
LCALL DELAY
CLR P1.1
LCALL DELAY
LJMP START
DELAY: MOV R5,#20   ;延时 0.2s
D1:    MOV R6,#20
D2:    MOV R7,#248
DJNZ R7,$
DJNZ R6,D2
DJNZ R5,D1
RET
END
```

C 语言源程序代码如下：

（光盘\程序\2_1. c）

```
#include <REG51.H>
sbit L1=P1^1;
void delay02s(void)      //延时 0.2s 子程序
{
   unsigned char i,j,k;
   for(i=20;i>0;i--)
     for(j=20;j>0;j--)
         for(k=248;k>0;k--);
}
void main(void)
{
   while(1)
   {
      L1=1;
      delay02s();
      L1=0;
      delay02s();
   }
}
```

第 2 章　单片机 C 语言基础

本章首先对 C51 语言进行简单的介绍，并通过采用汇编语言和 C 语言分别设计单片机应用系统，分析设计和开发的一般方法，来进一步学习单片机的 C 语言。

2.1　C51 语言简介

C 语言简洁、紧凑、使用方便，灵活，其运算符丰富，语法限制不严格，程序设计自由度大，编写的程序可移植性好。由于这些优点，使得 C 语言成为目前较为流行的一种语言。

C51 支持标准 C 中的基本数据类型，包括字符型（char）、整型（int）、长整型（long）和浮点型（float）。对整数部分，又可以分为 signed（有符号数）和 unsigned（无符号数）两种。若声明为 signed，编译器会将整数部分的最高位解释为符号位。对于 C51 编译器来说，short 类型与 int 类型相同，double 类型与 float 类型相同。

根据 89S51/S52 硬件结构的特点，C51 还包括一些特有的数据类型，包括位类型 bit、可寻址位 sbit、特殊功能寄存器 sfr 和 16 位特殊功能寄存器 sfr16。

表 2-1 所示为 C51 中的基本数据类型、长度及数值范围。

表2-1　C51基本数据类型

数 据 类 型	位　数	字节数	数 值 范 围
signed char	8	1	−128～+127
unsigned char	8	1	0～255
enum	16	2	−32 768～+32 767
signed short	16	2	−32 768～+32 767
unsigned short	16	2	0～65 535
signed int	16	2	−32 768～+32 767
unsigned int	16	2	0～65 535
signed long	32	4	−2 147 483 648～+2 147 483 647
unsigned long	32	4	0～4294967295
float	32	4	±1.175 494E−38～±3.402 823E+38
bit	1		0～1
sbit	1		0～1
sfr	8	1	0～255
sfr16	16	2	0～65 535

2.1.1 C51 语言的特有数据类型

下面详细介绍 C51 中特有的几种数据类型。

1. 位类型 bit

89S51/S52 单片机中，片内 RAM 地址 0x20～0x2f 共 16 个字节是可以位寻址的。因此，C51 中专门规定了位变量类型来方便这部分内存的位寻址。

对该变量，编译器会从片内 RAM 地址的 0x20～0x2f 自动选择一位进行分配。

对位变量，C51 语言有如下限制：

- 用#pragrma disbale 关闭中断的函数不能将位变量作为返回值。
- 不能定义位指针。
- 不能定义位类型数组。

2. 可寻址位 sbit

这也是 C51 编译器的一种扩充数据类型，对于可位寻址的变量和特殊寄存器，可以使用 sbit 关键字将变量中的某一位声明为新的位变量。

3. 特殊功能寄存器 sfr

C51 编译器并不预先为特殊功能寄存器命名，因此要访问 89S51/S52 单片机的特殊功能寄存器 SFR，首先要使用 sfr 类型对 SFR 进行定义。C51 编译器之所以这样处理，是由于单片机的种类和型号不同，它们的 SFR 也有很大差别，如果编译器预先对特殊功能寄存器进行了定义，无疑将大大降低编译器的灵活性。实际应用中，通常使用包含文件的方法来适应各个型号单片机在 SFR 上的差异。利用 sfr 可以定义 89S51 单片机的所有内部 8 位 SFR。sfr 类型数据占用 1 个内存单元，取值范围为 0～255。

2.1.2 常量数据类型

常量是在程序运行过程中其值不能改变的量。常量的数据类型有整型、浮点型、字符型和字符串型等。

1. 整型常量

整型常量就是整型常数，在 C51 语言中可以表示为十进制整数、十六进制整数和长整型数。其中，对于十六进制整数以 0x 开头，对于长整型数在其后面加字母 L 或 l 后缀。

2. 字符型常量

字符型常量是单引号内的单个字符，其值为其对应的 ASCII 码值。对于不可显示的控制字符，可以在该字符前面加反斜杠（\）组成转义序列表示。

3. 浮点型常量

浮点型常量就是浮点数常量，在 C51 语言中有十进制表示形式和指数表示形式。十进制表示形式由整数部分和小数部分组成，指数表示形式采用科学计数法，中间用 E 或 e 表示指数。

4．字符串常量

字符串常量是由双引号内的字符组成。C51 语言将字符串常量作为一个字符类型数组来处理，在存储字符串常量时，要在字符串尾部加一个转义字符（\0）作为该字符串常量的结束符。当双引号内的字符个数为 0 时，称为空字符串常量。

2.1.3　C51 的变量及其数据存储类型

变量时在程序运行过程中其值可以改变的量。变量在使用之前需要进行定义。变量的定义格式如下：

```
[存储类型]　数据类型　[存储器类型]　变量名表；
```

其中，存储类型和存储器类型是可选项。变量的存储类型有自动存储类型（auto）、寄存器存储类型（register）、外部存储类型（extern）和静态存储类型（static）4 种。默认为自动存储类型。

在 C51 语言中，还可以声明变量的存储器类型。对于每个变量赋予的存储器类型，完全和 89S51 系列单片机的硬件结构和存储器结构对应。对变量的存储器类型进行设置，可以控制变量在单片机的存储器中的存放位置，如表 2-2 所示。由于不同存储位置的变量，其执行效率是不同的。

表2-2　存储器类型

存储器类型	说　　明
code	程序存储器 64 KB 空间
data	片内数据存储器的低 128 B
bdata	片内数据存储器可位寻址区
idata	片内数据存储器 256 B，需间接寻址访问
pdata	片外数据存储器的低 256 B
xdata	片外数据存储器 64 KB 空间

89S51 的存储区域在物理上可以分为以下几个部分，其存储器结构如下：

1．程序存储器

程序存储器即 89S51/S52 的只读存储器，用来保存程序代码和常数。在 C51 中，使用 code 关键字定义该部分。

2．片内数据存储器

片内数据存储器最多可达 256 B，分为以下 3 个不同的区域：

- 片内 RAM 的低 128 B，直接寻址访问。C51 中，使用 data 关键字定义该部分。
- 全部片内 RAM，只能使用间接寻址访问。C51 中，使用 idata 关键字定义该部分。
- 片内 RAM 位寻址空间，即地址为 0x20～0x2f 的 16 B 空间，可以位寻址访问。C51 中，使用 bdata 关键字定义该部分。

3．片外数据存储器

由于片外数据存储器只能使用 16 位指针间接寻址，因此访问速度比片内数据存储器慢。C51 将片外 RAM 分为以下两个部分：

➢ 片外 RAM 的全部 64 KB 空间使用 DPTR 寄存器 16 位指针间接寻址。C51 中，使用 xdata 关键字定义该部分。

➢ 片外 RAM 的 256 B，地址空间为 0x00～0xff，使用 R0、R1 间接寻址。C51 中，使用 pdata 关键字定义该部分。

4．特殊功能寄存器 SFR

特殊功能寄存器位于片内 RAM 空间的高 128 B，通常使用 sfr 和 sfr16 关键字对其进行定义。

对于存储器类型未作显式说明的变量，则会按照编译时所选用的存储器模式来定义其存储器类型。对已显式声明的存储器类型变量，该设定无效。

C51 语言共有 SMALL、COMPACT 和 LARGE 等 3 种存储模式，执行效率由高至低，默认情况下，C51 编译器将存储模式设为 SMALL。

➢ SMALL 模式：默认情况下，所有变量均分配在片内 RAM 的低 128B 中，即 data 类型表示的空间。由于可以使用直接寻址方式访问，因此这种模式下，程序的执行效率是最高的。但 data 区的空间很小，还要留出部分空间用作堆栈，所以这种模式只适用于需要内存空间较小的情况。

➢ COMPACT 模式：默认情况下，所有变量均分配在片外 RAM 的 256 B 中，即 pdata 类型表示的空间。pdata 空间使用间接寻址，程序的执行效率低于 SMALL 模式。

➢ LARGE 模式：默认情况下，所有变量均分配在片外 RAM 中，即 xdata 类型表示的空间。由于访问 xdata 空间中的内容只能使用 16 位间接寻址的方法，因此这种模式的代码执行效率最差。

2.2　C51 语言的运算符与表达式

在 C51 语言中有十分丰富的运算符。运算符是完成某种特定运算的符号，包括算术运算符、关系运算符、逻辑运算符、赋值运算符等。

2.2.1　算术运算符

C51 语言中的算术运算符有：

+：加法运算符，或者正值符号。

-：减法运算符，或者负值符号。

*：乘法运算符。

/：除法运算符。

%：模（求余）运算符。

用算术运算符和括号将运算对象连接起来的式子称为算术表达式，其中的运算对象包括常量、变量、函数、数组、结构等。算术运算符的优先级规定为先乘除模，后加减，括号最优先。即在算术运算符中，乘、除、模运算符的优先级相同，并高于加减运算符。在表达式中若出现括号，则括号中的内容优先级最高。算术运算符的结合性规定为自左至右方向，又称为左结合性。即当一个运算对象两侧的算术运算符优先级别相同时，运算对象先与左面的运算符结合。

如果一个运算符两侧的数据类型不同，则必须通过数据类型转换将数据转换成同种类型。转换的方式有两种：

- 一种是自动（默认）类型转换，即在程序编译时由 C 编译自动进行数据类型转换。例如，char、int 变量同时存在时，必定将 char 转换成 int 类型。
- 当 float 与 double 类型共存，在运算时一律先转换成 double 类型，以提高运算精度。

一般来说，当运算对象的数据类型不相同时，先将较低的数据类型转换成较高的数据类型，运算的结果为较高的数据类型。另一种数据类型的转换方式为强制类型转换，需要使用强制类型转换运算符。其形式为：

```
(类型名)(表达式);
```

2.2.2　赋值运算符

在 C51 语言中，赋值运算符有两类，一类是基本赋值运算符“=”，一类是基本赋值运算符派生出来的复合赋值运算符，包括：+=、−=、*=、/=、%=、>>=、<<=、&=、^=、|=。

赋值运算符将运算符右侧操作数的值赋给左侧操作数或变量。复合赋值运算符则首先对变量进行某种运算之后再将运算结果赋给该变量。利用赋值运算符将一个变量与一个表达式连接起来的式子称为赋值表达式。

2.2.3　关系运算符

C51 的关系运算符有 6 种：<（小于）、>（大于）、<=（小于等于）、>=（大于等于）、==（等于）、!=（不等于）。

前 4 种关系运算符（<、>、<=、>=）的优先级相同，后 2 种也相同；前 4 种优先级高于后 2 种。关系运算符的优先级低于算术运算符，高于赋值运算符。

关系运算符的结合性为左结合。用关系运算符将两个表达式（算术表达式、关系表达式、逻辑表达式及字符表达式等）连接起来的式子称为关系表达式。由于关系运算符总是双目运算符，其作用在运算对象上产生的结果为一个逻辑值（即真或假）。C 语言以 1 代表真，以 0 代表假。

2.2.4　逻辑运算符

C51 的逻辑运算符有 3 种：

&&：逻辑与（AND）。

||：逻辑或（OR）。

!：逻辑非（NOT）。

逻辑与（&&）和逻辑或（||）是双目运算符，要求有两个运算对象；而逻辑非（!）是单目运算符，只要求一个运算对象。

C51 逻辑运算符与算术运算符、关系运算符、赋值运算符之间优先级的次序为：逻辑非（!）运算符优先级最高，关系运算符低于算术运算符但高于逻辑与（&&）和逻辑或（||）运算符，最低的是赋值运算符。

逻辑表达式的结合性为自左向右。用逻辑运算符将关系表达式或逻辑量连接起来的式子称为逻辑表达式，逻辑表达式的值应该是一个逻辑量"真"或"假"。逻辑表达式的值与关系表达式的值相同，以 0 代表假，以 1 代表真。

系统给出的逻辑运算结果不是 0 就是 1，不可是其他值。这与后面讲到的位逻辑运算是截然不同的，应该注意区别逻辑运算与位逻辑运算这两个不同的概念。

在由多个逻辑运算符构成的逻辑表达式中，并不是所有的逻辑运算符都被执行，只是在必须执行下一个逻辑运算符后才能求出表达式的值时，才执行该运算符。由于逻辑运算符的结合性为从左向右，所以对于逻辑与（&&）运算符来说，只有左边的值不为假才继续执行右边的运算。对于逻辑或（||）运算符来说，只有左边的值为假才继续进行右边的运算。

2.2.5 C51 位操作及其表达式

C51 有如下位操作运算符：

&：按位与。

|：接位或。

^：接位异或。

~：按位取反。

<<：位左移。

>>：位右移。

除了按位取反运算符~以外，以上位操作运算符都是两目运算符，即要求运算符两侧各有一个运算对象。位运算对象只能是整型或字符型数，不能为实型数据。

- 按位与运算符（&）的运算规则是参加运算的两个运算对象，若两者相应的位都为 1，则该位结果值为 1，否则为 0。
- 按位或运算符（|）的运算规则是参加运算的两个运算对象，若两者相应的位中只要有一个为 1，则该位结果为 1。
- 按位异或运算符（^）的运算规则是参加运算的两个运算对象，若两者相应的位值相同，则结果为 0；若两者相应的位相异，则结果为 1。
- 按位取反运算符（~）是一个单目运算符，用来对一个二进制数按位进行取反，即 0 变 1，1 变 0。~运算符的优先级比别的算术运算符、关系运算符和其他运算符都高。

➢ 位左移（<<）和位右移运算符（>>）用来将一个数各二进制位全部左移或右移若干位。移位后，空白位补 0，而溢出的位舍弃。

对于二进制数来说，左移 1 位相当于对该数乘 2，而右移 1 位相当于该数除 2，利用这一性质我们可以用移位来做快速乘除法。

2.3　C51 语言的函数

在 C51 语言中，函数是一种基本模块。C51 语言的程序就是由一个主函数和若干个子函数构成的。主函数是程序的起点，根据不同需要调用不同的子模块函数，子函数则是完成一定任务的功能模块。

2.3.1　C51 函数概述

一个 C51 程序大体上是一个函数定义的集合，在这个集合中有且仅有一个 main 主函数。主函数是程序的入口，主函数中的所有语句执行完毕，则程序执行结束。

在 C51 中，函数定义由类型、函数名、参数表和函数体 4 部分组合而成。函数名是一个标志符，标志符是区分大小的，最长为 255 个字符。参数表是用圆括号括起来的若干参数，项与项之间用逗号隔开。函数体是用大括号括起来的若干 C51 语句，语句与语句之间用分号隔开，最后一个一般是 return（在主函数中可以省略）。每一个函数都返回一个值，该值由 return 语句中的表达式指定（省略时为零）。函数的类型就是返回值的类型，函数类型（除整型外）均需在函数名前加以指定。

C51 的一般格式如下：

```
类型  函数名(参数表)
参数说明:
{
    数据说明部分;
    执行语句部分;
}
```

一个函数在程序中以 3 种形式出现：函数定义、函数调用和函数说明。函数定义相当于汇编语言的子程序。函数调用相当于调用子程序的 LCALL 语句，在 C51 中，更普遍地规定函数调用可以出现在表达式中。函数定义和函数调用不分先后，但若调用在定义之前，那么在调用前必须先进行函数说明。函数说明是一个没有函数体的函数定义，而函数调用则要求有函数名和实参表。

C51 中函数分为两大类：一类是库函数；一类是用户自定义的函数。库函数是 C51 在库文件中已定义的函数，其函数说明在相关的头文件中。对于这类函数，用户在编程时只要用 include 预处理指令将头文件包含在用户文件中，直接调用即可。用户函数是用户自己定义、自己调用的一类函数。

2.3.2 C51 中断函数

在 C51 中，中断服务程序是用中断函数来实现的。在函数说明中用 interrupt 来声明中断函数，由设计者选定中断向量号和所选择的寄存器。编译器会自动生成中断向量和进入、退出中断的代码。

定义中断函数的方法如下：

```
unsigned int second;
void timer_0(void)interrupt using 2
{
   second++;
   do_beep();
   if(second>400)
      second=0;
}
```

interrupt 关键字后面的中断号应为 0～31 中的一个整数，以适应不同单片机的中断映射。对 89S51/S52 单片机而言，中断号与中断源之间的对应关系如表 2-3 所示。

表2-3　C51的中断号与中断源对应关系

中　断　号	中　断　源
0	外部中断 0
1	定时器 0 溢出中断
2	外部中断 1
3	定时器 1 溢出中断
4	串行口中断

C51 允许使用 using 关键字为函数指定使用的寄存器组，using 后面的参数应为 0～3 的整数，不能使用表达式。使用 using 关键字时，编译器执行如下操作：

（1）进入函数时将当前选择的寄存器组保护入堆栈。

（2）设置为指定的寄存器组。

（3）在函数退出前恢复原先的寄存器组。

using 关键字常用于中断函数，可以为不同优先级的中断函数分配不同的寄存器组。

C51 的中断函数作为中断服务程序，不能够说明参数，也不能有返回值，中断程序结束后会调用 RETI 指令返回，直接影响 89S51/S52 的硬件系统。因此，不应该在程序中直接调用中断函数。此外，如果中断函数指定了使用的寄存器组，在中断函数中调用的其他函数必须使用同一组寄存器，否则有可能产生不确定的结果。

C51 在函数的参数传递方面的处理与多数 C 编译器不同。一般 C 编译器中，函数的传递参数和返回值都被保存在堆栈中。在 C51 中，由于其硬件结构的不同，函数优先使用寄存器传递参数，有效提高了程序的执行效率。

C51 最多允许 3 个函数参数使用寄存器传递，当函数参数超过 3 个，或寄存器不足以用于传递参数时，函数参数使用堆栈传递。由于函数的返回值只有一个，因此总是使用寄存器传递。

2.4　闪烁灯的设计

本节主要从闪烁灯的硬件电路图。软件设计等方面详细介绍闪烁灯的 C 语言编程及实现方法。

2.4.1　设计需求

在 AT89C51 单片机的 P1.1 端口上接一个发光二极管 L1，使 L1 不停地一亮一灭，其中一亮一灭的时间间隔为 0.2s，如图 2-1 所示。将 AT89C51 中的 P1.1 端口用导线连接到“发光二极管指示模块”区域中的 L1 端口上。

（光盘\原理图\2_1.SchDoc）

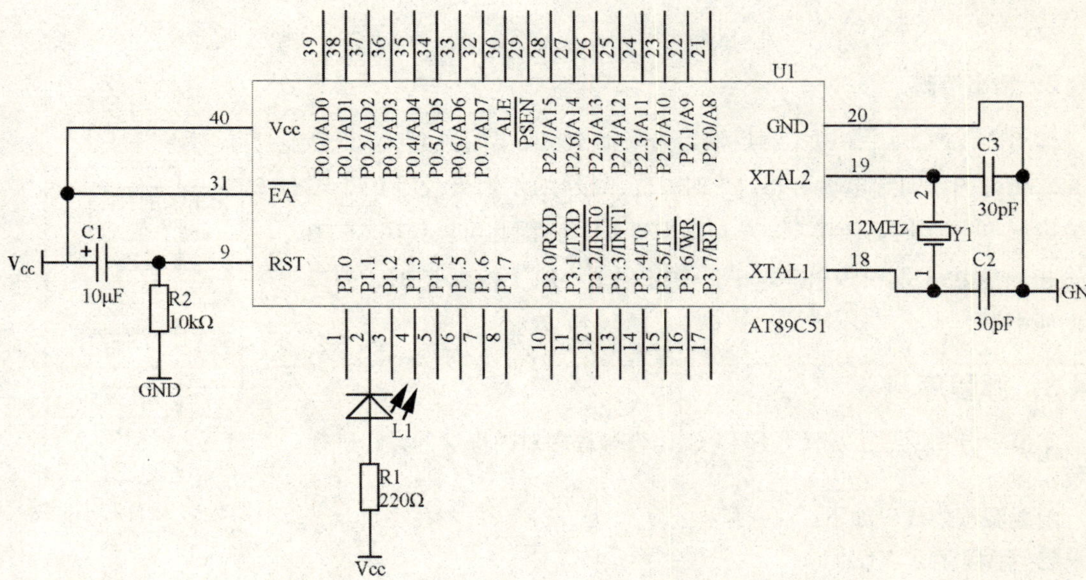

图2-1　闪烁灯硬件电路原理图

2.4.2　程序设计

1．延时程序的设计

作为单片机的指令的执行时间很短，数量为微秒级，而设计中要求的闪烁时间间隔为 0.2 s，这个时间相对于微秒来说，相差很大，所以在执行某一指令时，插入延时程序来达到设计需求。但这样的延时程序如何设计？以下将介绍其原理：

```
图 2-1 所示的石英晶体为 12MHz，因此，1 个机器周期为 1μs
                    机器周期     执行次数
MOV R6,#20          1           1
```

```
D1: MOV R7,#248 1         20
DJNZ R7,$        2         2×248
DJNZ R6,D1       2         20
程序执行时间为（1+20+2×20×248+2×20）μs=9981μs
```

因此，上面的延时程序时间为 9.981ms，近似为 10 ms。

由上述原理可知，当 R6＝10、R7＝248 时，延时 5 ms，R6＝20、R7＝248 时，延时 10 ms，以此为基本的计时单位。由于本设计需求：0.2s＝200 ms，10 ms×R5＝200 ms，则 R5＝20，延时子程序如下：

```
DELAY:        MOV R5,#20
D1:           MOV R6,#20
D2:           MOV R7,#248
DJNZ R7,$
DJNZ R6,D2
DJNZ R5,D1
RET
```

2．输出控制

如图 2-2 所示，当 P1.1 端口输出为高电平，即 P1.1＝1 时，根据发光二极管的单向导电性可知，这时发光二极管 L1 熄灭；当 P1.1 端口输出低电平，即 P1.1＝0 时，发光二极管 L1 亮；因此可以使用 SETB P1.1 指令使 P1.1 端口输出高电平，使用 CLR P1.1 指令使 P1.1 端口输出低电平。

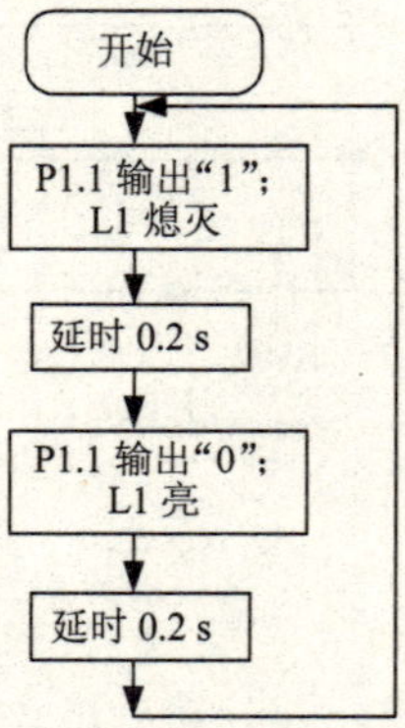

图2-2 软件程序框图

2.4.3 源程序

本节中分别通过汇编源程序和 C 语言源程序对闪烁灯的设计进行编程实现。

汇编源程序代码如下：

（光盘\程序\2_1.txt）

```
ORG 0
START: SETB P1.1
LCALL DELAY
CLR P1.1
LCALL DELAY
LJMP START
DELAY: MOV R5,#20   ;延时 0.2s
D1:    MOV R6,#20
D2:    MOV R7,#248
DJNZ R7,$
DJNZ R6,D2
```

```
DJNZ R5,D1
RET
END
```

C 语言源程序代码如下：

（光盘\程序\2_1. c）

```
#include <REG51.H>
sbit L1=P1^1;
void delay02s(void)       //延时 0.2s 子程序
{
  unsigned char i,j,k;
  for(i=20;i>0;i--)
  for(j=20;j>0;j--)
  for(k=248;k>0;k--);
}
void main(void)
{
  while(1)
   {
     L1=1;
     delay02s();
     L1=0;
     delay02s();
   }
}
```

2.5　I/O 并行口直接驱动共阴数码管显示

本节主要从 I/O 并行口直接驱动共阴数码管显示的硬件电路图、软件设计等方面详细介绍 I/O 并行口直接驱动共阴数码管显示的 C 语言编程及实现方法。

2.5.1　设计需求

利用 AT89C51 的 P0 端口的 P0.0～P0.7 连接到一个共阴数码管的 a～h 的端口上，数码管的公共端接地。在数码管上循环显示 1～9 数字，时间间隔 0.2 s，如图 2-3 所示。把“单片机系统”区域中的 P0.0/AD0～P0.7/AD7 端口用 8 芯排线连接到“四路静态数码显示模块”区域中的共阴数码管的 a～h 端口上；要求：P0.0/AD0 与 a 相连，P0.1/AD1 与 b 相连，……，P0.7/AD7 与 h 相连。

（光盘\原理图\2_3.SchDoc）

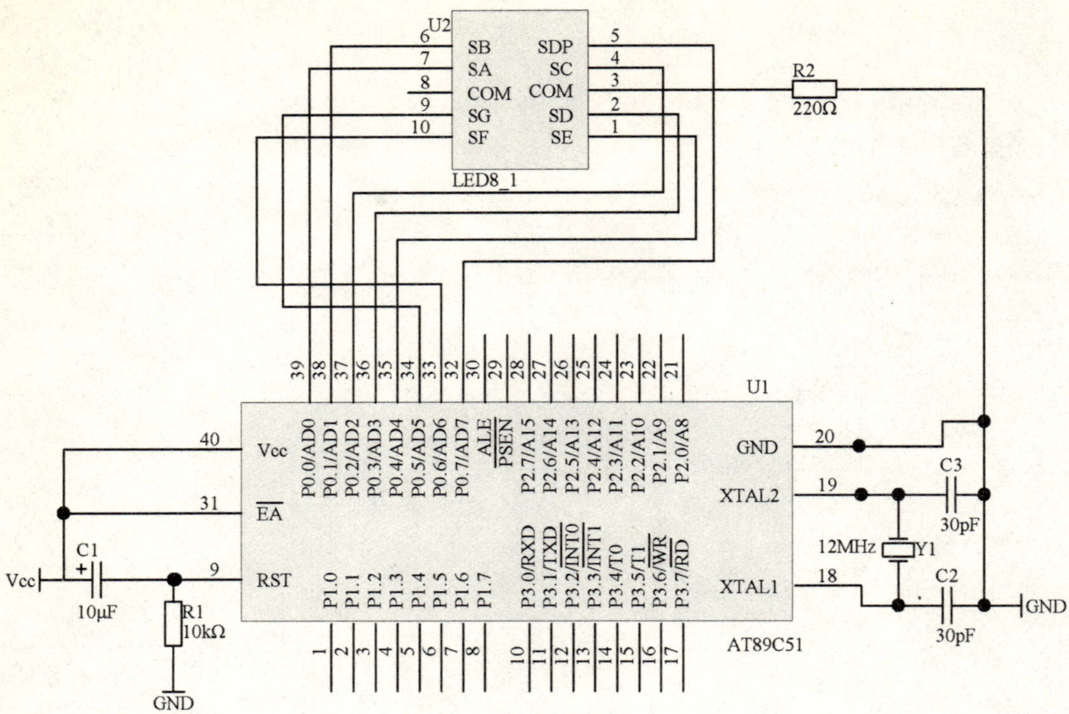

图2-3　硬件电路原理图

2.5.2　程序设计

（1）LED 数码显示原理。7 段 LED 显示器由 7 个条形发光二极管和 1 个小圆点发光二极管组成，根据各管极管的接线形式，可分成共阴极型和共阳极型。

LED 数码管的 g ~ a 共 7 个发光二极管由于施加正电压发亮，而施加零电压不发亮，那么不同亮暗的组合就能形成不同的字形，这种组合称为字形码。

共阴极数码管的字形码表示为：

```
"0" 3FH                  "8" 7FH
"1" 06H                  "9" 6FH
"2" 5BH                  "A" 77H
"3" 4FH                  "B" 7CH
"4" 66H                  "C" 39H
"5" 6DH                  "D" 5EH
"6" 7DH                  "E" 79H
"7" 07H                  "F" 71H
```

其中共阳极数码管的字形码表示为：

```
"0" C0H                  "8" 80H
"1" F9H                  "9" 90H
"2" A4H                  "A" 88H
"3" B0H                  "B" 83H
"4" 99H                  "C" C6H
```

```
"5" 92H                  "D" A1H
"6" 82H                  "E" 86H
"7" F8H                  "F" 8EH
```

（2）由于共阴极数码管显示的数字 1～9 的字形码没有规律可循，只能采用查表的方式来完成。按照数字 1～9 的顺序，把每个数字的笔段代码按顺序排好，如下所示：TABLE　DB　06H，5BH，4FH，66H，6DH，7DH，07H，7FH，6FH。其程序流程图如图 2-4 所示。

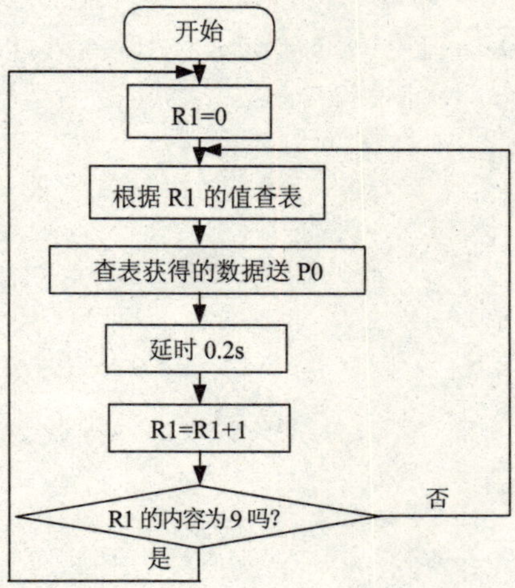

图2-4　软件程序框图

2.5.3　源程序

本节中分别通过汇编源程序和 C 语言源程序对 I/O 并行口直接驱动共阴极数码管显示的设计进行编程。

汇编源程序代码如下：

（光盘\程序\2_2. txt）

```
ORG 0
START: MOV R1,#00H
NEXT: MOV A,R1
MOV DPTR,#TABLE              ;获取表首地址
MOVC A,@A+DPTR               ;读取表中内容
MOV P0,A
LCALL DELAY                  ;延时 0.2s
INC R1
CJNE R1,#9,NEXT
LJMP START
  DELAY:   MOV R5,#20
  D2:      MOV R6,#20
  D1:      MOV R7,#248
DJNZ R7,$
DJNZ R6,D1
DJNZ R5,D2
```

```
RET
TABLE:  DB 06H,5BH,4FH,66H,6DH,7DH,07H,7FH,6FH
END
```

C 语言源程序代码如下：

（光盘\程序\2_2.c）

```
#include <reg51.h>
//定义一个数组存放字形码
unsigned char code table[]={0x06,0x5b,0x4f,0x66,0x6d,0x7d,0x07,0x7f,0x6f};
unsigned char dispcount;
void delay02s(void)          //延时 0.2s
{
   unsigned char i,j,k;
   for(i=20;i>0;i--)
   for(j=20;j>0;j--)
   for(k=248;k>0;k--);
}
void main(void)
{
   while(1)
   {
      for(dispcount=0;dispcount<9;dispcount++)      //显示 1 ~ 9
      {
         P0=table[dispcount];
         delay02s();
      }
   }
}
```

2.6 多路开关状态指示设计

本节主要从多路开关状态指示的硬件电路图、软件设计等方面详细介绍多路开关状态指示的 C 语言编程及实现方法。

2.6.1 设计需求

如图 2-5 所示，AT89 C 51 单片机的 P1.0～P1.3 接 4 个发光二极管 L1～L4，P1.4～P1.7 接了 4 个开关 S1～S4，编程将开关的状态反映到发光二极管上。（开关闭合、对应的灯亮、开关断开、对应的灯灭）。

（1）将 AT89C51 的 P1.0～P1.3 用导线连接到“八路发光二极管指示模块”区域中的 L1～L4 端口上。

（2）将 AT89C51 的 P1.4～P1.7 用导线连接到“四路拨动开关”区域中的 S1～S4 端口上。

（光盘\原理图\2_5.SchDoc）

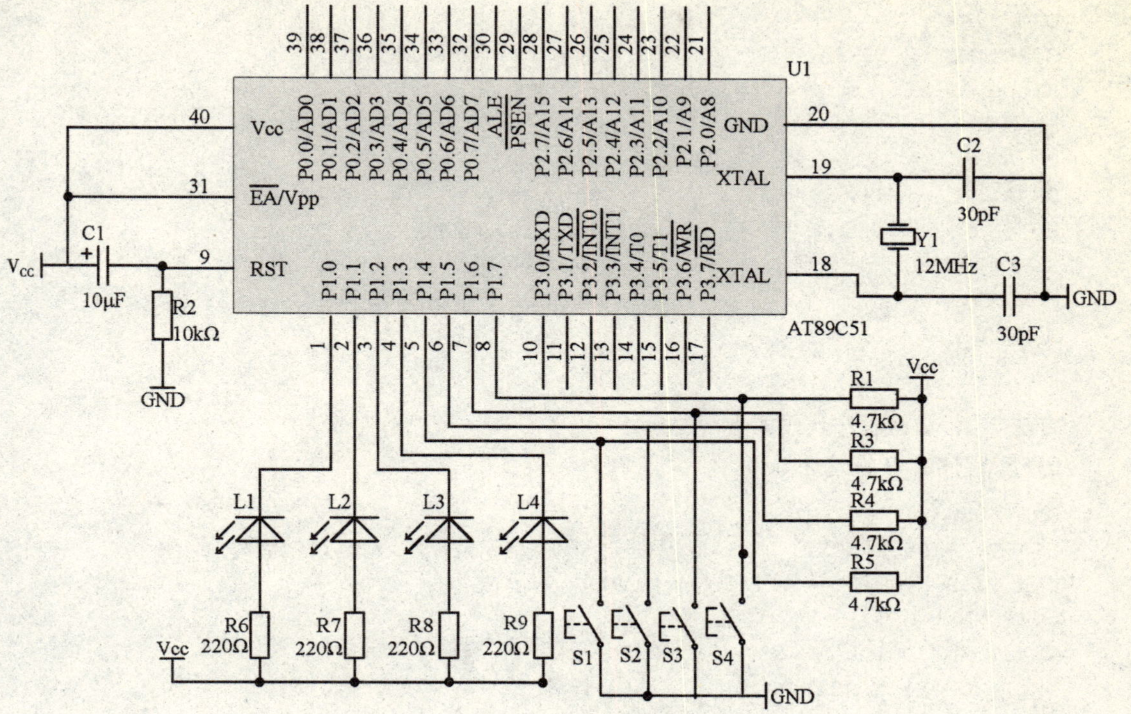

图2-5　硬件电路原理图

2.6.2　程序设计

1．开关状态检测

相对单片机来说，开关状态检测是输入关系，因此在设计中可以考虑轮流检测每个开关状态，然后根据每个开关的状态让相应的发光二极管指示，那么可以采用指令 JB　P1.X, REL 或 JNB　P1.X, REL 来完成；另外也可以考虑一次性检测 4 路开关状态，然后让发光二极管指示，此时可以采用指令 MOV　A,P1 一次把 P1 端口的状态全部读入，然后取高 4 位的状态来指示。

2．输出控制

根据开关的状态，由发光二极管 L1～L4 来指示，可以用 SETB　P1.X 和 CLR　P1.X 指令来完成，也可以采用 MOV　P1, #1111XXXXB 方法一次指示。其程序流程图如图 2-6 所示。

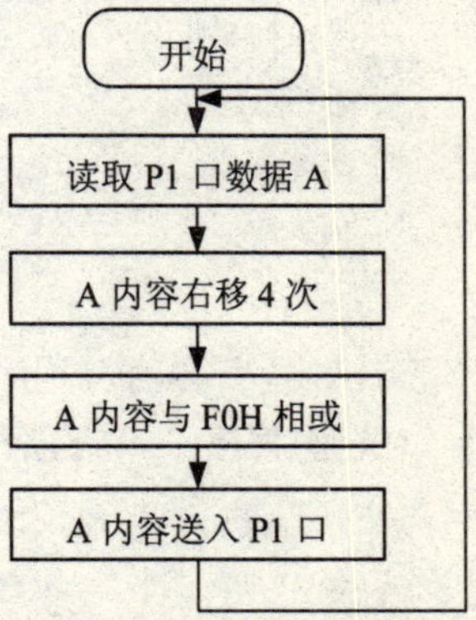

图2-6　软件程序框图

2.6.3　源程序

本节中分别通过汇编源程序和 C 语言源程序对多路开光状态指示的设计进行编程实现。

方法 1　汇编源程序代码如下：

（光盘\程序\2_3 方法 1. txt）

```
ORG 00H
START:MOV A,P1                      ;读取 P1 口数据到累加器 A
ANL A,#0F0H
RR A                                ;累加器 A 内容右移 4 次
RR A
RR A
RR A
XOR A,#0F0H                         ;累加器 A 内容与 F0H 相或
MOV P1,A                            ;累加器 A 内容送入 P1 口
SJMP START
END
```

方法 2　汇编源程序代码如下：

（光盘\程序\2_3 方法 2. txt）

```
ORG 00H
START:JB P1.4,NEXT1                 ;查询 P1.4 是否为 1，是 1 则转移
CLR P1.0
SJMP NEX1
NEXT1:SETB P1.0
NEX1: JB P1.5,NEXT2                 ;查询 P1.5 是否为 1，是 1 则转移
CLR P1.1
SJMP NEX2
NEXT2:SETB P1.1
NEX2: JB P1.6,NEXT3                 ;查询 P1.6 是否为 1，是 1 则转移
CLR P1.2
SJMP NEX3
NEXT3:SETB P1.2
NEX3: JB P1.7,NEXT4                 ;查询 P1.7 是否为 1，是 1 则转移
CLR P1.3
SJMP NEX4
NEXT4:SETB P1.3
NEX4: SJMP START
END
```

方法 1　C 语言源程序代码如下：

（光盘\程序\2_3 方法 1. c）

```
#include <reg51.h>
unsigned char temp;

void main(void)
{
  while(1)
  {
    temp=P1>>4;
    temp=temp | 0xf0;
```

```
    P1=temp;
  }
}
```

方法 2　C 语言源程序方法二：

（光盘\程序\2_3 方法 2. c）

```
#include <reg51.h>
void main(void)
{
  while(1)
  {
    if(P1_4==0)
    {
       P1_0=0;
    }
    else
    {
         P1_0=1;
    }
    if(P1_5==0)
    {
       P1_1=0;
    }
    else
    {
       P1_1=1;
    }
    if(P1_6==0)
    {
       P1_2=0;
    }
    else
    {
       P1_2=1;
    }
    if(P1_7==0)
    {
       P1_3=0;
    }
    else
    {
       P1_3=1;
    }
  }
}
```

2.7 T0 作定时使用技术设计

本节主要从 T0 作定时使用技术的硬件电路图，软件设计等方面详细介绍 T0 作定时使用技术的 C 语言编程及实现。

2.7.1 设计需求

用 AT89C51 单片机的定时/计数器 T0 产生 1 s 的定时时间，作为秒计数时间，当 1 s 产生时，秒计数加 1，秒计数到 60 时，自动从 0 开始。硬件电路如图 2-7 所示。

（光盘\原理图\2_7.SchDoc）

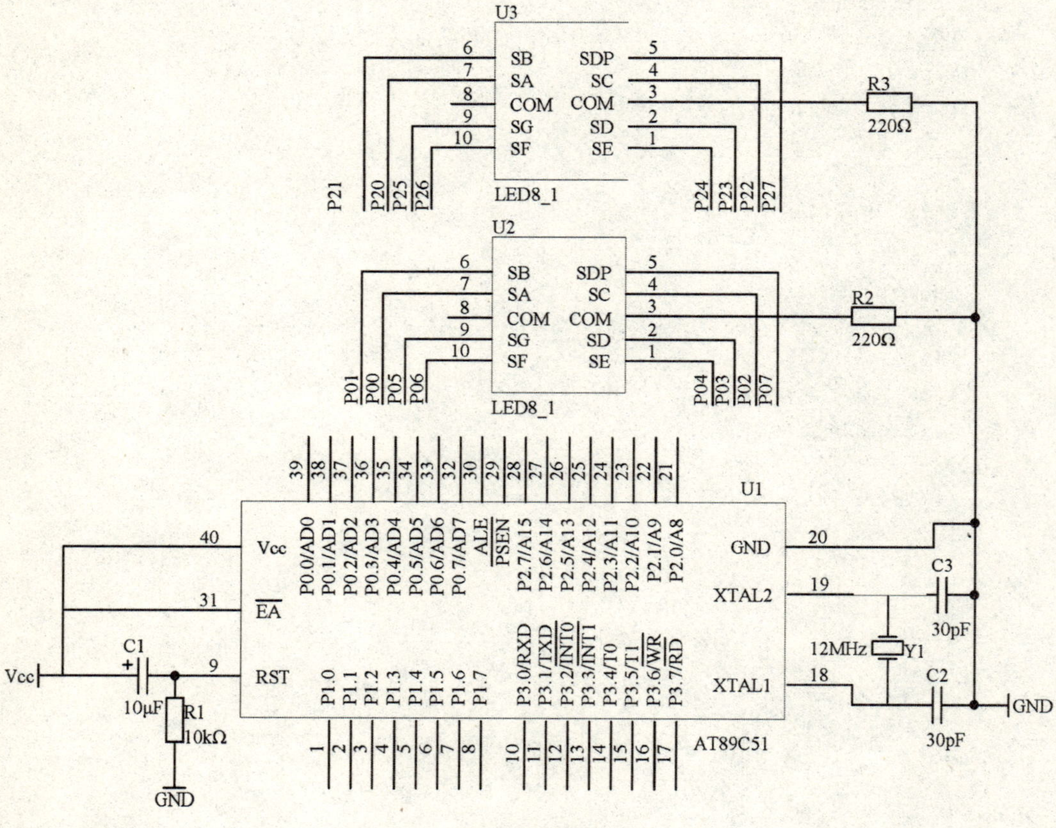

图2-7 系统硬件电路原理图

（1）将 AT89C51 中的 P0.0/AD0～P0.7/AD7 端口用 8 芯排线连接到“四路静态数码显示模块”区域中的任一个 a～h 端口上；要求：P0.0/AD0 对应着 a，P0.1/AD1 对应着 b，……，P0.7/AD7 对应着 h。

（2）将 AT89C51 中的 P2.0/A8～P2.7/A15 端口用 8 芯排线连接到“四路静态数码显示模块”区域中的任一个 a～h 端口上。要求：P2.0/A8 对应着 a，P2.1/A9 对应着 b，……，P2.7/A15 对应着 h。

2.7.2　程序设计

AT89C51 单片机的内部 16 位定时/计数器是一个可编程定时/计数器，它既可以工作在 16 位定时方式，也可以工作在 13 位定时方式和 8 位定时方式，只要通过设置功能寄存器 TMOD 即可完成。通过软件可以设定 TCON 特殊功能寄存器何时完成定时/计数器工作。

对于 T0 来说，如果选择 16 位定时工作方式，最大定时也只有 65536 μs，即 65.536 ms，无法达到所需要的 1 s 的定时，因此，必须通过软件来处理这个问题。假设 T0 的最大定时为 50 ms，那么要定时 1 s 需要经过 20 次的 50 ms 的定时。对于这 20 次就可以采用软件的方法来统计了。

因此，假设 TMOD＝00000001B，即 TMOD＝01H，然后给 T0 定时/计数器的 TH0、TL0 装入预置初值，通过以下公式可以计算出。

```
TH0＝(216－50000)/256
TL0＝(216－50000)MOD 256
```

当 T0 在工作的时候，通过检测 TCON 特殊功能寄存器中的 TF0 标志位，如果 TF0＝1 表示定时时间已到，就可以得知 50 ms 的定时时间。其程序流程图如图 2-8 所示。

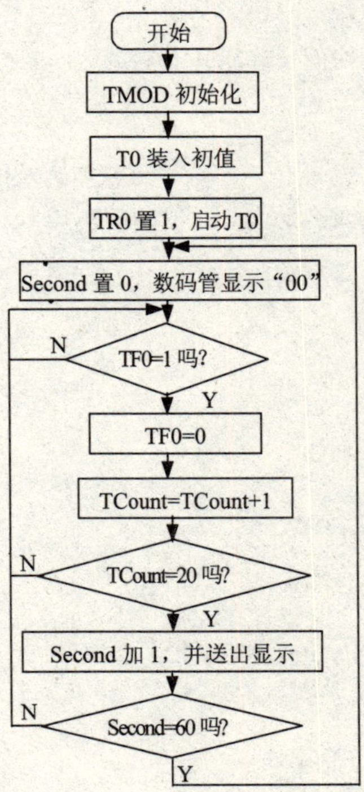

图2-8　软件程序流程图

2.7.3　源程序

本节分别通过汇编源程序和 C 语言源程序对 T0 作定时使用技术的设计，进行编程实现。

汇编源程序（查询法）：

（光盘\程序\2_4 查询法. txt）

```
SECOND  EQU 30H
TCOUNT  EQU 31H
ORG 00H
START:  MOV SECOND,#00H
MOV TCOUNT,#00H
MOV TMOD,#01H
MOV TH0,#(65536-50000)/256           ;T0 装入初值
MOV TL0,#(65536-50000) MOD 256
SETB TR0                             ;启动 T0
DISP:   MOV A,SECOND
MOV B,#10
DIV AB
MOV DPTR,#TABLE                      ;获取表首地址
MOVC A,@A+DPTR                       ;读取表中内容，并将其送至累加器 A 中
MOV P0,A
MOV A,B
MOVC A,@A+DPTR
MOV P2,A
;通过溢出标志位 TF0，判断定时时间（50ms）是否到达，未到达则等待溢出，否则向下执行
WAIT:   JNB TF0,WAIT
CLR TF0
MOV TH0,#(65536-50000)/256           ;T0 重新装入初值
MOV TL0,#(65536-50000) MOD 256
INC TCOUNT
MOV A,TCOUNT
CJNE A,#20,NEXT
MOV TCOUNT,#00H
INC SECOND
MOV A,SECOND
CJNE A,#60,NEX
MOV SECOND,#00H
NEX:    LJMP DISP
NEXT:   LJMP WAIT
TABLE:  DB  FH,06H,5BH,4FH,66H,6DH,7DH,07H,7FH,6FH
END
```

C 语言源程序（查询法）:

（光盘\程序\2_4 查询法. c）

```
#include <reg51.h>

unsigned char code dispcode[]={ 0x3f,0x06,0x5b,0x4f,
                               0x66,0x6d,0x7d,0x07,
                               0x7f,0x6f,0x77,0x7c,
                               0x39,0x5e,0x79,0x71,0x00};
unsigned char second;
```

```
unsigned char tcount;
void main(void)
{
    TMOD=0x01;
    TH0=(65536-50000)/256;          //T0 装入初值
    TL0=(65536-50000)%256;
    TR0=1;                          //启动 T0
    tcount=0;
    second=0;
    P0=dispcode[second/10];
    P2=dispcode[second%10];
    while(1)
    {
      //通过判读溢出标志位 TF0 是否为 1，判断定时时间（50 ms）是否到达
      if(TF0==1)
      {
          tcount++;
          if(tcount==20)
          {
              tcount=0;
              second++;
              if(second==60)
              {
                  second=0;
              }
              P0=dispcode[second/10];
              P2=dispcode[second%10];
          }
          TF0=0;
          TH0=(65536-50000)/256;
          TL0=(65536-50000)%256;
      }
    }
}
```

汇编源程序（中断法）：

（光盘\程序\2_4 中断法. txt）

```
SECOND  EQU 30H
TCOUNT  EQU 31H
ORG 00H
LJMP START
ORG 0BH
LJMP INT0X
START:
MOV SECOND,#00H
MOV A,SECOND
```

```
MOV B,#10
DIV AB
MOV DPTR,#TABLE
MOVC A,@A+DPTR
MOV P0,A
MOV A,B
MOVC A,@A+DPTR
MOV P2,A
MOV TCOUNT,#00H
MOV TMOD,#01H
MOV TH0,#(65536-50000)/256
MOV TL0,#(65536-50000) MOD 256
SETB TR0
SETB ET0
SETB EA
SJMP $
INT0X:
MOV TH0,#(65536-50000)/256
MOV TL0,#(65536-50000) MOD 256
INC TCOUNT
MOV A,TCOUNT
CJNE A,#20,NEXT
MOV TCOUNT,#00H
INC SECOND
MOV A,SECOND
CJNE A,#60,NEX
MOV SECOND,#00H
NEX:
MOV A,SECOND
MOV B,#10
DIV AB
MOV DPTR,#TABLE
MOVC A,@A+DPTR
MOV P0,A
MOV A,B
MOVC A,@A+DPTR
MOV P2,A
NEXT:RETI
TABLE:DB 3FH,06H,5BH,4FH,66H,6DH,7DH,07H,7FH,6FH
END
```

C 语言源程序（中断法）：

（光盘\程序\2_4 中断法.c）

```
#include <reg51.h>
unsigned char code dispcode[]={ 0x3f,0x06,0x5b,0x4f,
                                0x66,0x6d,0x7d,0x07,
```

```
                                 0x7f,0x6f,0x77,0x7c,
                                 0x39,0x5e,0x79,0x71,0x00};
unsigned char second;
unsigned char tcount;
void main(void)
{
   TMOD=0x01;
   TH0=(65536-50000)/256;
   TL0=(65536-50000)%256;
   TR0=1;
   ET0=1;
   EA=1;
   tcount=0;
   second=0;
   P0=dispcode[second/10];
   P2=dispcode[second%10];
   while(1);
}
void t0(void) interrupt 1 using 0
{
   tcount++;
   if(tcount==20)
   {
      tcount=0;
      second++;
      if(second==60)
      {
         second=0;
      }
      P0=dispcode[second/10];
      P2=dispcode[second%10];
   }
   TH0=(65536-50000)/256;
   TL0=(65536-50000)%256;
}
```

2.8　报警声

本节主要从报警声的硬件电路图、软件设计等方面详细介绍报警声的 C 语言编程及实现。下面将进行详细讲解。

2.8.1 设计需求

用 AT89C51 单片机产生“嘀、嘀、……”报警声，报警信号从 P1.1 端口输出，且电路方波频率为 1 kHz。根据图 2-9 可知：1 kHz 方波从 P1.1 输出 0.2 s，接着 0.2 s 从 P1.0 输出电平信号，如此循环下去，就形成所需的报警声了。

将 AT89C51 中的 P1.1 端口用导线连接到“音频放大模块”区域中的 SPK IN 端口上。在“音频放大模块”区域中的 SPK OUT 端口上接上一个 8 Ω 或者 16 Ω 的扬声器。

（光盘\原理图\2_9.SchDoc）

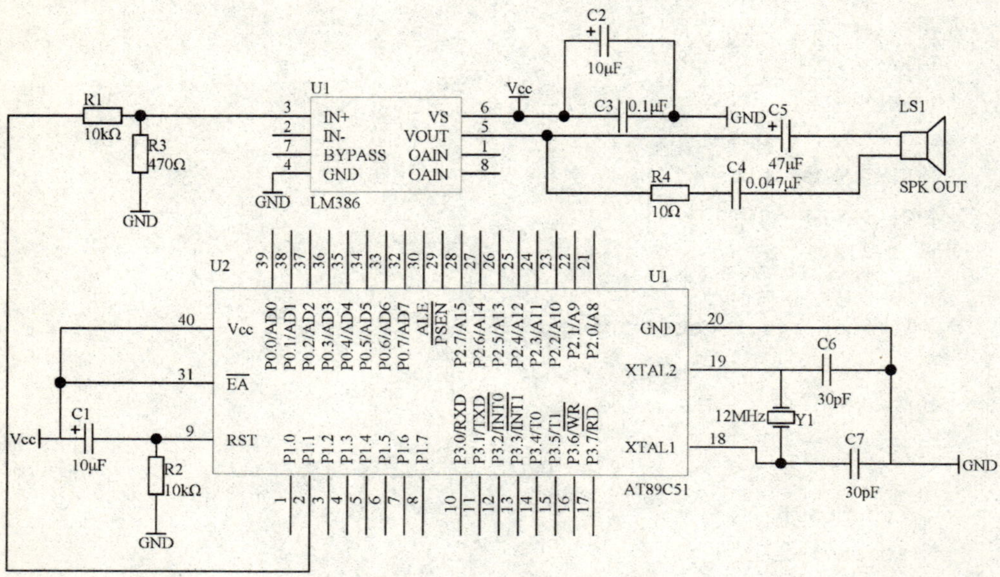

图2-9 硬件电路原理图

2.8.2 程序设计方法

生活中人们经常听到各种各样的报警声，如“嘀、嘀、……”就是常见的一种报警声，对于这种报警声，嘀 0.2 s，然后断 0.2 s，如此循环下去。图 2-10 所示为嘀声的频率为 1 kHz 报警声时序图。

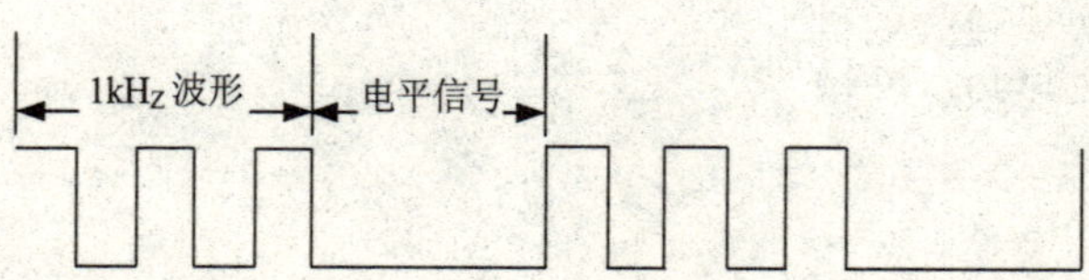

图2-10 报警声时序图

那么，报警声时序图的波形信号如何用单片机产生？由于要产生图 2-10 所示的信号，我们可以将上面的信号分成两部分：

- 1 kHz 方波信号，占用时间为 0.2 s。
- 电平信号，占用时间为 0.2 s。

因此，可以利用单片机的定时/计数器 T0 作为定时，定时时间为 0.2 s；同时，也要用单片机产生 1 kHz 的方波，对于 1 kHz 的方波信号周期为 1 ms，高电平占用 0.5 ms，低电平占用 0.5 ms，因此也可以采用定时器 T0 来完成 0.5 ms 的定时；最后，可以选定 T0 的定时时间为 0.5 ms，而定时 0.2 s 则是 0.5 ms 的 400 倍，也就是说通过 0.5 ms 定时 400 次就达到 0.2 s 的定时时间了。其程序流程图如图 2-11 和图 2-12 所示。

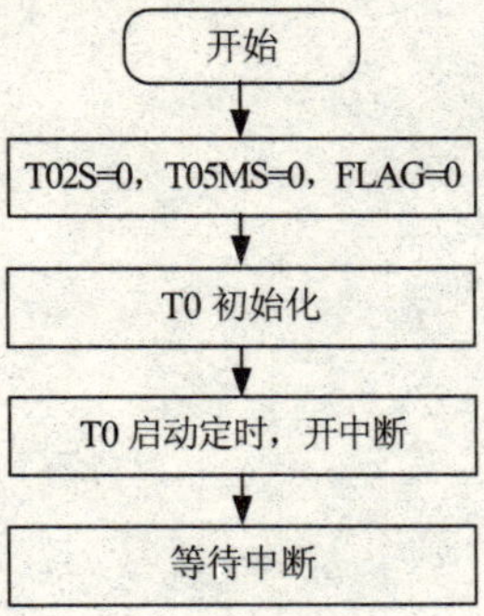

图2-11　主程序框图

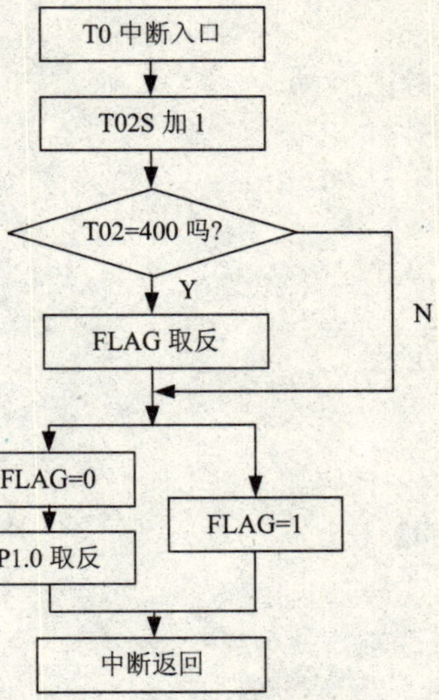

图2-12　中断服务程序框图

2.8.3　源程序

本节中分别通过汇编源程序和 C 语言源程序对报警灯的设计进行编程实现。汇编源程序代码如下：

（光盘\程序\2_5. txt）

```
T02SA     EQU 30H
T02SB     EQU 31H
FLAG      BIT 00H
ORG 00H
LJMP START
ORG 0BH                                  ;T0 中断入口地址
LJMP INT_T0
START:    MOV T02SA,#00H
MOV T02SB,#00H
CLR FLAG                                 ;FLAG 标志位赋 0
MOV TMOD,#01H
MOV TH0,#(65536-500)/256
MOV TL0,#(65536-500) MOD 256
SETB TR0
SETB ET0
SETB EA
SJMP $
```

```
INT_T0:
MOV TH0,#(65536-500)/256
MOV TL0,#(65536-500) MOD 256
INC T02SA
MOV A,T02SA
CJNE A,#100,NEXT
INC T02SB
MOV A,T02SB
CJNE A,#04H,NEXT
MOV T02SA,#00H
MOV T02SB,#00H
CPL FLAG
NEXT:   JB FLAG,DONE
CPL P1.0
DONE:   RETI
END
```

C 语言源程序代码如下：

（光盘\程序\2_5.c）

```
#include <reg51.h>
unsigned int t02s;
unsigned char t05ms;
bit flag;
void main(void)
{
    TMOD=0x01;
    TH0=(65536-500)/256;
    TL0=(65536-500)%256;
    TR0=1;                                  //启动 T0
    ET0=1;                                  //允许 T0 中断
    EA=1;                                   //允许总中断
    while(1);                               //等待
}
void t0(void) interrupt 1 using 0           //T0 中断子程序
{
   TH0=(65536-500)/256;
   TL0=(65536-500)%256;
   t02s++;
   if(t02s==400)
   {
      t02s=0;
      flag=~flag;                           //flag 取反
   }
   if(flag==0)
   {
      P1_0=~P1_0;                           //P1.0 取反
   }
}
```

第 3 章　城市公交车无线自动报站系统

本章介绍了以单片机 AT89S51、无线数据收发模块、语音录放芯片 ISD4004 为主要功能模块，采用短距离无线数据通信技术，实现高效、准确的公交车自动报站的城市公交车无线自动报站系统，并给出了其电路原理和软件设计方法。系统制造成本较低，维护方便，适合各种大、中、小型城市公交线路使用。

它的推广使用将会大大减轻司机和售票员的劳动强度，提高公共交通汽车的服务质量和安全性，具有广泛的市场前景。

3.1　报站系统的需求调研

要做一个实用性比较高的公交报站系统，前期的调研是必不可少的。

3.1.1　前期调研

1. 报站系统的方式

城市公交车报站方式主要有以下几种：

- 人工报站。
- 人机半自动报站。
- 采用 GPS 定位系统报站。

2. 系统要求

通过去各个车站收集公交司机及各个年龄阶段的乘客对报站系统的看法和他们心中理想的报站方式，得出以下两个结论：

- 准确报站。
- 普通话报站。

3. 报站系统优化

然而各个公交车站并没有对现有报站系统进行改进，原因何在？根据调查走访，主要原因在于现今仍然没有一个性能比较好且制作改装成本低，而且可以普及的报站系统，因而一直没有对报站系统进行改良。针对这种现象，此次设计的这套城市公交车无线自动报站系统，其创新之处在于：

- 采用编码技术对每一个车站点进行编码，当车行驶到车站点信号范围内时，系统将自动识别该站并发送指令启动语音报站系统进行语音报站及站名显示。
- 采用短距离无线数据通信技术，自动报站，高效准确。

➢ 该系统能利用现有系统进行改装，而且改装容易，制作成本低，运行几乎不需要成本。系统设计要求采用无线数据收发模块实现准确的无线自动语音报站及站名显示。

3.1.2 GPS 定位系统公交报站的原理

首先来了解一下 GPS 定位系统公交报站的原理，车载终端系统根据每秒获得的车辆位置信息，与预存在终端内的线路站点位置信息进行比对，确定车辆的上下行关系以及所处的站点位置，在车辆进站、出站、转弯点等位置自动播报语音信息提示乘客，同时还可以在多媒体广告播放屏上显示文字信息，全部操作由车载终端进行控制，报站准确可靠，而且不需要驾驶员手工干预。

如果将 GPS 的“点—面”定位方式改为“点—点”定位方式，不但可以保持 GPS 定位准确的特点，还能降低电路操作的复杂性，同时大幅度降低制作成本。结合对报站系统的改进思路，从而得出以下两种设计方案：

➢ 采用单片机对每一个车站进行软件编码，然后通过无线数据发射模块在一定空间范围内发射该编码数据。当汽车进入接收范围时车载系统收到数据，进行软件解码，然后根据解码后的数据确定车辆所到的站点，启动语音报站系统报出相应的站名并进行站点显示。采用此方法的系统功能齐全，性能可靠。
➢ 采用编码译码原理，应用“接力棒”形式进行自动报站。每两个相邻站点之间进行相互通信，当公交车从第一站出发时，第一个站点发出的信息传到第二站，第二站即进行相应显示，同时第二站发出报站信号，车到达第二站时将会接收到报站信息，实现报站，依此类推。

经过综合分析，两种方案的区别在于是采用数据单向通信还是双向通信，对比之下，以实现同样功能为条件，方案一系统原理较为成熟，电路简单，完全可以达到无线自动报站的要求，制作成本也比方案二低。因此本设计选用方案一介绍的原理开发报站系统。

3.2 硬件电路分析

本系统硬件电路包括车站系统和车载系统两个电路模块。车站系统和车载系统相互配合，从而当公交车路过相应的车站时，做出正确的报站提示音。下面分别对两模块电路原理进行详细分析。

车站系统主要由单片机小系统、编码设置电路、无线数据发射模块 3 部分组成。系统结构框图如图 3-1 所示。

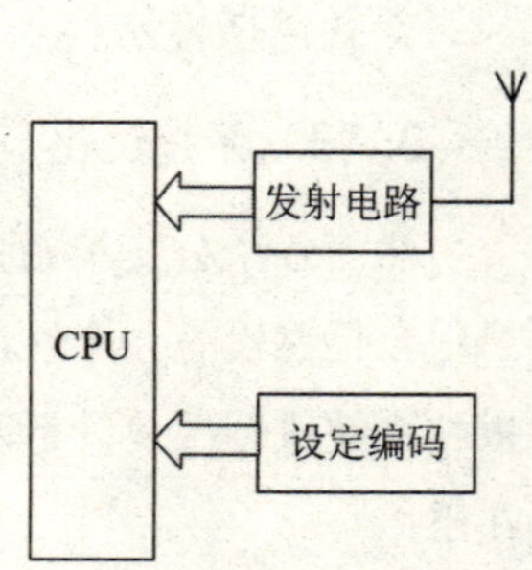

图3-1 车站系统

3.2.1 单片机小系统

微控制器是整个系统的核心，为保持系统的稳定，器件的选择比较重要。该系统采用的是 Atmel 公司低功耗，高性能 8 位 CMOS 单片机 AT89S51，片内含 4 KB ISP（in-system programmable）的可反复擦写 1000 次的 Flash 只读程序存储器。

AT89S51 芯片提供三级程序存储器加密，提供了方便灵活而可靠的硬加密手段，能完全保证程序或系统不被仿制。为了防止 CPU 工作时对数据发射模块的干扰，该系统采用较低频率的 1 MHz 晶振，并且在 CPU 与发射电路之间加入隔离电路。

3.2.2 编码设置电路

编码设置电路负责对每一个车站点进行编码，该编码经过 CPU 处理后送入无线数据发射模块进行发射。电路中设 8 位拨码开关，（实际产品可以将该编码固定）共能实现 256 种组合方式，对于一路公交车来说已经足够。当拨动拨码开关时，送入单片机 I/O 接口的电平组合发生变化，单片机将此电平进行编码后，以串行数据方式送入无线数据收发模块进行发射。

3.2.3 无线数据收发模块

图 3-2 为无线数据发射模块电路原理图。该模块工作频率为 315 MHz，采用声表谐振器 SAW 稳频，频率稳定度极高，当环境温度在-25℃～＋85℃之间变化时，频漂仅为 3×10^{-6}/℃。电路采用 ASK 方式调制，当数据信号停止时，发射电流降为零，功耗很低。

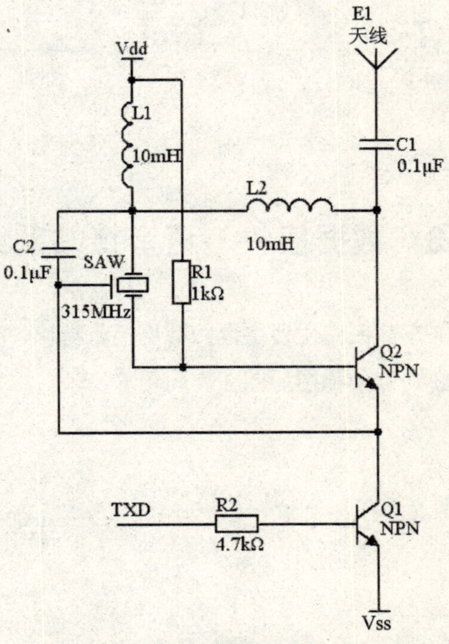

图3-2 无线数据发射模块电路原理图

电路本身未设编码集成电路，而增加了 1 只数据调制晶体管 Q1，这种结构使得它可以方便地和其他固定编码电路、滚动码电路及单片机接口，而不必考虑编码电路的工作电压和输出幅度信号值的大小。模块输出功率由电压决定，电压变化时发射频率基本不变，当发射电压为 3 V 时，空旷地传输距离为 20～50 m，发射功率较小；当电压为 5 V 时，空旷地传输距离为 100～200 m；当电压为 9 V 时空旷地传输距离为 300～500 m；当发射电压为 12 V 时，为最佳工作电压，具有较好的发射效果，发射电流约 60 mA，空旷地传输距离为 700～800 m，发射功率约 0.5 W。综合考虑路面状况，通过试验，选择了 200 m 左右的发射距离。车站系统总电路如图 3-3 所示。

（光盘\原理图\3_3.SchDoc）

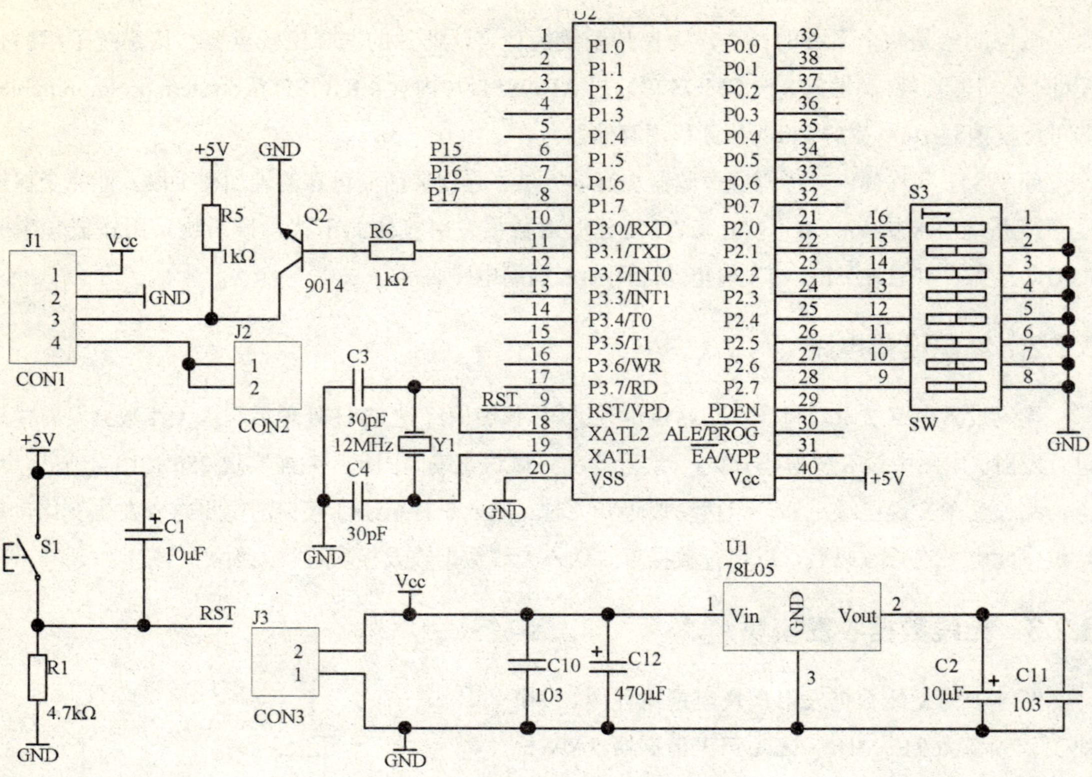

图3-3　车站系统电路原理图

3.3　数据接收、语音报站系统（车载系统）

车载系统主要由无线数据接收模块、单片机小系统、语音录放电路、功放电路、显示电路组成。系统功能结构图如图 3-4 所示。

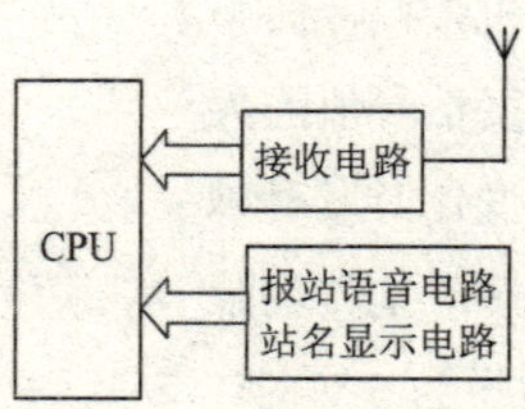

图3-4　车载系统功能结构图

3.3.1　无线数据接收模块

接收模块的工作电压为 5 V，静态电流 4 mA，它为超再生接收电路，接收灵敏度为-105 dB，本处所讲的超再生接收电路的优点为：

（1）天线输入端有选频电路，而不依赖 1/4 波长天线的选频作用，控制距离较近时可以剪短甚至去掉外接天线。

（2）输出端的波形在没有信号时比较干净，干扰信号为短暂的针状脉冲，而不像其他超再生接收电路会产生密集的噪声波形，所以抗干扰能力较强。

（3）模块自身辐射极小，加上电路模块背面网状接地铜箔的屏蔽作用，可以减少自身振荡的泄漏和外界干扰信号的侵入。

（4）采用带骨架的磁芯电感将频率调整到 315 MHz 后封固，这与采用可调电容调整接收频率的电路相比，温度、湿度稳定性及抗机械振动性能都有极大改善。

接收模块接收到发射模块发射出来的信号时，将其解调还原出有效数据，经隔离处理后送入 CPU。电路原理图如图 3-5 所示。

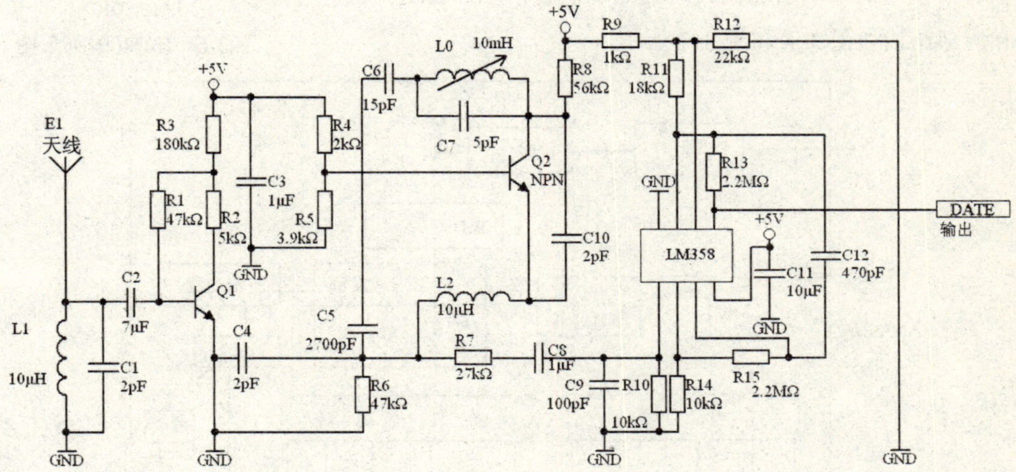

图3-5　无线数据接收模块电路原理图

3.3.2　单片机小系统

车载系统中单片机的作用是将无线数据接收模块传过来的信号进行解码，并以此为标准读取相应的地址，一方面送给语音芯片，启动语音芯片送出声音信号进行报站，另一方面将相应数据送到数码管显示站名。

因为采取的是自动报站方式，需要预录站名及一些提醒语句，电路中必须加入语音电路。系统采用的是 ISD4004－8 语音录放集成芯片。ISD4004－8 语音录放集成芯片的介绍如下：

- 工作电压 3 V。
- 工作电流 25～30 mA，维持电流 1 μA。
- 单片录放语音时间 8 min，适用于移动电话机及其他便携式电子产品。
- 芯片采用 CMOS 技术，内含振荡器、防混音滤波器、平滑滤波器、自动静噪、音频放大器及高密度多电平 Flash 存储阵列。
- 内置微控制器串行通信接口，无须开发系统即可与微控制器并行工作，具有独立的协议与指令系统。

> 芯片采用多电平直接模拟量存储技术，每个采样值直接存储在片内的 flash 存储器中，因此能够非常真实、自然地再现语音、音乐、音调和效果声，避免了一般固体录音电路固置化和压缩造成的量化噪声和多属声。
> 采样频率可为 4.0 kHz、5.3 kHz、6.4 kHz、8.0 kHz，频率越低，录放时间越长，而音质则有所下降，片内信息存于闪烁存储器中，可在断电情况下保存 100 年（典型值）反复录音 10 万次。

该器件使用简单，功能强大，是处理语音信息的首选。其外形和内部结构如图 3-6 和图 3-7 所示。

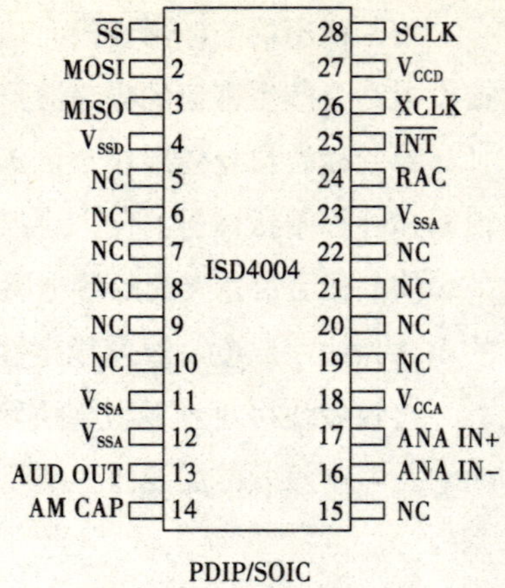

图3-6　ISD4004外形图

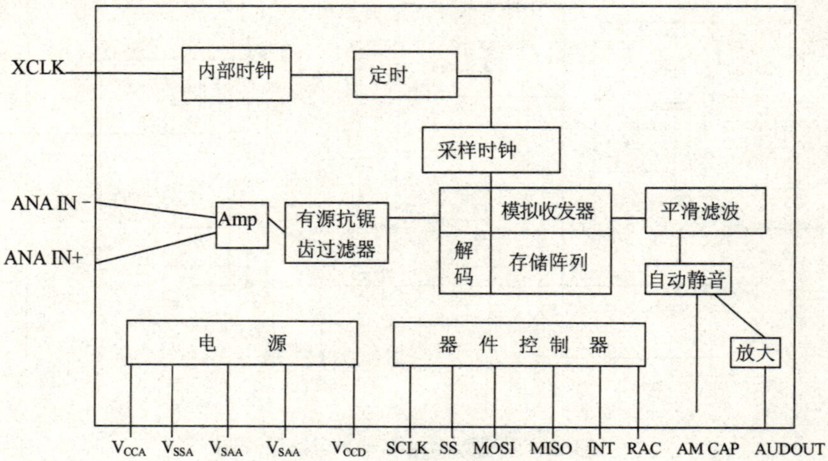

图3-7　ISD4004内部结构图

3.3.4　语音录放电路连接和调试

语音录放电路连接过程中的主要操作如下：

（1）CPU 和 ISD4004 之间的连接较少，P2.2 接 ISD4004 片选引脚 $\overline{SS}$，控制 ISD4004 的选通。

（2）P2.1 接 ISD4004 的串行输入引脚 MOSI，从该引脚读入放音的地址。

（3）P2.3 和 P2.5 分别接 ISD4004 的串行时钟引脚 SCLK 和中断引脚 $\overline{INT}$。

（4）对于 ISD4004 芯片所需要的连接还有音频信号输出引脚 AUD OUT，该引脚通过一个滤波电容与功放电路连接，AM CAP 为自动静音端，使用时通过一个电容接地。

（5）由于 ISD4004 的工作电压为 3 V，而单片机所需供电电压为 5 V，因此需要采用稳压电路得到 3 V 电压供 ISD4004 使用。

放音电路调试过程中的主要操作如下：

（1）测量 ISD4004 的工作电压是否是 3V，如果是，则进入下级调试。

（2）看是否可以送入放音地址，对此可以测量 AUD OUT 引脚的电压，若为 1.2V，则说明可以读入放音地址。

（3）检测是否能够放音，测量 AUD OUT 引脚电压为 1.2 V，则说明 ISD4004 芯片工作正常，可以放音。如果没有听到放音，则调试后级放音电路，看是否是后级电路有问题。

数据接收模块将接收到的信号送入单片机，单片机将此信号进行解码，信号经过检验确认正确后，一方面转换为 BCD 码送给 74LS48 译码，然后通过数码管显示出来；另一方面根据信号读取相应的地址，送给语音芯片，启动语音芯片送出声音信号，完成语音报站。

3.3.5 功放电路介绍

语音芯片输出的音频信号功率较小，而在报站时要求输出比较大的声音，这就要求对语音芯片输出的声音信号进行功率放大。电路采用的 TDA2822 是双声道音频功率放大电路，电源电压范围宽为 1.8～15 V，低至 1.8 V 仍能工作。因此，该电路适合在低电源电压下工作。它的特点在于静态电流小，交越失真很小，适用于单声道桥式（BTL）和立体声线路两种工作状态。本系统采用 BTL 连接方式，最大输出功率可达 3 W，可以驱动扬声器发出足够大的声音，满足系统的要求。

采用双列直插 8 脚塑料封装（DIP8）。其引脚说明如下：

引脚序号	符号	功能
1	OUT1	输出端 1
2	V_{CC}	电源
3	OUT2	输出端 2
4	GND	
5	IN2（−）	反向输入端 2
6	IN2（+）	正向输入端 2
7	IN1（+）	正向输入端 1
8	IN1（−）	反向输入端 1

具体电路如图 3-8 所示。

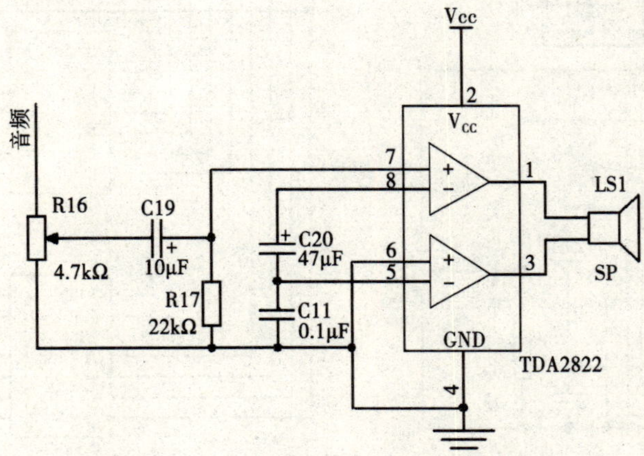

图3-8　TDA2822 BTL电路

3.3.6 显示电路

单片机驱动数码管显示是一种非常成熟的技术，用单片机驱动 LED 数码管有很多方法：

➢ 按显示方式分，有静态显示和动态（扫描）显示。

➢ 按译码方式分，有硬件译码和软件译码。

本设计需要驱动两位数码管，采用动态扫描的方式固然能节省电路，但是考虑到无线数据收发模块和语音芯片的工作需要一个比较好的环境，采用动态扫描时产生的频率干扰可能会影响它们的正常工作，因此该系统选用了静态显示的方法，并采用了硬件译码 74LS48 驱动的方法，这虽然增加了电路，但是完全保证了系统稳定可靠的工作，也不失为此次设计的一个亮点。车站系统总电路如图 3-9 所示。

（光盘\原理图\3_9.SchDoc）

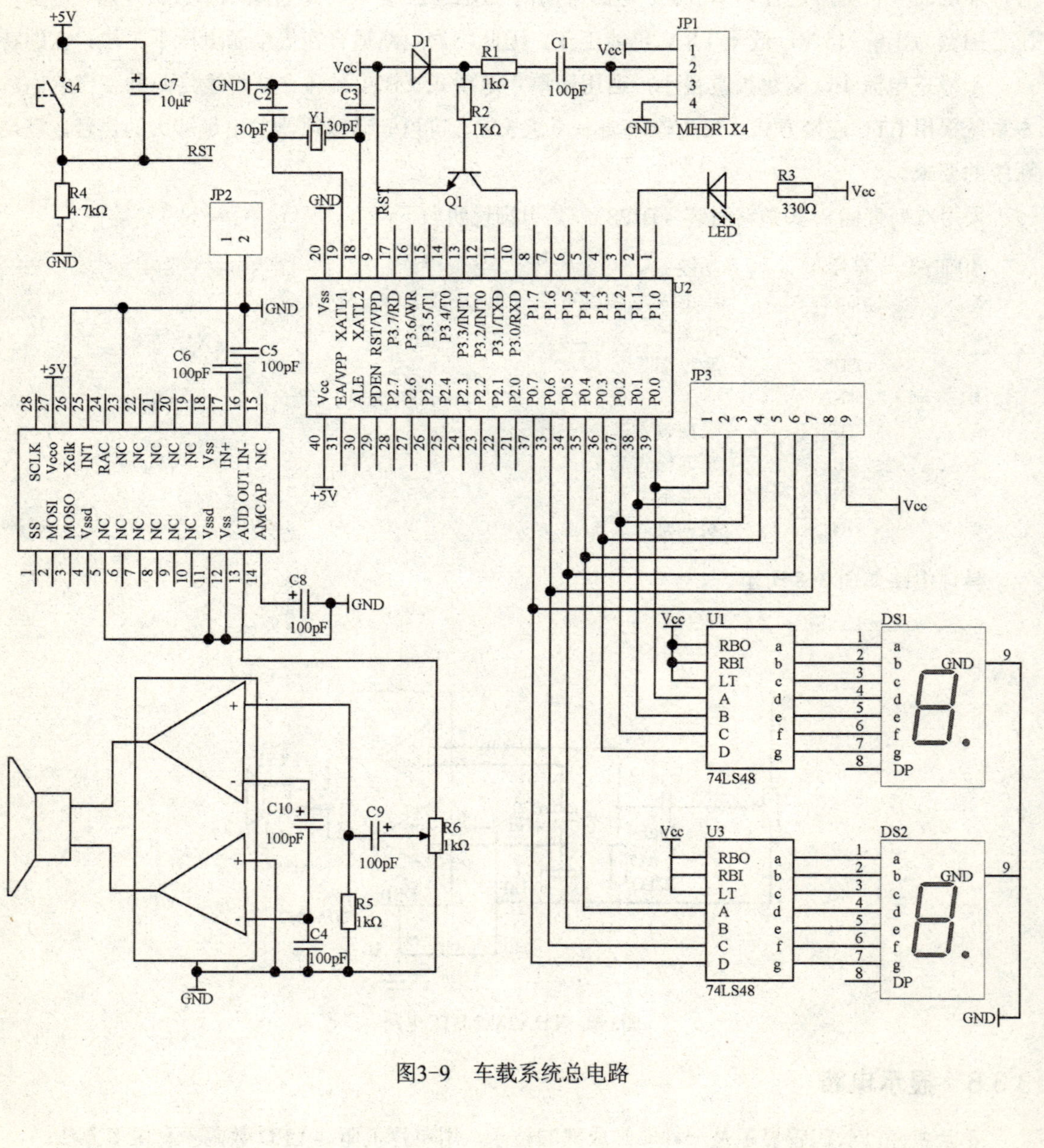

图3-9 车载系统总电路

其中 74LS48 芯片是一种常用的 7 段数码管译码器驱动器，其功能如表 3-1 所示，常用在各种数字电路和单片机系统的显示系统中。其引脚如图 3-10 所示。

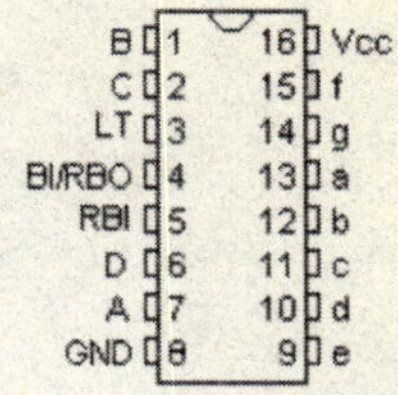

图3-10　74LS48的引脚图

表3-1　74LS48引脚功能表—7段译码驱动器功能表

十进数或功能	输入			BI/RBO	输出							备注
	LT	RBI	D C B A		a	b	c	d	e	f	g	
0	H	H	0 0 0 0	H	1	1	1	1	1	1	0	
1	H	x	0 0 0 1	H	0	1	1	0	0	0	0	
2	H	x	0 0 1 0	H	1	1	0	1	1	0	1	
3	H	x	0 0 1 1	H	1	1	1	1	0	0	1	
4	H	x	0 1 0 0	H	0	1	1	0	0	1	1	
5	H	x	0 1 0 1	H	1	0	1	1	0	1	1	
6	H	x	0 1 1 0	H	0	0	1	1	1	1	1	
7	H	x	0 1 1 1	H	1	1	1	0	0	0	0	1
8	H	x	1 0 0 0	H	1	1	1	1	1	1	1	
9	H	x	1 0 0 1	H	1	1	1	0	0	1	1	
10	H	x	1 0 1 0	H	0	0	0	1	1	0	1	
11	H	x	1 0 1 1	H	0	0	1	1	0	0	1	
12	H	x	1 1 0 0	H	0	1	0	0	0	1	1	
13	H	x	1 1 0 1	H	1	0	0	1	0	1	1	
14	H	x	1 1 1 0	H	0	0	0	1	1	1	1	
15	H	x	1 1 1 1	H	0	0	0	0	0	0	0	
BI	x	x	x x x x	L	0	0	0	0	0	0	0	2
RBI	H	L	0 0 0 0	L	0	0	0	0	0	0	0	3
LT	L	x	x x x x	H	1	1	1	1	1	1	1	4

3.4　软件分析

软件是一个系统的灵魂，整个系统的功能是由硬件电路配合软件来实现的，当硬件基本定型后，软件的功能也就基本确定了。单片机的工作就是指程序的运行，因此软件的设计思路非常重要。

3.4.1　程序流程图

根据系统功能和程序执行步骤得到车站系统，如图 3-11 所示。车载系统流程图如图 3-12 所示。

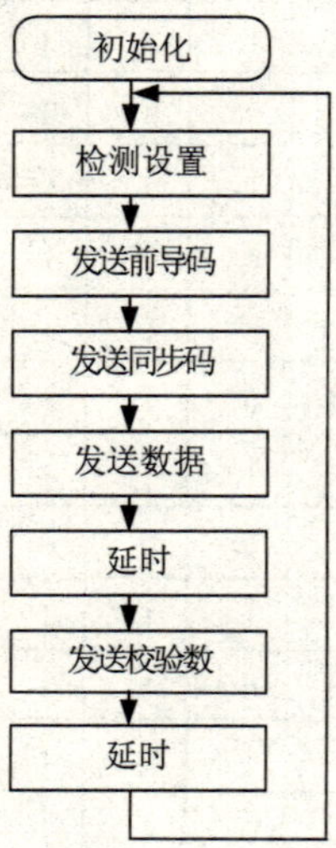

图3-11　车站系统流程图

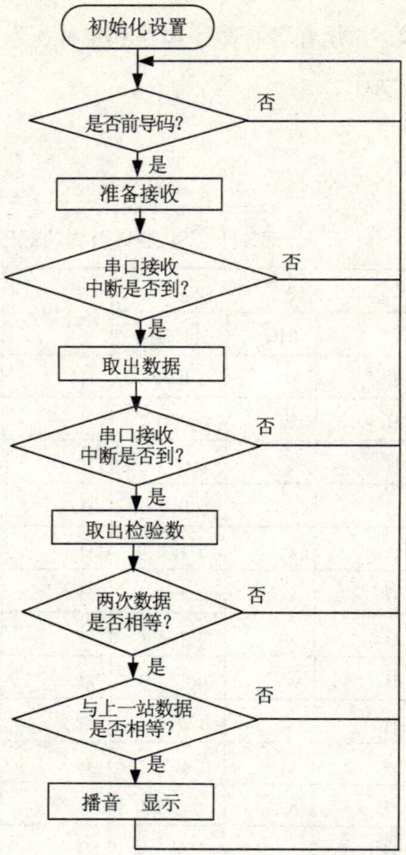

图3-12　车载系统流程图

从软件流程图可以看出，车站系统不断循环发送属于自己的唯一编码，当汽车行驶到距离某一个站点 200 m 左右时，车载系统将接收到车站系统发射出来的具有唯一性的编码数据，通过解码还原出包含站点信息的数据，并根据该数据自动判断出是否应该在该站停靠。如果需要，则发出指令启动语音芯片，进行相应的寻址以报出相应的站名；如果不需要停靠，则自动忽略解码出来的数据，并不启动报站系统，以防误报。

3.4.2　ISD4004 语音录放子程序

ISD4004 采用的是 SPI（串行外部接口），SPI 有一个特点，即在时钟 SCK 的上升沿打入数据 MOSI，在下降沿读入数据 MISO，片选信号 CS 有正负区别。在硬件上 MOSI 与 MISO 是可以短路变为 SIO 可读/写 IO 的。故 SPI 可为（不包括 CS）三线（SCK、MOSI、MISO）协议，两线（SCK、SIO）协议，SPI 一般为双向同时高速收发数据的，方向由时钟 SCK 的跳变沿决定。在设计 ISD4004 的程序时，要严格按照 ISD4004 的要求编程。如放音时首先要送上电指令，然后等待 25 μs 的延迟，再送 16 位放音起始地址，最后送 8 位开始放音指令。

下面是 ISD4004 语音录放的部分驱动程序：

（光盘\程序\3_1. c）

```
/*spi isd4004.h*/
#include "reg51.h"
#include "intrins.h"
sbit  cs=P2^2;
sbit  sclk=P2^3;
sbit  mosi=P2^1;
sbit  moso=P2^0;
sbit  rac=P2^4;
sbit  inte=P3^7;
void delay(unsigned int i)  //延时程序
{
    while(i--);
}
void stopmode()              //停止
{
     unsigned char m,i,j;
     _cs=1;
     _sclk=0;
     _cs=0;
     m=0x30;
     for(i=0;i<8;i++)
     {
        m=_cror_(m,1);
        j=m<<1;
        _mosi=cy;
        _sclk=0;
        _sclk=1;
     }
     _cs=1;
}
void powerdown()                    //下电
{
   unsigned char m,i,j;
   _cs=1;
   _sclk=0;
   _cs=0;
   m=0x10;
   for(i=0;i<8;i++)
   {
      m=_cror_(m,1);
      j=m<<1;
      _mosi=cy;
      _sclk=0;
      _sclk=1;
   }
```

```
    _cs=1;
}
void powerup()                              //上电
{
    unsigned char m,i,j;
    _cs=1;
    _sclk=0;
    _cs=0;
    m=0x20;
    for(i=0;i<8;i++)
    {
         m=_cror_(m,1);
         j=m<<1;
         _mosi=cy;
         _sclk=0;
         _sclk=1;
    }
    _cs=1;
}
void record4004(unsigned int address)   //录音 address--录音地址 0～2400
{
    unsigned char i,m,j;
    unsigned int datasoute=0;
    powerup();
    delay(5118);                            //上电延时
    powerup();
    delay(5118);                            //上电延时
    delay(5118);                            //上电延时
    _cs=1;
    _sclk=0;
    m=0xa0;
    _cs=0;
    for(i=0;i<16;i++)
    {
        address=_iror_(address,1);
        datasoute=address<<1;
        _mosi=cy;
        _sclk=0;
        _sclk=1;
    }
    for(i=0;i<8;i++)
    {
        m=_cror_(m,1);
        j=m<<1;
        _mosi=cy;
        _sclk=0;
```

```
        _sclk=1;
    }
    _cs=1;
    _sclk=0;
    m=0xb0;
    _cs=0;
    for(i=0;i<8;i++)
    {
        m=_cror_(m,1);
        j=m<<1;
        _mosi=cy;
        _sclk=0;
        _sclk=1;
    }
    _cs=1;
    p0=0xff;
    datasoute=0;
    while(_int==1)                                  //存储地址换行标志
    {
         if(_rac) {delay(20000); datasoute++; }  //记录本次录音所占的行数
    }
}
void audioout(unsigned int address)                 //放音程序
{
    unsigned char i,m,j;
    unsigned int datasoute;
    powerup();
    _cs=1;
    _sclk=0;
    _cs=0;
    m=0xe0;
    for(i=0;i<16;i++)
    {
        address=_iror_(address,1);
        datasoute=address<<1;
        _sclk=0;
        _mosi=cy;
        _sclk=1;
    }
    for(i=0;i<8;i++)
    {
        m=_cror_(m,1);
        j=m<<1;
        _sclk=0;
        _mosi=cy;
        _sclk=1;
```

```
    }
    _cs=1;
    _sclk=0;
    m=0xf0;
    _cs=0;
    for(i=0;i<8;i++)
    {
        m=_cror_(m,1);
        j=m<<1;
        _sclk=0;
        _mosi=cy;
        _sclk=1;
    }
    _cs=1;
    p0=0xff;
    while(_int==1)
    {
    }//while end;
}
main()
{
    record4004(0);
    audioout(0);
    while(1);
}
```

3.5 系统功能测试与比较

为了测试系统能否达到设计要求，下面设计了几个指标测试实验和系统功能实验，从而对系统进行功能测试，并将其与类似产品进行对比。

设计要求是当公交车距车站 200 m 左右时自动报站，经实际测试，在 200 m 距离时，接收效果较好，灵敏度较高，显示与站点编号符合。障碍物区距离稍有减小，灵敏度稍低，但不会影响正常使用，达到设计要求。

1. 系统功能比较

无线自动报站系统具有它本身无可比拟的优势，它成本不过百元却能够很好地完成站点的自动识别、显示与语音报站等功能，避免了手动按键式报站的种种弊端。它维护简单，无须专业人员操纵，完全可以代替 GPS 等昂贵且操作复杂的报站系统，可扩展性很强，非常适合各大中小城市推广使用。可报站点数 255 个，报站距离 200 m 左右。

另外本系统制造成本较低，维护费用低，适合各种大、中小型城市公交车使用，小型公交公司也不必担心会因此投入太多的资金，因此市场前景甚为广阔。

下面把本系统与当前比较流行的报站方式进行列表比较，结果如表 3-2 所示。

表3-2　本系统与其他报站方式比较

项目 方式	报站距离	系统成本/元	准确性	系统维护难易度	可推广性
无线自动报站	200 m 左右	150	很高	简单	很好
人工报站	全路段		低		差
按键式报站器	全路段	300～500	较低，容易错报	简单	一般
GPS 自动报站	全路段	＞100 万	很高	复杂	地方经济发展限制
智能交通系统（ITS）	全路段	＞100 万	很高	复杂	地方经济发展限制

2．系统使用说明

车站系统设有 8 位拨码开关，用于模拟产生各个车站的编码，最多可以辨别 256 个车站，这对于一路公交车来说已经足够。其中左边为编码低位，使用时拨动开关，即可产生 0～255 共 256 种编码。该编码经单片机处理后送入无线数据发射模块，在一定范围内辐射包含有该站点数据的信息，无线发射模块设有天线，使用时应尽量使天线直立，以达到最佳发射效果。具体实物图如图 3-13 所示。

车载系统用于指示站点的有两部分，两位数码管用于显示站点编码（实际不够用时可以扩展），语音芯片及功放电路用于语音报站。使用时先打开左侧的电源开关，如果在该范围内有车站系统发射出来的信号，则数码管应显示相应的站点编号，同时扬声器会报出该站的站名，提醒到站乘客下车。接收模块也设有接收天线，使用时也应直立以增强接收效果。具体实物图如图 3-14 所示。

图3-13　车站系统电路实物图

图3-14　车载系统电路实物图

第 4 章　超声波雾化器的智能控制系统

基于超声波雾化器的智能控制系统以超声波雾化器为系统核心器件，将高温度的热水雾化为直径 5μm 左右的水颗粒，从而大大提高热水与空气的接触面积，实现室内空气迅速升温、增湿、净化空气等效果的节能型新型实用设计。采用 AT89S52 作为控制器，具有温度、湿度实时显示，无须人工干预，温度、湿度自动调节，一定范围内任意温度、湿度设定及保持，自动进水、排水等众多功能的实用产品。系统控制简便快捷，几秒即可完成各项功能设定，抗干扰能力强，能源利用效率高，可广泛应用于浴室、厅堂的空气调节，蔬菜和花卉种植等方面，具有十分广阔的市场前景。

4.1　系统功能设计要求

为了设计一套基于超声波雾化器的智能控制系统，本课题通过调研得知采用基于超声波雾化器具有其他类似产品无法比拟的优点。

4.1.1　系统设计优点

该产品加热原理是以燃气热水器提供热水为主，电加热热水为辅，这样能够快速又便宜地获得高温热水，然后采用超声波雾化器将热水雾化，使之变成直径 5μm 的小热水颗粒，通过风扇迅速地吹散到空气中间，使之与浴室的空气接触面积极大提高，可达上千平方米的热交换面积，很快能将热水的热量传递给空气，然后再将空气中已经冷却的小热水珠循环凝滴回收，达到迅速加热空气的目的。它具有如下优点：

- 通过超声波使热水雾化成直径为 5 μm 的小颗粒，从而使热水和空气的接触面积大大增加，如 1 L 水全部雾化其表面积可达 596 m^2，热交换速度大大加快，可以迅速均匀提升室内温度。
- 因为水的比热大，热量集中且雾化后的水加热迅速，所以其热量损失远远小于常用加热产品。
- 加热方式以燃气热水器加热为主，电加热为辅，其能源价格是电加热价格的 1/10，经济实用。
- 适用于冬季温室大棚的恒温恒湿调节。
- 在加热的同时可以加湿，也可以单独用于空气加湿，产品适用范围大。

4.1.2　各种加湿器优缺点分析

加湿器主要的作用是维持室内空气湿度，实验表明，如果室内的环境湿度在 50%以上时，感冒病毒的成活率极低。加湿器利用多种方式将水雾化，使居室保持较高的湿度，并产生一定数量的天然负氧离子，可治疗和缓解流感、高血压、气管炎等疾病，并对神经系统、心血管系统和人体的新陈代谢起到一定保护作用。

这 3 类空气加湿器有着各自的优点及缺点：

（1）超声波加湿器：使空气湿润并伴生丰富的负氧离子，能清新空气，增进健康，一改冬季暖气的燥热，营造舒适的生活环境。据专家介绍，超声波加湿器的优点是：加湿强度大，加湿均匀，加湿效率高；节能、省电，耗电仅为电热加湿器的 1/15~1/10；使用寿命长，湿度自动平衡，无水自动保护；兼具医疗雾化、冷敷浴面、清洗首饰等功能。

（2）纯净加湿器：纯净加湿技术是加湿领域刚刚采用的新技术，纯净加湿器通过分子筛蒸发技术除去水中的钙镁离子，彻底解决"白粉"问题。

（3）电加热式加湿器：电加热技术最简单的加湿方式，缺点是能耗较大，不能干烧，安全系数较低、加热器上容易结垢，市场前景不容乐观。

以上三者相比较：

- 电加热加湿器耗电大，加湿器上容易结垢。
- 纯净型加湿器不结垢，功率小，具有空气循环系统，能够过滤空气且杀灭细菌。
- 超声波加湿器加湿强度大且均匀，耗电量小，使用寿命长，兼具医疗雾化、冷敷浴面、清洗首饰等功能，但对水质有一定要求，使用中会有轻微"白粉"现象。一般水硬度不是很高的地方可以正常使用。超声波加湿器清洗也非常方便，所以它是建议的首选产品。

4.2　系统设计

系统设计主要包括功能设计要求，总体框图设计和系统工作原理。

4.2.1　系统功能设计要求

根据以上分析，确定系统的设计要求如下：

- 实现快速均匀升温。
- 实时显示加温空间当前的温度和湿度，用户可以通过控制面板对温湿度进行设定。系统需自动控制各执行器件将室内温湿参数保持在用户设定值。
- 温湿度达到预设值时可以进行声光提醒。
- 可以设定为单独加湿模式。
- 自动检测水箱实现水位自动进水、排水。
- 系统需具有相当高的能源利用效率。

4.2.2　系统总体框图设计

根据系统的设计要求确定系统必需的功能电路关系，如图 4-1 所示，各个功能模块详细信号的处理流程，各个执行器件的控制方式结构图如图 4-2 所示。

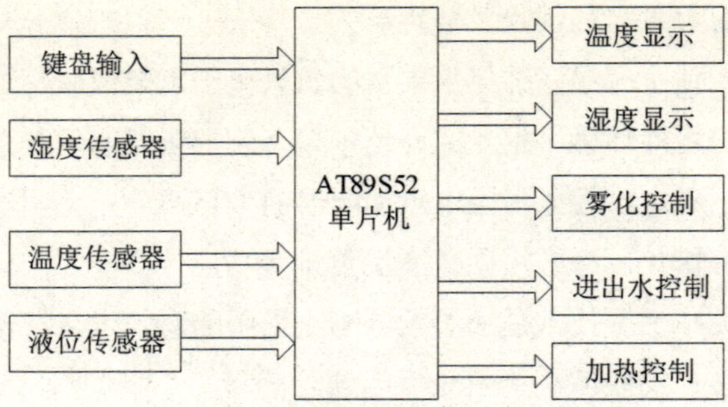

图4-1　系统总体框图

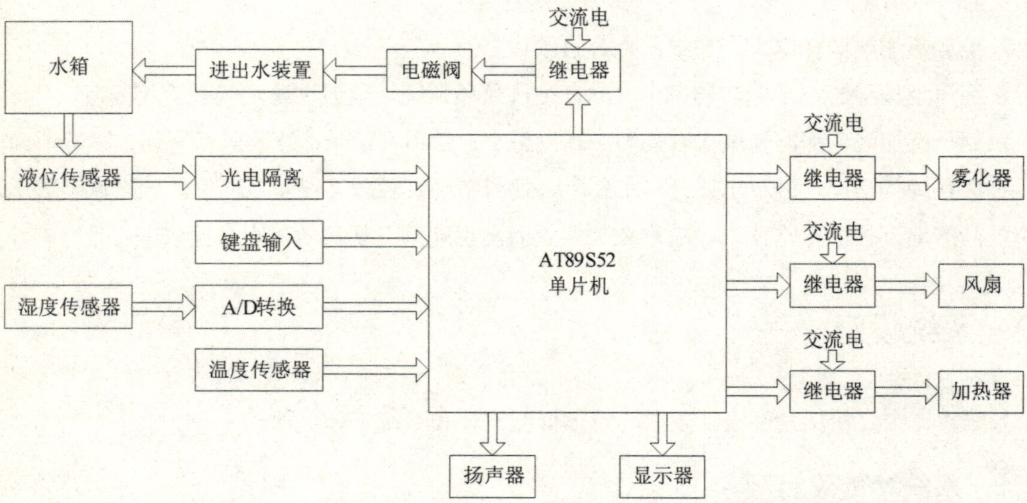

图4-2　系统功能结构图

4.2.3　系统工作原理

本设计的主要功能模块为超声波雾化器、控制板、温湿度传感器、执行器件等。以超声波雾化器为系统核心器件，将一定温度的热水雾化为直径 5μm 左右的水颗粒，实现空间迅速升温、增湿、净化空气等功能。运行原理如下：

- 接通电源后整机工作，两个温度传感器分别返回室温和水箱水温。湿度传感器接收空气湿度信号，液位传感器则返回水箱液位信号，同时系统检测用户是否自行设定了温湿度值。没有设定则调用系统默认设置。
- 控制板即以这些信号为基准开始各项控制工作。首先判断室内温度，若温度低于系统默认值 25℃，则需要启动雾化器给室内空气升温。启动雾化器之前要检测水箱水温，如果水温不够高，则需给水加热。加热启动前检测水位，若水位在电热器件之上，则启动电热器件给水加热，水位在设定水位之下则启动进水阀往水箱加水，到达启动电热器件水位再启动加热。水箱中水的温度到达雾化设定值时，开始雾化。

至此，系统自动完成了雾化前的一系列信号反查的准备工作，随着雾化器的启动，室内温度和湿度都在增加，当到达用户设定值或系统默认值（用户未更改设定的情况）时，雾化器停止工作，系统进入温湿度保持状态。当温度下降时再次启动雾化器，如此循环保持室内温湿度在用户设定值上。系统工作运行状态如表 4-1 所示。

表4-1　系统工作运行状态

信　　号	工 作 流 程
水位低	加水
水温低	加水、加热
室温低	加水、加热、启动雾化

4.3　硬件电路设计

本系统硬件电路主要分为单片机小系统、超声波雾化器、温度测量系统、湿度测量系统、水位控制电路、按键显示电路、加热电路、指示部件、控制部件等 9 个电路模块，下面对各模块电路进行详细分析。

4.3.1　单片机小系统

作为一个具有自动控制功能的系统，微控制器是整个系统的核心，因此器件的选择比较重要。例如，Atmel 公司生产的低功耗高性能 8 位 CMOS 单片机 AT89S52。

AT89S52 可构成真正的单片机最小应用系统，缩小系统体积，增加系统的可靠性，降低系统的成本。AT89S52 芯片提供三级程序存储器加密，提供了方便灵活而可靠的硬加密手段，能完全保证程序或系统不被仿制，完全能够满足该系统的要求，因此选用 AT89S52 作为系统核心控制器件。

4.3.2　超声波雾化器

超声波雾化器是本设计的一个核心器件，用于把热水雾化实现空气的加热，用于调节空气温湿度。它以水为介质，将电能经换能器转换成机械能，使水产生雾状微粒，一般采用分体式，即超声雾化头与电源和电路部分完全分离；超声波雾化器体积小，便于携带，即插即用，设有自保功能，且高可靠，可全天候工作。

4.3.3　雾化器电路工作原理

雾化器电路如图 4-3 所示，电源经变压器（AC 220 V）降压（48 V）送桥式整流和电容滤波后给电路提供工作电压。雾化器工作电路由振荡器、换能器和水位控制电路等组成。

1. 振荡器和换能器

电路中的振荡器是一种由高频压电陶瓷片 TD（超声换能器）组成的工作振荡器，其振荡频率为 1.65 MHz（决定于选定的 TD）。晶体管和电容器构成电容三点式振荡器电路。压电陶瓷片 TD 具有很大的等效电感，它除决定电路的工作频率外，同时也是雾化器的工作负载。若更换压电陶瓷片 TD，无须调整电路其他参数，其振荡器频率也能自动跟踪新的压电陶瓷片的频率而工作。

2. 水位控制和偏置电路

电路中的超声换能器 TD（又称雾化头）和其上安装的两根水位控制触针是浸没在浅水溶液中工作的。若长期雾化，一旦液面降低而使雾化头的水位控制触针露出水面，振荡器会自动停止工作，这也避免了雾化头因发热而损坏。超声波雾化器的电路原理图如图 4-3 所示。

（光盘\原理图\4_3.SchDoc）

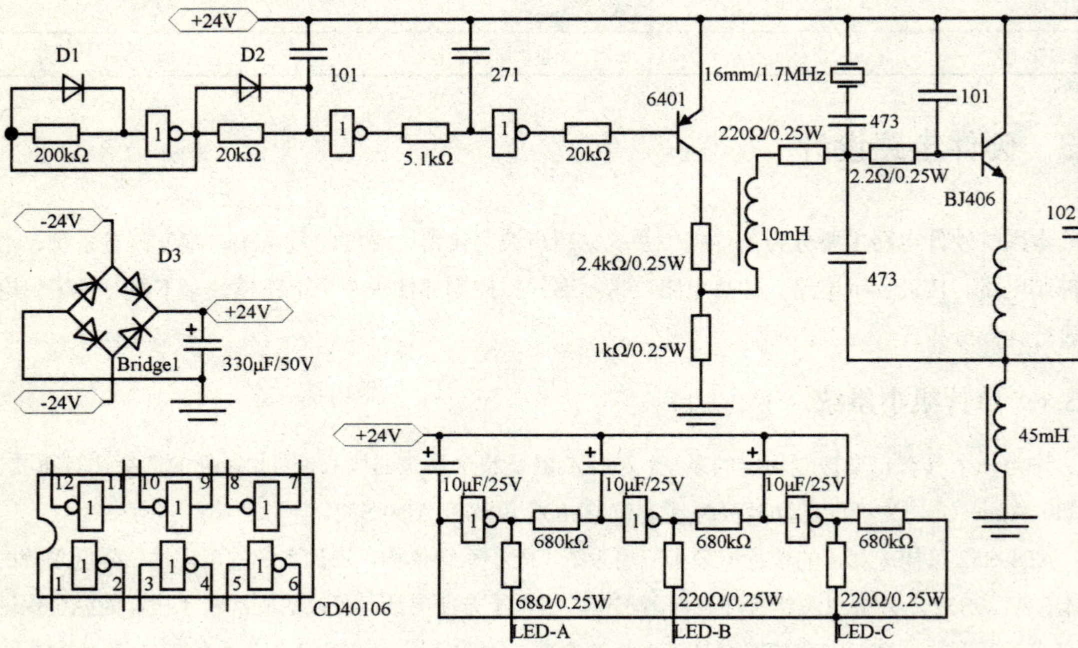

图4-3　超声波雾化器电路原理图

4.3.4　温度测量系统

本系统有两个温度测量点：

- 一个是室内温度测量，温度值直接显示到控制板的数码管上面，实时通知用户室内温度。用户可以通过感知已知的室内温度在用户面板设定想要的室内温度值，达到最佳的加温效果。
- 另一个是水温测量，当水的温度达到雾化器启动温度范围时通知单片机可以启动超声波雾化器，否则雾化器停止工作并启动加热装置给水加热，实现热水雾化的自动控制，防止雾化冷水反而降低室内温度。

由于温度偏高，在设计系统时首先考虑的是用热电偶，但是其转换电路较为麻烦，增加了电路的制作成本。在比较了大量测温方案之后，决定采用集成温度测量芯片 DS18B20。

1. 芯片 DS18B20 的特点

芯片 DS18B20 转换速度快，转换精度高，与微处理器的接口简单，给硬件设计工作带来了极大的方便，能有效地降低成本，缩短开发周期。本系统使用温度芯片也正是顺应了这一趋势。最重要的是系统利用 DS18B20 成功地实现了双温度单总线的测量，简化了电路的同时也增加了系统的可靠性。

2. 芯片 DS18B20 的电气特征

DS18B20 温度传感器是美国 DALLAS 半导体公司生产的总线式智能数字温度传感器，与传统的热敏电阻等测温元件相比：

- 它能直接读出被测温度，并且可根据实际要求通过简单的编程实现 9～12 位的分辨率数字值读数方式。
- DS18B20 具有 3 个引脚，采用 TO-92 小体积封装形式。
- 测温分辨率可达 0.0625 °C，被测温度用符号扩展的 16 位数字量方式串行输出。
- 其工作电源既可在远端引入，也可采用寄生电源方式产生。
- 多个 DS18B20 可以并联到 2 根或 3 根线上，CPU 只需一根端口线就能与诸多 DS18B20 通信，占用微处理器的端口较少，可节省大量的引线和逻辑电路。
- 它支持“单总线”接口。
- 测量温度范围为-55℃～＋125℃，在-10℃～＋85℃范围内。
- 测量精度为±0.5℃。
- 现场温度直接以“单总线”的数字方式传输，大大提高了系统的抗干扰性，适合于恶劣环境的现场温度测量。

DS18B20 采用 TO-92 封装，其引脚排列及定义如图 4-4 所示。

- DQ：数据输入/输出。
- VDD：可选的电源电压脚。
- GND：接地。

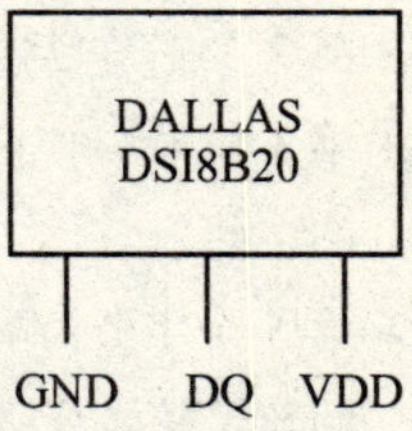

图4-4　DS18B20的TO-92封装

DS18B20 内部主要由 64 位 ROM、温度传感器、非易失性温度报警触发器 TH 和 TL、高速缓存 4 个数据部分组成。64 位 ROM 用于存储序列号，其位结构如表 4-2 所示。

表4-2　64位ROM的结构

8 位产品编码		48 位序列号		8 位 CRC 检验码	
MSB	LSB	MSB	LSB	MSB	LSB

开始 8 位是产品类型的编号，接着是每个器件唯一的序列号，共有 6 个字节 48 位，在出厂前已写入片内 ROM 中，最后 8 位是前面 56 位的 CRC 检验码。非易失性温度报警触发器 TH 和 TL，可以由用户通过软件写入报警上下限值。高速缓存由 9 个字节组成。DS18B20 的内部结构功能框图如图 4-5 所示。

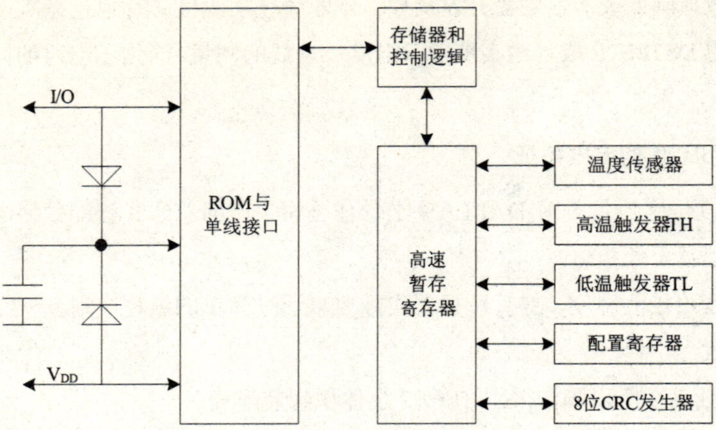

图4-5　DS18B20内部结构框图

主机在进入操作程序前必须逐一读入DS18B20，用读ROM命令将该DS18B20的序列号读出并登录该主机，需要对众多在线DS18B20的某一个进行操作时首先要发出匹配ROM命令，紧接着主机提供64位序列（包括该DS18B20的48位序列号）。

DS18B20温度传感器的内部存储器还包括一个高速暂存RAM。高速暂存RAM是结构为9 B的存储器，其结构如表4-3所示。

- 前2个字节包含测得的温度信息。
- 第3和第4个字节提供了对温度报警触发器TH和TL的访问。
- 第5个字节为配置寄存器，它的内容用于确定温度值的数字转换分辨率。
- 第6、7、8个字节保留未用，全为逻辑1，不能改写。
- 第9个字节为只读，可以读出前面所有8个字节的CRC检验码，可用来检验数据，从而保证通信数据的正确性。

表4-3　高速暂存RAM结构分配

高速暂存RAM结构分配
温度值低位字节LSB
温度值高位字节MSB
TH用户字节1
TL用户字节2
程序配置寄存器
保留
保留
保留
CRC

DS18B20工作时按配置寄存器中的分辨率将温度转换为相应精度的数值。该配置寄存器各位的定义如表4-4所示。低5位一直为1，TM是测试模式位，用于设置DS18B20在工作模式还是在测试模式，当TM＝1时为测试模式；当TM＝0时为工作模式。

在DS18B20出厂时该位被设置为0，用户不要去改动，R1和R0决定温度转换的精度位数，即用来设置分辨率，定义方法如表4-5所示。

DS18B20温度转换的时间比较长，而且设定的分辨率越高，所需要的温度数据转换时间就越长。因此，在实际应用中要将分辨率和转换时间权衡考虑。

表4-4　配置寄存器各位的定义

TM	R1	R0	1	1	1	1	1

表4-5　DS18B20分辨率的定义

R1	R0	分辨率/位	温度最大转换时间/ms
0	0	9	93.75
0	1	10	187.5
1	0	11	375
1	1	12	750

当 DS18B20 接收到温度转换命令后，开始启动温度转换。转换完成后的温度值就以 16 位带符号扩展的二进制补码形式存储在高速便携式存储器（又称暂存器）的第 1、2 个字节。单片机可以通过单线接口读出该数据，读数据时低位在先，高位在后，数据格式以 0.0625 ℃/LSB 形式表示，温度数据值格式如表 4-6 所示。

表4-6　温度数据值格式

LSB	2^3	2^2	2^1	2^0	2^{-1}	2^{-2}	2^{-3}	2^{-4}
MSB	S	S	S	S	S	2^6	2^5	2^4

当符号位 S=0 时，表示测得的温度值为正值，可以直接将二进制位转换为十进制；当符号位 S=1 时，表示测得的温度值为负值，要先将补码变成原码，再计算十进制值。表 4-7 所示为一部分温度值对应的二进制温度数据。

表4-7　12位温度转换对应表

温　度/（℃）	二 进 制	十 六 进 制
+125	0000 0111 1101 0000	07D0H
+85	0000 0101 0101 0000	0550H
+25.062 5	0000 0001 1001 0001	0191H
+10.125	0000 0000 1010 0010	00A2H
+0.5	0000 0000 0000 1000	0008H
0	0000 0000 0000 0000	0000H
−0.5	1111 1111 1111 1000	FFF8H
−10.125	1111 1111 0101 1110	FF5EH
−25.062 5	1111 1110 0110 1111	FE6FH
−55	1111 1100 1001 0000	FC90H

DS18B20 完成温度转换后，就把测得的温度值与 RAM 中的 TH、TL 字节内容作比较。若 T>TH 或 T<TL，则将该器件内的报警标志位置位，并对主机发出的报警搜索命令作出响应。因此，可用多只 DS18B20 同时测量温度并进行报警搜索。

在 64 位 ROM 的最高有效字节中存储有循环冗余检验码，主机根据 ROM 的前 56 位来计算 CRC 值，并和存入 DS18B20 的 CRC 值作比较，以判断主机收到的 ROM 数据是否正确。

DS18B20 可以采用以下两种方式供电：

➢ 采用电源供电方式，此时 DS18B20 的 1 脚接地，2 脚作为信号线，3 脚接电源。

➢ 寄生电源供电方式。单片机端口接单线总线，为保证在有效的 DS18B20 时钟周期内提供足够的电流，可用一个 MOSFET 管来完成对总线的上拉。

DS18B20 利用单总线控制协议，实现了利用单线控制信号在总线上进行通信。由于所有的设备通过漏极开路端连接在总线上，当 DS18B20 处于写存储器操作和温度 A/D 转换操作时，控制线需要接一个上拉电阻。采用寄生电源供电方式时 V_{DD} 和 GND 端均接地。由于单总线制只有一根线，因此发送接口必须是三态的。

DS18B20 常用的命令如表 4-8 和表 4-9 所示。

表4-8　ROM的操作命令

指令功能	代码	说明
Read ROM	33H	读系列编码、序列号和 CRC 检验码
Match ROM	55H	后续 64 为 ROM 序列对总线上 DS18B20 寻址
Skip ROM	0CCH	跳过对 ROM 编码的搜索
Alarm Search	0ECH	搜索有报警的 DS18B20
Search ROM	0F0H	对总线上的 DS18B20 进行搜索

表4-9　暂存器的命令

指令功能	代码	说明
Convert T	44H	启动温度转换
Copy Scratchpad	48H	复制寄存器的值到 EEPROM 中
Write Scratchpad	4EH	写寄存器的值到暂存器
Read Power Supply	0B4H	检测供电方式
Recall EEPROM	0B8H	将 EEPROM 的值回调到暂存器中
Read Scratchpad	0BEH	读暂存器的值

DS18B20 常用的命令具体内容如下：

（1）Read ROM（33H）。这个命令允许总线控制器读取 DS18B20 的 8 位系列编码、唯一的序列号和 8 位 CRC 检验码。只有在总线上存在一个 DS18B20 的时候才能使用这个命令。如果总线上有不止一个从机时，如果使用该命令，所有从机都试图同时传送信号时就会发生数据冲突。（漏极开路连在一起形成相与的效果。）

（2）Convert T（44H）。这条命令启动一次温度转换，无须其他数据。温度转换命令被执行，而后 DS18B20 保持等待状态。如果总线控制器在这条命令之后跟着发出时间隙，而 DS18B20 又忙于做温度转换的话，DS18B20 将在总线上输出 0，若温度转换完成，则输出 1。转换后的数据将保存在暂存器的温度寄存器中。如果使用寄生电源，总线控制器必须在发出这条命令后立即启动强上拉。

（3）Copy Scratchpad（48H）。这个命令把暂存器的内容复制到 DS18B20 的 EEPROM 里，即把温度报警触发寄存器 TH、TL 和配置寄存器中数据存入非易失性存储器里。如果总线控制器在这条命令之后跟着发出读时间隙，而 DS18B20 又忙于把暂存器的内容复制到 EEPROM，DS18B20 就会输出 0 表示正在进行复制操作，如果复制结束，DS18B20 则输出 1。如果使用寄生电源，总线控制器必须在这条命令发出后立即启动强上拉并最少保持 10 ms。

（4）Write Scratchpad（4EH）。这个命令向 DS18B20 的暂存器进行写操作，包括向 TH 寄存器、TL 寄存器和配置寄存器中写入数据，输出复位命令将中止当前正在进行的写操作。

（5）Match ROM（55H）。这个是匹配 ROM 命令，后跟 64 位 ROM 序列，允许总线控制器在多点总线上定位一只特定的 DS18B20。只有和 64 位 ROM 序列完全匹配的 DS18B20 才能响应随后的存储器操作。所有和 64 位 ROM 序列不匹配的从机都将等待复位脉冲。这条命令在总线上有单个或多个器件时都可以使用。

（6）Read Power Supply（0B4H）。若把这条命令发给 DS18B20 后发出读时隙，器件会返回它的电源模式：0 为寄生电源，1 为外部电源。

（7）Recall EEPROM（0B8H）。这条命令把温度报警触发器里的值复制回暂存器。这种复制操作在 DS18B20 上电时自动执行，这样器件一上电暂存器里马上就存在有效的数据。若在这条命令发出之后发出读数据隙，器件会输出温度转换忙的标识：0 为忙，1 为完成。

（8）Read Scratchpad（0BEH）。这条命令读取暂存器内容，读取将从第一个字节开始，一直进行下去，直到第 9 个（CRC）字节读完。如果不想读完所有字节，控制器可以在任何时间发出复位命令来中止读取。

（9）Skip ROM（0CCH）。这条命令允许总线控制器不用提供 64 位 ROM 编码就使用存储器操作命令，在单总线情况下，可以节省时间。如果总路线上不止一个从机，在 Skip ROM 命令之后跟着发一条读命令，由于多个从机同时传送信号，总线上会发生数据冲突（漏极开路下拉效果相当于相与）。

（10）Alarm Search（0ECH）。这条命令的流程和 Search ROM 相同。然而，只有在最近一次测温后遇到符合报警条件的情况，DS18B20 才会响应这条命令。报警条件定义为温度高于 TH 或低于 TL。只要 DS18B20 不断电，报警状态将一直保持，直到再一次测得的温度值达不到报警条件。

（11）Search ROM（0F0H）。当一个系统初次启动时，总线控制器可能并不知道单线上总路线上有多少器件或它们的 64 位 ROM 编码。搜索 ROM 命令允许总线控制器识别总线上所有从机的 64 位编码。

4.4 湿度测量系统

湿度测量系统包括湿度传感器和A/D模块两部分。超声波雾化器产生的水颗粒飘散到空气中，通过增加空气中水的含量达到加湿的目的，为了保证室内湿度处于正常范围，系统设置了湿度检测电路。同时，利用 A/D 模块将检测到的温度模拟电信号转换为相应的数字信号，方便 CPU 进行运算。

4.4.1 湿度传感器

在加湿模式下，当湿度超过设定值时，雾化器自动停止工作，而后随着空气的流动，湿度下降，当降到设定好的湿度下限值时，自动通知 CPU 启动雾化器，保持室内湿度。

系统采用的湿度传感器是 CHTM-02/N 湿度传感器，它采用高分子湿敏电阻测量湿度，高分子湿敏电阻主要是使用高分子固体电解质材料作为感湿膜。由于膜中的可动离子产生导电性，随着湿度的增加，电离作用增强，可动离子的浓度增大，电极间电阻减小。反之，电极间的电阻增大，在湿敏电阻端加入电压，通过电压变化即可反映出湿敏电阻值的变化，从而得到相应的湿度值。湿敏电阻的优点是灵敏度高，工作电流小，CHTM-02/N 湿度传感器输出信号如表 4-10 所示。（对应 0~100%RH，在 25℃，输入电压+5 V）

表4-10　湿度传感器输出信号对应表

湿度/（%）	10	20	30	40	50	60	70	80	90
输出信号	0.3	0.6	0.9	1.2	1.5	1.8	2.1	2.4	2.7

4.4.2 A/D 转换

由于该传感器输出为电压信号，为了形成单片机便于处理的数字信号，需要把湿度信号进行 A/D 转换，在本设计中，采用了美国 TI 公司生产的 10 位模数转换器 TLC1549。

它采用 CMOS 工艺，8 脚 DIP 封装，具有内在的采样和保持，采用差分基准电压高阻输入，抗干扰，可按比例量程校准转换范围，总不可调整误差达到±1 LSB Max（4.8 mV）。

转换器 TLC1549 工作原理为：在芯片选择（/CS）无效情况下，I/O CLOCK 最初被禁止且 DATA OUT 处于高阻状态。当串行接口把/CS 拉至有效时，转换时序开始允许 I/O CLOCK 工作并使DATA OUT脱离高阻状态。然后串行接口把I/O CLOCK序列提供给I/O CLOCK并从DATA OUT接收前次转换结果。

I/O CLOCK 从主机串行接口接收长度在 10 和 16 个时钟之间的输入序列。开始 10 个 I/O 时钟提供采样模拟输入的控制时序。在/CS 的下降沿，前次转换的 MSB 出现 10 个时钟长度，那么在 10 个时钟的下降沿，内部逻辑把 DATA OUT 拉至低电平以确保其余位的值为零。

在正常进行的转换周期内，规定时间内/CS 端高电平至低电平的跳变可终止改周期，器件返回初始状态（输出数据寄存器的内容保持为前次转换结果）。由于可能破坏输出数据，所以在接近转换完成时要小心防止/CS 被拉至低电平。其时序图如图 4-6 所示。

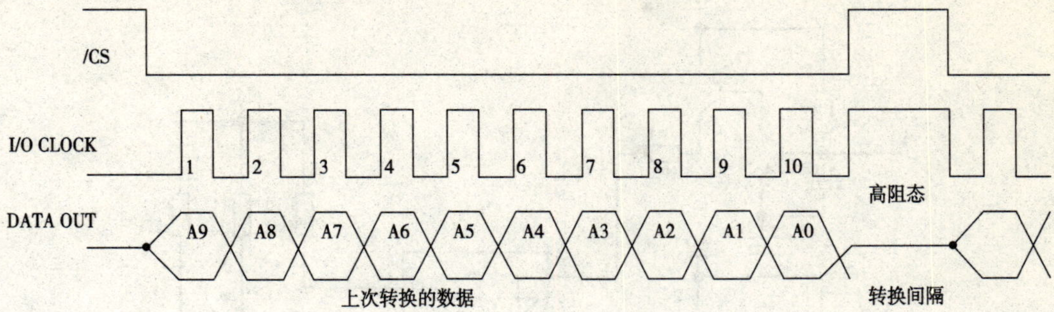

图 4-6　TLC1549 时序图

它采用串行输出的方式，体积小，方便灵活，与单片机的接口也简单，电路连接如图 4-7 所示。

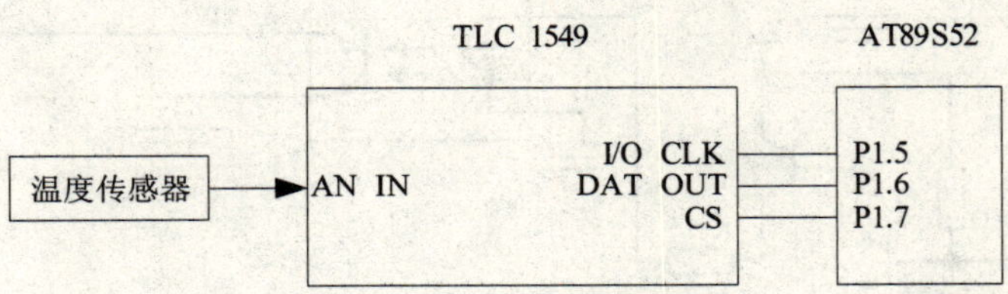

图4-7　TLC1549连接图

4.4.3　水位控制电路

水箱水位采用三级水位监控，3个探针分别位于水箱顶部、加热器件上方、水箱底部，顶部探针用于水箱溢出指示，中部探针用于检测水位是否在加热器件上方，以通知单片机能否启动电热器件，底部探针用于指示水箱是否有水，该功能为附加功能指示。当进水管电磁阀打开时，水箱开始进水，各探针即检测各自水位，实现进水、排水、加热、雾化等一系列自动控制，结构图如图 4-8 所示。

三路传感器实际电路如图 4-9 所示。信号输出高电平有效，当探针没于水中时，通过水的接触电阻（约几十千欧至几百千欧）给 NPN 管 Q_2～Q_4 导通电压，PNP 管 Q_5～Q_7 随之导通，给单片机液位控制 I/O 高电平信号，为系统的自动控制提供参考信息，信号传输采用光耦进行光电隔离，保证单片机正常工作。

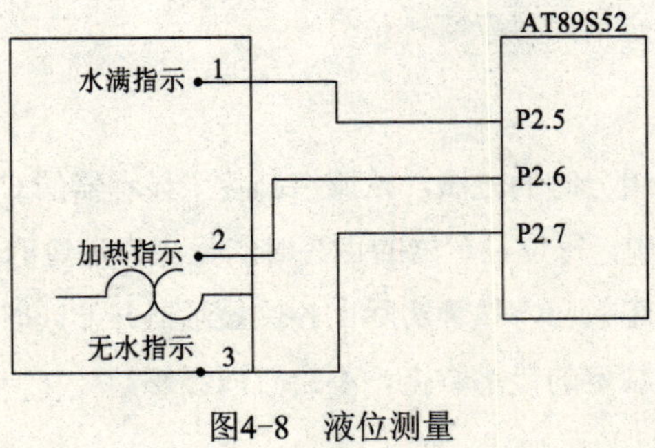

图4-8　液位测量

（光盘\原理图\4_9.SchDoc）

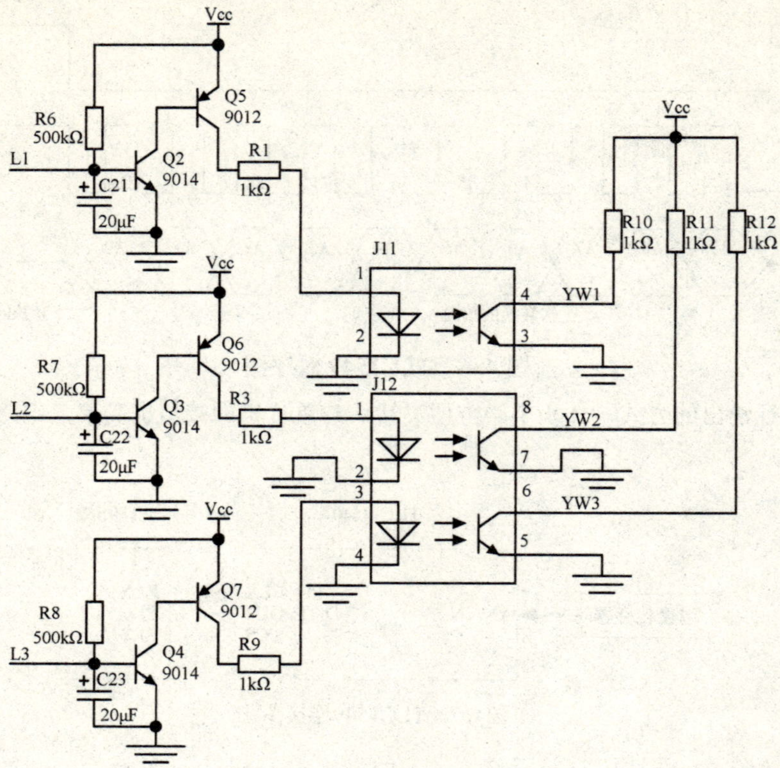

图4-9　液位测量电路图

4.4.4　键盘显示电路

本设计采用了 8 个数码管，分别用于显示室温及温度设定值、室内湿度及湿度设定值。如果用单片机 I/O 接口直接驱动无法实现，因此在设计时采用了动态扫描的方式。动态扫描显示接口是单片机中应用最为广泛的一种显示方式。

1. 动态扫描显示工作方式

其接口电路是把所有显示器的 8 个笔画段 a～h 同名端连在一起，而每一个显示器的公共极 COM 则各自独立地受 I/O 线或通过 I/O 控制的译码器来控制。CPU 向字段输出口送出字形码时，所有显示器接收到相同的字形码，但究竟是哪个显示器亮，则取决于 COM 端，而这一端是由 I/O 控制的，所以就可以自行决定何时显示哪一位。

2. 动态扫描原理

所谓动态扫描就是指采用分时的方法，轮流控制各个显示器的 COM 端，使各个显示器轮流点亮。在轮流点亮扫描过程中，每位显示器的点亮时间是极为短暂的（约 1ms），但由于人的视觉暂留现象及发光二极管的余辉效应，尽管实际上各位显示器并非同时点亮，但只要扫描的速度足够快，给人的印象就是一组稳定的显示数据，不会有闪烁感。

本设计中地址线通过一片 74LS1383-8 译码器对 8 位 LED 进行分时选通，这样在任一时刻，只有一位 LED 是点亮的，设置的扫描频率为 65 Hz，保证了数码管无闪烁现象。

4.4.5　加热电路

加热部件采用电热方式，电热效率高，无污染，温度易控制，辅助设施少，操作简便。用电阻炉加热理论上可获得 80%以上的热利用率。

本设计中电热器的启动或停止完全由单片机自动控制，温度传感器返回的水温如果达到了雾化器的启动温度，电热装置则待命。一旦温度下降，雾化器停止工作，随即启动电热装置给水加热，当达到程序设定的温度值时自动停止加热，按照室温决定是否启动雾化。如此循环，保证整个系统有序工作。

4.4.6　指示部件

系统设置了温湿度指示电路，当室内温度达到用户设定值或水箱无水时，单片机控制蜂鸣器发声并点亮发光二极管，同时发出停止雾化器工作的指令，通知用户可以进入浴室沐浴。

4.4.7　控制部件

本设计的控制执行机构为系统的一大亮点，为了系统能够可靠地工作，系统大量采用了单片机控制的执行器件，温度方面：室内温度传感器检测到室温偏低，随即通过单片机控制固态继电器启动雾化器进行升温，若水温传感器检测到水温偏低，还未到雾化器的启动温度，则启动电热装置对水进行加热。

另外加热、雾化还受制于水箱水位。若水箱水位没有超过电热装置，则启动进水阀给水箱注水，进出水由专门的电磁阀来完成。磁阀通过固态继电器受控于单片机，单片机控制进出水的信号来自于水位信号，一环扣一环，严格地控制着系统的运行。

本设计的高压控制全部采用固态继电器。相对传统的电磁继电器，固态继电器有其本身无可比拟的优点：

- 高寿命，高可靠。
- 灵敏度高，控制功率小，电磁兼容性好。
- 快速转换。
- 电磁干扰小。

4.5　软件结构与部分程序清单

软件是一个系统的灵魂，整个系统的功能是由硬件电路配合软件来实现的，当硬件基本定型后，软件的功能也就基本定下来。软件根据不同的功能可分为两大类：

- 监控软件（主程序）：整个控制系统的核心，专门用来协调各执行模块和操作者的关系。

➤ 执行软件（子程序）：用来完成各种实质性的功能，如测量、计算、显示、打印、通信等。

每一个执行软件也就是一个小的功能执行模块。各执行模块规划好后，就可以规划监控程序。

4.5.1 程序结构分析

主程序调用了 8 个子程序，分别是数码管显示程序，键盘扫描及按键处理程序，温度信号处理程序，湿度信号处理程序，液位控制程序，室温、水温和湿度各自的信号处理及各自需要调用的继电器控制程序。

➤ 数码管显示程序：向数码管送数，控制系统的显示部分。

➤ 键盘扫描电路及按键处理程序：实现键盘输入识别，按键消抖及控制相应的程序。

➤ 温度信号处理程序：对两个温度芯片送过来的数据进行处理判断，控制单片机进行分布控制和显示。

➤ 湿度信号处理程序：对湿度传感器送过来的数据进行处理并送显示。

➤ 液位控制程序：接收探针送过来的 3 个液位信号并以此为标准去控制相应的执行器件。

➤ 室温、水温及湿度继电器控制程序：接收相应的信号控制继电器动作。

主程序及调用的各主程序结构图如图 4-10 所示。

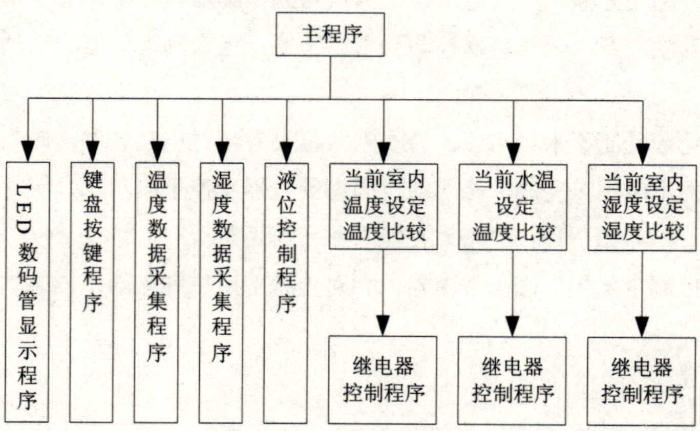

图4-10　主程序结构图

4.5.2 主程序流程图

通过程序结构图，确定主程序流程图，如图 4-11 所示。

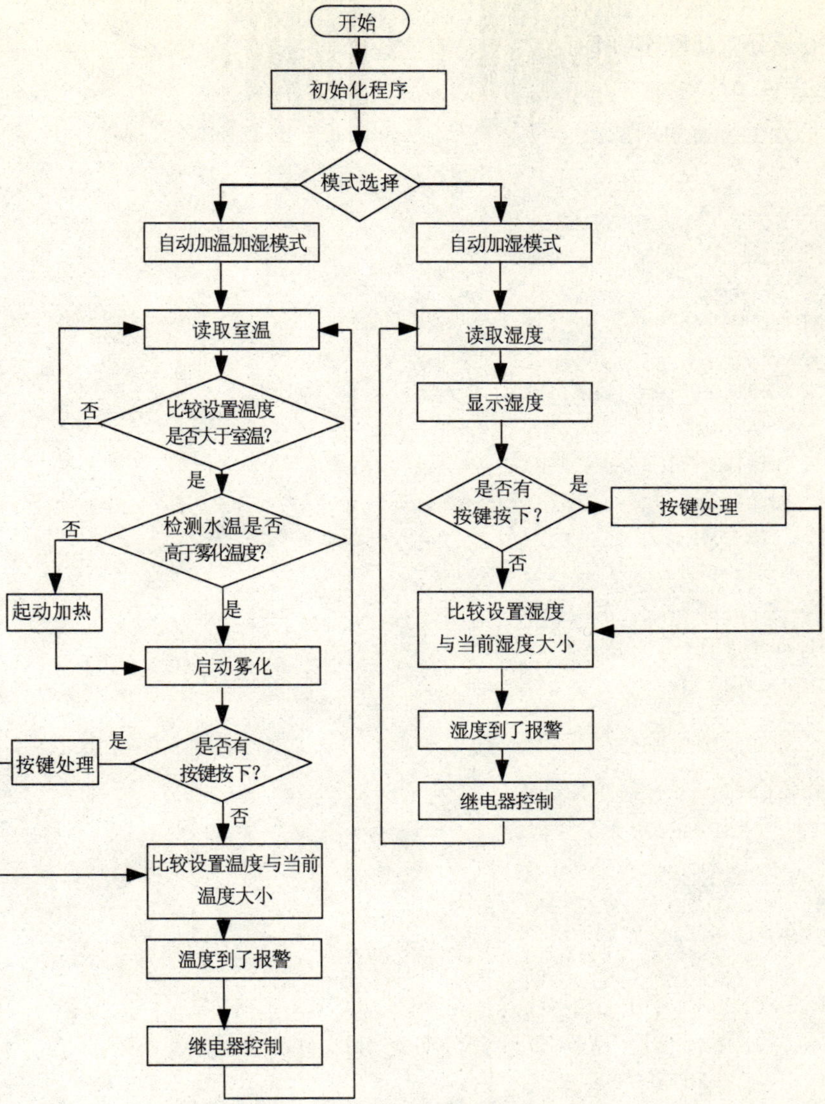

图4-11　主程序流程图

4.5.3　DS18B20 程序分析

DS18B20 工作在单总线方式，其硬件接口较为简单，仅需利用系统的一条 I/O 线与 DS18B20 的数据总线相连即可。DS18B20 虽然具有测温系统简单、测温精度高、连接方便、占用口线少等优点，但在实际应用中也有一些需要注意问题，主要是较小的硬件开销需要相对复杂的软件进行补偿。由于 DS18B20 与单片机间采用串行数据传送，因此在对 DS18B20 进行读/写编程时，必须严格保证读/写时序，否则将无法读取测温结果。操作时序主要有初始化时序、读时序和写 0 时序和写 1 时序 4 种。考虑到操作要求，所应用的延时程序主要有 μs 级延时和 ms 级延时两种，其中 μs 级延时要求最高，其操作流程图如图 4-12 所示。

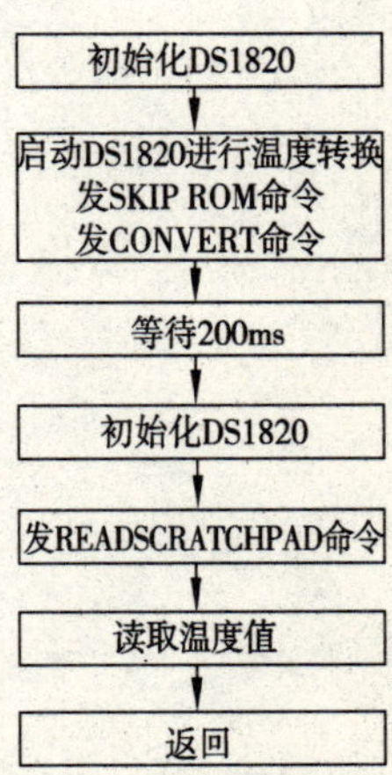

图4-12　DS18B20子程序流程图

DS18B20 部分驱动程序如下：

（光盘\程序\4.c）

```
void init_18b20_2(void)              //初始化 DS18B20
{
  uchar pre=1;
  while(pre)
  {
     while(pre)
     {
        WD1=1;_nop_(); _nop_();
        WD1=0;
        delay(50);                   //延迟 530μs
        WD1=1;
        delay(6);                    //延迟 100μs
        pre=WD1;
     }
     delay(45);
     pre=~WD1;
  }
  WD1=1;
}
void write_2(char wr)                //写 DS18B20
{
  uchar i;
  for (i=0;i<8;i++)
  {
     WD1=1;_nop_();_nop_();
     WD1=0;_nop_();_nop_();_nop_();_nop_();_nop_();
     WD1=wr&0x01;
     delay(6);                       //延迟 66 μs
     wr=wr/2;
  }
  WD1=1;
  delay(1);
}
uint read_word_2(void)               //读 DS18B20
{
  uchar i;
  uint u=0;
  for(i=8;i>0;i--)
  {
    WD1=1;_nop_();_nop_();
    u>>=1;
    WD1=0;_nop_();_nop_();_nop_();_nop_();
```

```
    WD1=1;_nop_();_nop_();_nop_();_nop_();
    if(WD1)
      u|=0x80;
    delay (6);
  }
  WD1=1;
  return(u);
}
void GetTemperature_2(void)
{
  init_18b20_2();
  write_2(0xcc);                  //跳过 ROM 检测
  write_2(0xbe);
  temp_data[2]=read_word_2();
  temp_data[3]=read_word_2();   //温度转换
  init_18b20_2();
  write_2(0xcc);                  //跳过 ROM 检测
  write_2(0x44);
}
```

4.6　系统功能测试及产品功能比较

为了测试系统能否达到设计要求，需要对系统进行功能测试，并将其与类似产品进行对比。

4.6.1　本系统与同类产品功能比较

将本系统与现今流行的加热加湿类产品列表进行对比，如表 4-11 所示。

表4-11　本系统与同类产品对比表

项　目 / 方　法	功　能	系统成本/元	平均功率	应用场合	可推广性
超声波加热加湿器	加热加湿恒温恒湿，单独加湿	约 1000	200 W	家庭、大棚、工厂等	好
恒温恒湿空调机	加热加湿，恒温恒湿。	≥10 000	高	工厂、特殊场地	一般
普通空调	加温恒温		高	家庭	好
加湿器	加湿	100～2 000	较低	家庭	好

由上面的比较可以看出，超声波加热加湿器相对于现有类似产品来说具有更好的推广价值。它成本低，效率高，使用范围广，兼具普通空调和加湿器的功能，以加湿器的价格实现了昂贵的恒温、恒湿、空调的功能，具有非常广泛的市场应用价值。

本设计研究的主要内容是如何通过超声波将热水雾化，从而达到室内迅速升温和加湿的效果。这样的研究成果涉及生产、生活诸多方面的应用，比如气候干燥的地区以及冬季家庭室内的加温、加湿，温室培育植物，医疗器件方面等，因此具有很好的实践意义和较高的市场开发价值。

一个产品的研究开发的价值在于它是否具有市场价值以及它的市场价值的大小，我们相信这个产品就具有如此的价值。因为与市场上的同类产品相比，它具备如下特点：升温均匀迅速，温度、湿度、水位等全自动检测控制，操作简单，实用性强。因此，它具备了更好的发展潜力和市场价值，这也是这次课题研究的意义所在。

4.6.2 使用说明

经实际测试，在 $9m^3$ 测试空间范围内，设为加温加湿模式时，从给水箱加水到启动雾化，温度上升 10 °C 需要 21min 的时间，气温较低时升温效果会更加明显，达到了系统的设计要求。

首先接通电源，然后将开关打到开的位置，上排两组数码管自动显示出室内当前的温度、湿度值，用户未设定温度、湿度值之前，下排显示系统温度设定默认值 25 °C。湿度默认值 50%（注意：为方便实时监控水温，加热时室内湿度显示数码管用于显示水温，加热停止后自动恢复室内湿度显示），此时控制执行器件根据相应的传感器信号开始工作。

（1）按下 menu 键，可以在加温、加湿和单独加湿两种模式下相互切换，用户可根据室内温度选择适当的工作模式。

（2）按下温度＋/－键，可以设定需要的空间温度值，无须按确认键，系统在等待 3s 后自动读入设定值。室内温度未达到设定值时雾化器将自动工作，达到用户设定值后停止工作，进入温度保持状态。

（3）按下湿度＋/－键，可以设定需要的空间湿度值，系统将自动加检测湿度确定是否需要启动加湿，达到用户设定值后系统停止工作，进入湿度保持状态。

（4）按下排水键将启动排水，排水过程中会停止其他一切动作，排水结束后恢复。

温度、湿度设定完毕后，系统采取自动控制方式实现恒温、恒湿，进水、排水等均无须人工干预。使用完毕，关闭总电源开关。

4.6.3 系统外观平面图

系统外观平面图如图 4-13 所示。系统设计为方形以便于放置，中间加入了隔板保护左端电路部分，防止其所处空间湿度过大影响系统正常工作。

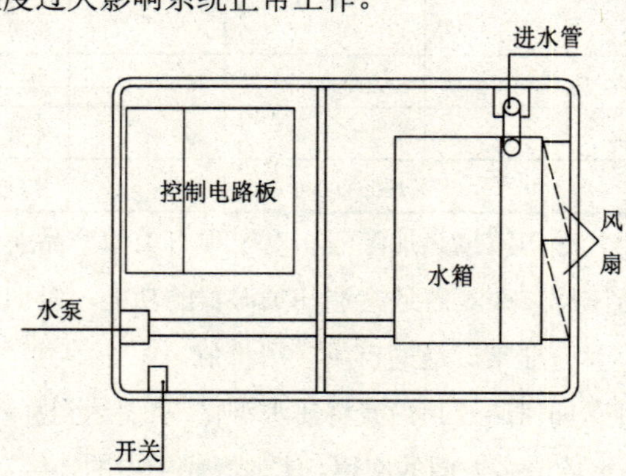

图4-13　系统平面图

第 5 章　住宅公用路灯用电量自动分配装置设计

随着住房制度改革的深入，越来越多的居民买了商品房，而商品住宅楼内的居民来自不同的单位，安装路灯后费用如何解决？住宅公用路灯用电量分配装置正是为了解决商品住宅楼内公用路灯的收缴费用问题而设计。本章详细介绍了住宅公用路灯用电量分配装置硬件框图结构、部分主要功能模块的分析介绍、软件编程思想及设计。应用结果表明，此分配装置具有低功耗、低成本，高可靠性、安全性等特点。

5.1　系统方案分析及原理

随着人民生活水平的提高，越来越多的居民住进了商品住宅楼。随之而来的问题：原来单位住宅楼是由单位安装路灯并由单位缴费的，楼内居住的单位职工不用担心没路灯和收缴费用的问题；商品楼内的住户来自不同的单位，要不要安装路灯？装了路灯后费用如何收取？这就是所谓的路灯问题，其主要体现在：

- 不安装路灯不方便。
- 安装路灯后缴费不方便。很多城市已普及了一户一表，小区的路灯用电从哪里来？

就以上问题目前往往采用两个办法解决：

- 为每个楼道路灯接一块电表。此法需要根据电表度数人工分摊后，有人上门挨户定期收费，十分不方便。
- 楼道路灯接入楼道内某住户电表，估算后由各住户协商出资。此法容易引起纠纷。

住宅公用路灯用电量分配装置就是为了解决路灯的费用分摊问题而设计的。采用该装置后，楼道路灯的电费能自动分摊到住户各自的电表内，解决了住户的后顾之忧，给生活带来了便利。

5.1.1　系统总体方案分析

按用电量分配原理和分配装置的用途，因此在确定系统方案时需要考虑以下因素：

（1）成本因素。普通电表或各种电子计量电表的价格相对较低，每个楼道必须安装一个住宅公用路灯用电量分配装置。因此，必须考虑住户的心理接受倾向，而其生产成本不能太高，最好和普通电表接近。

（2）功能因素。本分配装置的主要功能是对楼道路灯用电量进行自动分摊；但也必须考虑其他一些附加功能。例如，为了节约用电，必须具有根据环境照度控制路灯使用的功能。

（3）性能因素。性能因素主要体现在以下 3 个方面：

- 可靠性。必须可靠实现用电量的分配，同时必须确保不会因为外界干扰引起误操作等。

➢ 低功耗。因为该装置接在公用电网中，作为一个电子装置本身一定要耗能；但功耗过高，则电力部门每年承担的电力损失就会非常大，也会影响产品应用。

➢ 安全性。主要是指装置本身的安全运行和路灯使用者两方面的安全性。

基于上述因素，确定以下方案：

（1）智能化设计。显然，只有采用智能化设计才能满足系统的功能要求。因此，本系统设计中选择了 Atmel 公司的 51 系列单片机 89C2051 作为控制核心，它的掉电运行模式能完全满足低功耗要求。

（2）低功耗设计。用电量分配装置只有在使用路灯时，才能处于正常工作状态，此外大多数时间，处于待机状态；因此，必须选用掉电睡眠待机且通过按键唤醒投入正常工作的运行模式。

5.1.2 系统设计原理

众所周知，电费是按照用电度数乘以每度单位电费计算的，因此，从某种意义上说，电费即用电量，而用电量即电能=功率×小时。所以，在电器功率一定的前提下，电费的分配就是时间的分配。住宅公用路灯用电量分配装置的电费分配就是用电量的分配。其原理如图 5-1 所示，只要分时依次控制开关 S1、S2…S*n* 接通即可。这里的关键问题是各开关的控制，要求每次上个开关断开后，下个开关接通，且在任何时刻只允许有一个开关能处于接通状态。

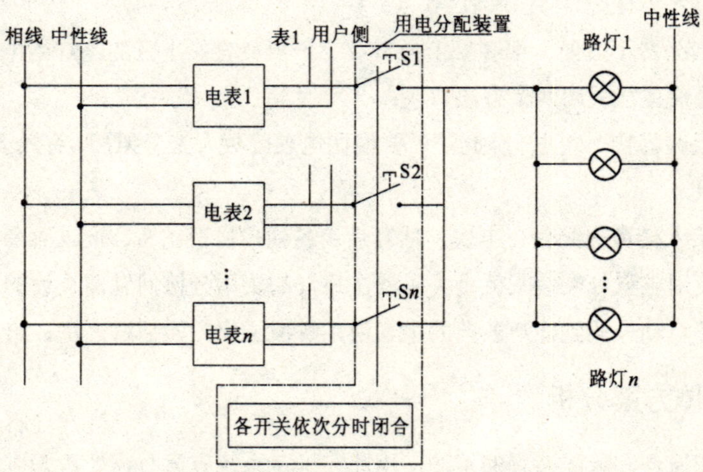

图5-1 用电量分配装置原理图

设电费用 F 表示，电价用 J 表示，用电度数用 W 表示，路灯功率用 P 表示（kW），亮灯总时间用 t 表示（h），则它们之间的关系为

$$F = W \times J$$

$$W = P \times t$$

如果有 n 住户分摊电费，则每户所承担电费为

$$Fi=F/n=W\times J/n=P\times t\times J/n=P\times (t/n) \times J$$

5.2　系统硬件电路设计

系统硬件电路设计主要包括主要系统设计、硬件系统设计分析、继电器电路设计、供电电源电路设计以及分配装置的应用示例。

5.2.1　主系统设计

系统总体电路原理图如图 5-2 所示。

（光盘\原理图\5_2.SchDoc）

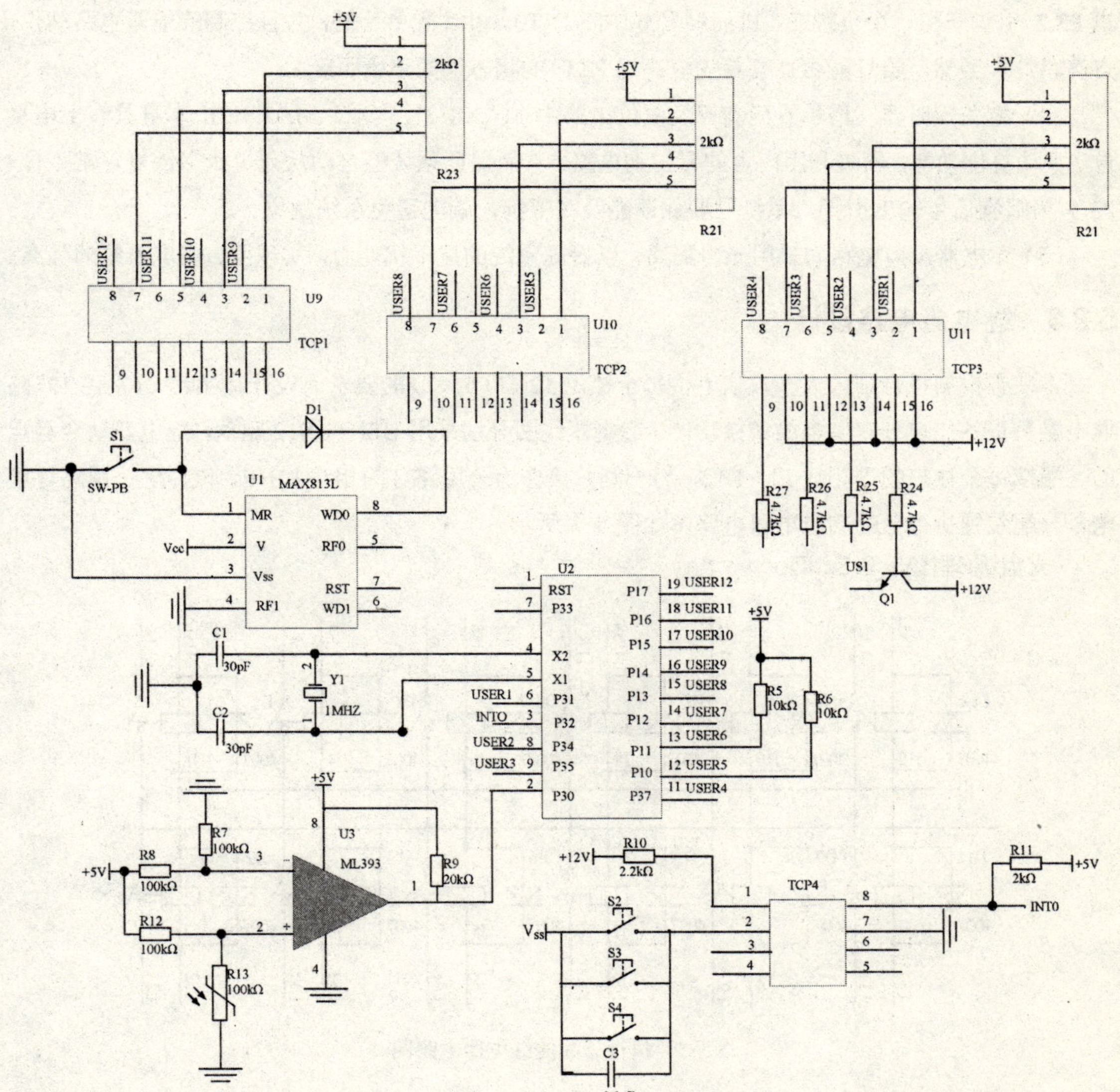

图5-2　系统电路原理图

5.2.2 硬件系统设计分析

系统设计要点的分析：

（1）系统时钟频率为 1 MHz，其目的是为了减少系统功耗。

（2）环境照度检测电路采用单电源比较器 LM393 实现；其中 LM393 比较器的工作原理：当同相输入端电压大于反相输入端电压时，输出为 V_{CC}，即为高电平，否则输出为低电平。图 5-2 中 R_6 为光敏电阻，当环境照度变低时，R_6>100 kΩ，比较器翻转，1 脚输出为低电平，送入单片机引脚 P3.0。单片机根据该引脚电平状态决定是否可以开灯。

（3）路灯点亮按钮电路。当按下任何一个按钮时，均会通过光耦合器 TLP521-2 ，使得单片机 P3.2 引脚产生一个负跳变，进而触发外中断 INT0，以唤醒单片机，并且控制继电器电路动作，点亮路灯。当然，路灯能否点亮首先取决于 P3.0 的状态（即环境照度）。

（4）把关定时器（俗称看门狗）及复位电路由 MAX813L 实现。MAX813L 本身具有上电复位、手动复位功能，同时利用内含的看门狗电路，从而保证系统能自动从死机状态恢复正常工作。P3.3 为喂狗信号输出引脚。系统只要保证能及时喂狗，就能避免系统复位。

（5）继电器接口电路均采用光电隔离，以提高系统的抗干扰能力，实现强、弱电系统的隔离。

5.2.3 继电器电路设计

本装置根据符合国内大多数住宅楼每个楼道 12 户（6×2）的要求而设计，因此，分别由 12 路继电器负责各住户分时供电的切换功能。继电器线圈分别采用 USl～US12 驱动，继电器动合触点的一端接每个住户的侧相线 Ll～L12，另一侧并接作为公用路灯的相线 LINE，该住宅公用路灯用电量分配装置执行分配的继电器电路图如图 5-3 所示。

（光盘\原理图\5_3.SchDoc）

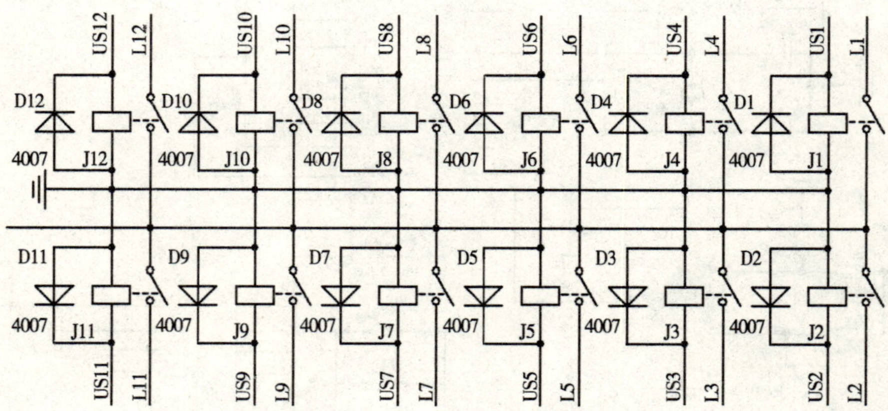

图5-3 执行分配的继电器电路图

此次，继电器电路动作设计的关键是继电器的触点合、断的延时时间，因此在设计的时候，必须考虑继电器的动作有一定时滞；否则，上一个继电器尚未彻底断开，下一个继电器可能已经出现动合的现象，从而使得系统分配精度出现较大误差，甚至不能正常分配用电量。

5.2.4 供电电源电路分析

（1）主系统电源电路。在该装置中，主系统采用+5 V 电源。为了降低成本，采用“变压器降压—整流—滤波—稳压”的线性电源。为了达到设计要求，这里选用 78M053 端稳压电源。

（2）继电器工作电源。在该装置中，继电器工作电压为+12 V，由于继电器对电压要求不是很高的特点，这里采用“变压器降压—整流”的方式，该设计中没有稳压，同时也没有大容量电容滤波。

上述电源变压器功率为 10 W，考虑到要节约能耗，因此必须选用空载功耗小的变压器；否则，功耗大大增加，而且变压器自身发热严重，根本无法适合长期运行。

5.2.5 分配装置的应用示例

图 5-4 所示为该装置的应用示例。

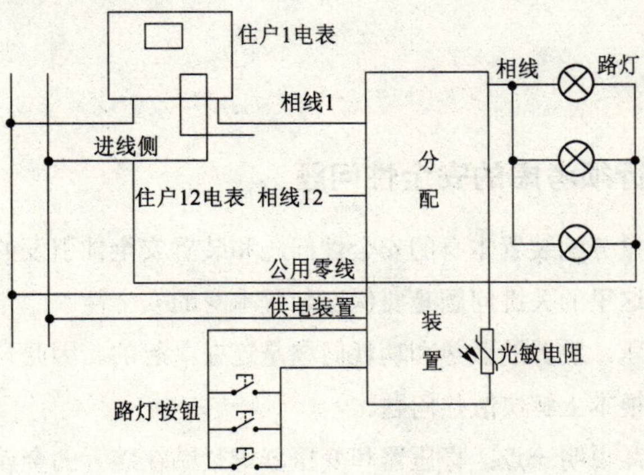

图5-4 应用示例

5.3 可靠性问题

在装置的设计中，本设计主要考虑以下因素来提高系统的可靠性：

（1）系统死机后的自动恢复问题。

（2）能不能保证系统长年累月的运行。

为了解决这些问题，本设计主要通过监视定时器以及元器件的合理选择等方法来实现。

5.3.1 把关定时器电路

把关定时器电路选用 MAX813L，也可选用 IMP813L。其主要功能：

- 复位。
- 电源电压监视。
- 把关定时器。
- 独立的把关定时器输出，把关定时器输入为 1.6 s。

- 加电、断电以及供电电压下降情况下的复位输出，复位脉冲宽度典型值为 200 ms 。
- 1.25 V 门限值检测器，用于电源故障报警、电池低电压检测或＋5 V 以外的电源监控内未被触发，其输出将变为高电平。
- 8 引脚 DIP（双列直插封装）封装。
- 低电平有效的手动复位输入。

在把关定时器电路中，若超过 1.6 s 该输入端收不到脉冲信号，则内部定时器溢出，8 号引脚由高电平变为低电平。因此要保证程序正常运行，必须考虑在小于 1.6 s 的时间间隔内向 WDI 输入端发送一个脉冲信号，以清除芯片内部的看门狗定时器。

为了实现上述把关定时器信号的设计要求，在延时子程序模块的适当地方加入了“喂狗”指令，以免干扰程序正常运行。程序指令为：

```
CLR    P3.3
NOP
NOP
SETB   P3.3
```

5.3.2 保证长期运行须考虑的安全性问题

考虑住宅公用用电量分配装置本身的安全性问题和装置安全性引发的其他诸如人身安全性、住宅楼安全性等问题。这里的关键问题是要保证装置本身的安全性。

（1）散热和功耗问题。装置的散热和功耗问题是连在一起的。因此只有降低功耗，才能减少装置的发热，也就能从根本上解决散热问题。

关于功耗的问题，需说明一点：稳压器和变压器均紧贴在装置的金属外壳上，以金属外壳作为一个大散热体。由于此装置一般安装在配电箱内，而配电箱一般情况下是金属外壳，这样促进了散热，从而解决了散热问题。

（2）装置故障引起的过流问题。由于装置本身的元器件失效能够导致系统过流，进而引发电力火灾等。要解决这个问题比较容易，在设计中只要在装置的电源进线的相线上串接上快速熔断器，就可以避免此类现象的发生。

5.4 系统软件设计

本节主要从软件结构、程序说明和源程序方面介绍本系统的软件设计实现方法。

5.4.1 软件结构

继电器电路切换是该软件设计的关键。为了降低系统功耗，由外中断 INT0 唤醒 CPU 实现继电器组的切换，环境光的照度是切换的前提条件，该分配装置的软件结构如图 5-5 和图 5-6 所示。

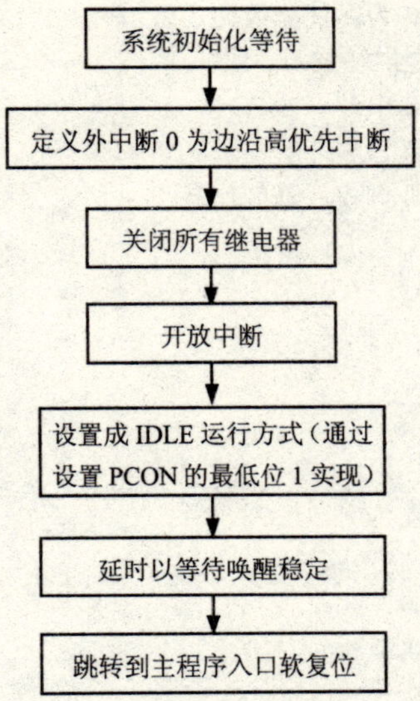

图5-5 主程序框图

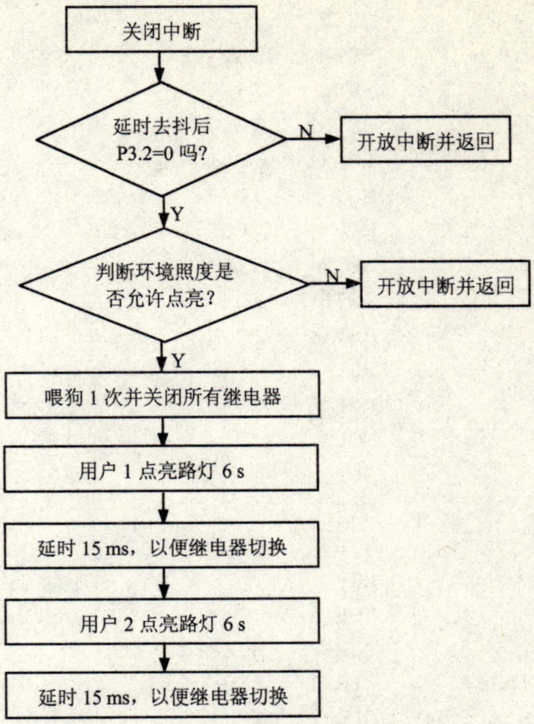

图5-6 中断子程序框图

5.4.2 程序说明

本程序适用于不多于 12 户的住宅楼。 程序思想主要有以下几点：

- 硬件 WDT。
- 点亮通过 INT0 实现。
- 为了降低功耗，CPU 平时处于 IDLE 状态，由 WDT 或 INT0 中断唤醒。
- 程序功能：为达到分摊电能的目的，每户平均承担对路灯的供电。
- 路灯点亮时间约为 12×6.3 s。

5.4.3 源程序

系统的源程序如下：

（光盘\程序\5_1. txt）

```
PCON :      EQU     87H
            ORG     0000H
            STMP    START
            ORG     0003H
            LJMP    LIGHT
            ORG     0030H                       ;INT0 中断入口
START:      MOV     IE,     #00H                ;禁止所有中断
```

```
            MOV     P1,     #0FFH       ;关闭所有继电器
            SETB    P3.1
            SETB    P3.4
            SETB    P3.5
            SETB    P3.7
            LCALL   DEL15MS             ;延时，以确保关闭
            MOV     IP,     #01H        ;定义 INT0 为高优先级口
            MOV     TCON,   #01H        ;INT0 为边沿触发
            SETB    EX0                 ;允许 INT0 中断
            SETB    EA                  ;开放总中断
            MOV     PCON,   #01H        ;进入 IDLE 方式，降低功耗
            NOP                         ;中断唤醒
            NOP
            NOP
            NOP
            NOP
            NOP
            NOP
            NOP
            SJMP    START
LIGHT:      CLR     EX0                 ;关闭 INT0 中断
            CLR     IE0                 ;清除中断标志
            SETB    P3.2
LIGHT0:     LCALL   DEL15MS             ;延时 15ms，实现去抖
            JNB     P3.2    LIGHT01
            SETB    EX0
            RETI                        ;返回
LIGHT01:    SETB    P3.0
            JNB     P3.0,   LIGHT1      ;由 EN 判断是否点灯
            SETB    EX0
            RETI                        ;返回
LIGHT1:     SETB    P3.3
            NOP
            CLR     P3.3
            MOV     P1,     #0FFH       ;为保证安全，再次关闭所有继电器
            SETB    P3.1
            SETB    P3.4
            SETB    P3.5
            SETB    P3.7
            LCALL   DEL15MS
            CLR     P3.1                ;USER1 点亮 6s
            LCALL   DEL5S               ;延时，确保继电器关闭
            SETB    P3.1
            LCALL   DEL15MS
            CLR     P3.4
            LCALL   DEL5S
```

```
            SETB        P3.4
            LCALL       DEL15MS
            CLR         P3.5
            LCALL       DEL5S
            SETB        P3.5
            LCALL       DEL15MS
            CLR         P3.7
            LCALL       DEL15MS
            SETB        P3.7
            LCALL       DEL15MS
            CLR         P1.0
            LCALL       DEL5S
            SETB        P1.0
            LCALL       DEL15MS
            CLR         P1.1
            LCALL       DEL5S
            SETB        P1.1
            LCALL       DEL15MS
            CLR         P1.2
            LCALL       DEL5S
            SETB        P1.2
            LCALL       DEL15MS
            CLR         P1.3
            LCALL       DEL5S
            SETB        P1.3
            LCALL       DEL15MS
            CLR         P1.4
            LCALL       DEL5S
            SETB        P1.4
            LCALL       DEL15MS             ;延时 6s 左右
            CLR         P1.5
            LCALL       DEL5S
            SETB        P1.5
            LCALL       DEL15MS
            CLR         P1.6
            LCALL       DEL5S
            SETB        P1.6
            LCALL       DEL15MS
            CLR         P1.7
            LCALL       DEL5S
            SETB        P1.7
            LCALL       DEL15MS
            RETI
DEL5S:      MOV         R6,     #02H
DEL5S_0:    MOV         R7,     #0FFH
DEL5S_1:    LCALL       DEL15MS
```

```
            DJNZ        R7,     DEL5S_1
            DJNZ        R6,     DEL5S_0
            RET
DEL15MS:    SETB        P3.3
            NOP
            CLR         P3.3
            MOV         P4,     #02H
DEL4B:      MOV         R5,     #0FFH
DEL4A:      DJNZ        R5,     DEL4A
            DINZ        R4,     DEL4B
            RET
            END
```

5.5 结论

本住宅公用路灯用电量分配装置按照用电量的分配原理解决了楼道路灯用电量的自动分摊；同时生产成本低，与普通电表接近，具有根据环境照度控制路灯使用的功能，节约了用电。在性能方面，具有可靠性，能可靠实现用电量的分配，确保不会因为外界干扰引起误操作等。其安全性高，即装置本身不会出现过热烧毁等问题，也不会出现使用者触电等现象，同时它还具有低功耗等特点。

第 6 章　一种输出可调智能开关稳压电源设计

本系统由场效应晶体管 IRF640 组成 DC－DC 推挽拓扑电路，由 AT89S52 单片机控制 DA 芯片 TLC5615 给开关电源控制芯片 SG3525 不同电压， 调整 SG3525 输出脉宽，实现 PWM 控制调整系统输出电压。HD7279 芯片完成数码管显示电压和电流值及按键调压功能。软件方面采用了 C 语言编程。整个系统能完成数码管显示电压和电流及按键调压功能输出电压可调范围：30～36 V；最大输出电流 2 A；电压调整率 S_U≤0.2%；负载调整率 S_L≤0.5%；DC-DC 转换器效率 η≥85%，具有过流保护功能，且排除过流后能自动恢复正常状态。

6.1　开关稳压电源的作用

能源在社会现代化方面起着关键作用。电力电子技术以其灵活的功率变换方式，高性能、高功率密度、高效率，在 21 世纪必将得到大力发展。而开关电源是电力电子技术中占有很大比重的一个重要方面。开关电源技术运用功率变换器进行电能变换，经过变换电能，可以满足各种用电要求。由于其高效节能可带来巨大经济效益，因而引起社会各方面的重视而得到迅速推广。

目前，开关电源以小型、轻量和高效率的特点被广泛应用于以电子计算机为主导的各种终端设备、通信设备等几乎所有的电子设备，其是当今电子信息产业飞速发展不可缺少的一种电源方式。

目前市场上出售的开关电源中采用双极性晶体管制成的开关电源虽已实用化，但其效率有待进一步提高。这里提出一种输出可调智能开关稳压电源的设计方案，具有很强的实用价值。

6.2　设计要求

本文要设计一个输出电压可调的开关电源，其设计要求如下：

- 电源可调范围为 30～36 V。
- 最大输出电流为 2 A。
- 输入电压为 15～20 V 时，负载调整率 S_U≤0.2%。
- 输出电流从 0 变到 2 A 时，负载调整率 S_L≤ 0.5%。
- 输出噪声纹波电压峰峰值小于 1 V。
- DC-DC 转换器的效率大于等于 85%。
- 具有过流、过压保护功能，动作电流可调，预设值是(2.5±0.2)A。
- 排除故障后可以自动恢复为正常状态。
- 能对输出电压进行键盘设定和步进调整，步进值为 1 V，同时具有输出电压、电流的测量和数字显示功能。

6.3 实例原理

为了实现输出可调智能开关稳压电源的设计，该系统的原理图如图 6-1 所示。

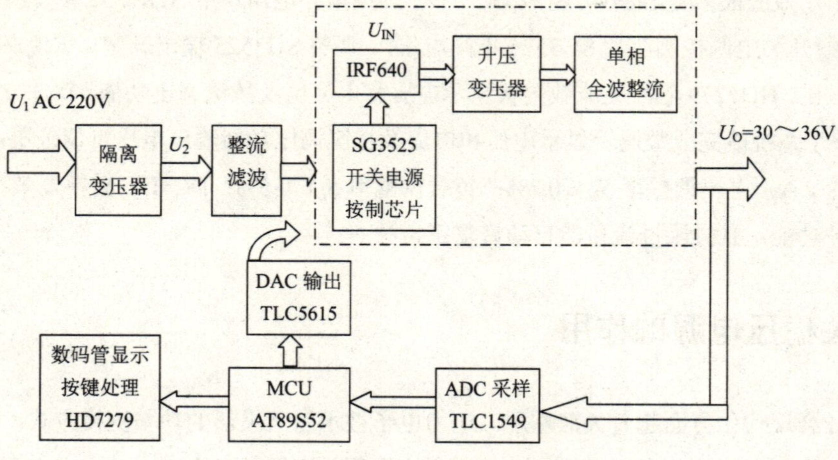

图6-1 系统总体框图

1. 实例功能

整个系统能完成数码管显示电压和电流及按键调压功能输出电压可调范围，具有过流保护功能，和排除过流后自动恢复正常状态。

开关稳压电源功能模块数码管显示电压和电流及按键调压功能输出电压可调范围：30～36 V；最大输出电流 2 A；电压调整率 S_U≤0.2%；负载调整率 S_I≤0.5%；DC-DC 变换器效率 η≥85%，具有过流保护功能，和排除过流后自动恢复正常状态。

2. 系统的构成

本系统由场效应晶体管 IRF640 组成 DC－DC 推挽拓扑电路，由 AT89S52 单片机控制 DA 芯片 TLC5615 给开关电源控制芯片 SG3525 不同电压，调整 SG3525 输出脉宽，实现 PWM 控制调整系统输出电压。HD7279 芯片完成数码管显示电压和电流及按键调压功能。软件方面采用了 C 语言编程。

6.4 元器件分析

本系统由 AT89S52 单片机通过 DA 芯片 TLC5615 给开关电源控制芯片 SG3525 第二脚电压，作为基准电压去控制 SG3525 输出的 PWM 脉宽。

6.4.1 AT89S52 微控制器

AT89S52 是一种低功耗、高性能 CMOS 8 位微控制器，具有 8KB 在系统可编程 flash 存储器，

256 B RAM，32 位 I/O 接口线，把关定时器，2 个数据指针，3 个 16 位定时器/计数器，一个 6 向量 2 级中断结构，全双工串行口，片内晶振及时钟电路，可以满足本系统资源的需求。

1. AT89S52 微控制器引脚图

AT89S52 微控制器引脚如图 6-2 所示。

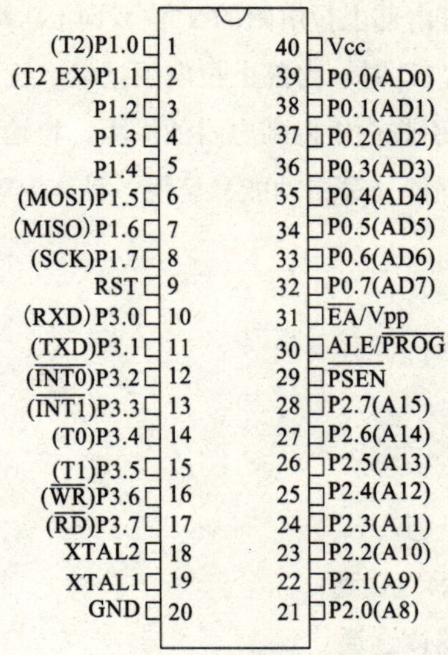

图6-2　AT00389S52引脚图

2. 芯片的引脚介绍

（1）P0 口：P0 口是一个 8 位漏极开路的双向 I/O 接口。作为输出口，每位能驱动 8 个 TTL 逻辑电平。对 P0 端口写“1”时，引脚用做高阻抗输入。当访问外部程序和数据存储器时，P0 口也被作为低 8 位地址/数据复用。在这种模式下，P0 具有内部上拉电阻。在 flash 存储器编程时，P0 口也用来接收指令字节；在程序检验时，输出指令字节。程序检验时，需要外部上拉电阻。

（2）P1 口：P1 口是一个具有内部上拉电阻的 8 位双向 I/O 接口，P1 输出缓冲器能驱动 4 个 TTL 逻辑电平。对 P1 端口写“1”时，内部上拉电阻把端口拉高，此时可以作为输入口使用。作为输入使用时，被外部拉低的引脚由于内部电阻的原因，将输出电流（IIL）。此外，P1.0 和 P1.2 分别作定时器/计数器 2 的外部计数输入（P1.0/T2）和定时器/计数器 2 的触发输入（P1.1/T2EX），具体内容如下：

- P1.0 /T2，定时器/计数器 T2 的外部计数输入，时钟输出。
- P1.1/ T2 EX，定时器/计数器 T2 的捕捉/重载触发信号和方向控制。
- P1.5 /MOSI，在系统编程时用。
- P1.6 /MISO，在系统编程时用。
- P1.7 /SCK，在系统编程时用。

（3）P2 口：P2 口是一个具有内部上拉电阻的 8 位双向 I/O 接口，P2 输出缓冲器能驱动 4 个 TTL 逻辑电平。对 P2 端口写“1”时，内部上拉电阻把端口拉高，此时可以作为输入口使用。作为输入使用时，被外部拉低的引脚由于内部电阻的原因，将输出电流（IIL）。在访问外部程序存储器或用 16 位地址读取外部数据存储器（如执行 MOVX @DPTR）时，P2 口送出高 8 位地址。在这种应用中，P2 口使用很强的内部上拉发送 1。在使用 8 位地址（如 MOVX @RI）访问外部数据存储器时，P2 口输出 P2 锁存器的内容。在 flash 存储器编程和检验时，P2 口也接收高 8 位地址字节和一些控制信号。

（4）P3 口：P3 口是一个具有内部上拉电阻的 8 位双向 I/O 接口。P3 输出缓冲器能驱动 4 个 TTL 逻辑电平。对 P3 端口写“1”时，内部上拉电阻把端口拉高，此时可以作为输入口使用。作为输入使用时，被外部拉低的引脚由于内部电阻的原因，将输出电流（IIL）。

P3 口也作为 AT89S52 特殊功能（第二功能）使用，具体内容如下：

- P3.0/RXD：串行输入口；
- P3.1/TXD：串行输出口；
- P3.2/INTO：外中断 0；
- P3.3/INT1：外中断 1；
- P3.4/TO：定时/计数器 0；
- P3.5/T1：定时/计数器 1；
- P3.6/WR：外部数据存储器写选通；
- P3.7/RD：外部数据存储器读选通。

此外，P3 口还接收一些用于 flash 存储器编程和程序校验的控制信号。

RST——复位输入。当振荡器工作时，RST 引脚出现两个机器周期以上高电平将使单片机复位。

ALE/PROG——当访问外部程序存储器或数据存储器时，ALE（地址锁存允许）输出脉冲用于锁存地址的低 8 位字节。一般情况下，ALE 仍以时钟振荡频率的 1/6 输出固定的脉冲信号，因此它可对外输出时钟或用于定时目的。要注意的是：每当访问外部数据存储器时将跳过一个 ALE 脉冲。对 flash 存储器编程期间，该引脚还用于输入编程脉冲（PROG）。如有必要，可通过对特殊功能寄存器（SFR）区中的 8EH 单元的 D0 位置位禁止 ALE 操作。该位置位后，只有一条 MOVX 和 MOVC 指令才能将 ALE 激活。此外，该引脚会被微弱拉高，单片机执行外部程序时，应设置 ALE 禁止位无效。

PSEN——程序存储允许（PSEN）输出是外部程序存储器的读选通信号，当 AT89C52 由外部程序存储器取指令（或数据）时，每个机器周期两次 PSEN 有效，即输出两个脉冲，在此期间，当访问外部数据存储器，将跳过两次 PSEN 信号。

EA/V_{PP}——外部访问允许，欲使 CPU 仅访问外部程序存储器（地址为 0000H~FFFFH），EA 端必须保持低电平（接地）。需注意，如果加密位 LB1 被编程，复位时内部会锁存 EA 端状态。如 EA 端为高电平（接 V_{cc} 端），CPU 则执行内部程序存储器的指令。flash 存储器编程时，该引脚加上+12 V 的编程允许电源 Vpp，当然该器件必须使用 12 V 编程电压 Vpp。

6.4.2　SG3525 脉宽调制型控制器

SG3525 脉宽调制型控制器是美国通用电气公司的产品，作为 SG3524 的改进型，更适合于运用 MOS 管作为开关器件的 DC-DC 变换器，它是采用双级型工艺制作的新型模拟数字混合集成电路，性能优异，所需外围器件较少。

它的主要特点是：输出级采用推挽输出，双通道输出，占空比 0～50%可调，每一通道的驱动电流最大值可达 200mA，灌拉电流峰值可达 500mA。可直接驱动功率 MOS 管，工作频率高达 400kHz，具有欠电压锁定、过电压保护和软启动等功能。该电路由基准电压源、振荡器、误差放大器、PWM 比较器与锁存器、分相器、欠电压锁定输出驱动级、软启动及关断电路等组成，可正常工作的温度范围是 0～700℃。

1. SG3525 芯片引脚图

SG3525 芯片引脚图如图 6-3 所示。

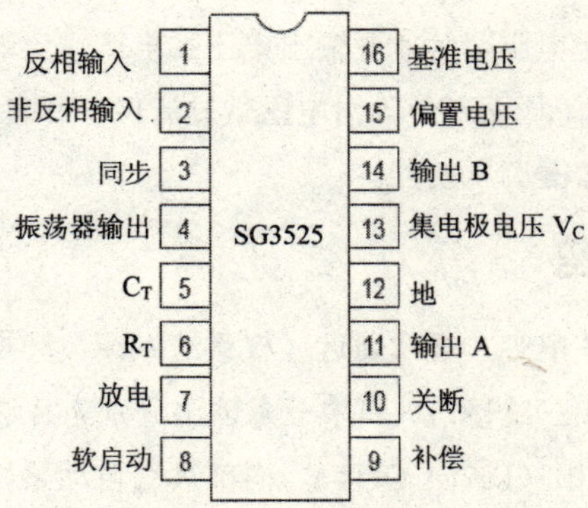

图6-3　SG3525芯片引脚图

2. 芯片的引脚介绍

- 反相输入（引脚 1）：误差放大器反向输入端。在闭环系统中，该引脚接反馈信号。在开环系统中，该端与补偿信号输入端（引脚 9）相连，可构成跟随器。
- 非反相输入（引脚 2）：误差放大器同向输入端。在闭环系统和开环系统中，该端接给定信号。根据需要，在该端与补偿信号输入端（引脚 9）之间接入不同类型的反馈网络，可以构成比例、比例积分和积分等类型的调节器。
- 同步（引脚 3）：振荡器外接同步信号输入端。该端接外部同步脉冲信号可实现与外电路同步。
- 振荡器输出（引脚 4）：振荡器输出端。
- C_T（引脚 5）：振荡器定时电容接入端。
- R_T（引脚 6）：振荡器定时电阻接入端。
- 放电（引脚 7）：振荡器放电端。该端与引脚 5 之间外接一只放电电阻，构成放电回路。
- 软启动（引脚 8）：软启动电容接入端。该端通常接一只 5μF 的软启动电容。

- 补偿（引脚 9）：PWM 比较器补偿信号输入端。在该端与引脚 2 之间接入不同类型的反馈网络，可以构成比例、比例积分和积分等类型调节器。
- 关断（引脚 10）：外部关断信号输入端。该端接高电平时控制器输出被禁止。该端可与保护电路相连，以实现故障保护。
- 输出 A（引脚 11）：输出端 A。引脚 11 和引脚 14 是两路互补输出端。
- 地（引脚 12）：信号地。
- 集电极电压（引脚 13）：输出级偏置电压接入端。
- 输出 B（引脚 14）：输出端 B。引脚 14 和引脚 11 是两路互补输出端。
- 偏置电压（引脚 15）：偏置电源接入端。
- 基准电压（引脚 16）：基准电源输出端。该端可输出一温度稳定性极好的基准电压。由场效应晶体管 IRF640 组成 DC-DC 推挽拓扑电路，由开关变压器经肖特基二极管 MBR20100CT 构成的整流电路再经 LC 滤波可输出一个稳定的直流电压。

单片机改变 DA 芯片输出电压即可改变输出电压。电压输出端的采样电阻上的电压由 AD 芯片 TLC1549 采样送给单片机，从而可使输出电压带过流保护和自动恢复功能。HD7279A 芯片完成数码管显示电压和电流及按键调压功能。

6.4.3 其他元器件的介绍

TLC1549 是 10 位、开关电容、逐次逼近（权重法）模数转换器，它采用两个差分基准电压高阻输入和一个三态输出构成三线接口，其中三态输出分别为片选（CS 低电平有效），输入/输出时钟（I/O CLOCK），数据输出（DATA OUT），内部具有自动采样保持、可按比例量程校准转换范围、抗噪声干扰功能，而且开关电容设计使在满刻度时总误差最大仅为±1 LSB（4.8 mV），因此可广泛应用于模拟量和数字量的转换电路。其满足本系统的要求。

HD7279A 是数码管键盘扫描专用芯片，采用串行方式与微处理器通信，只占用微处理器 4 条数据线；最多可以扫描 64 个按键和 8 个共阴数码管；电路简单可靠，显示程序相对简单。

TLC5615 是 10 位串行 DAC，串行 DAC 占用单片机口线少，只需要占用单片机三口线；5 V 单电源供电，CMOS 电压输出，最大输出电压可达基准电压的两倍，且同极性；可以内部上电复位；低功耗，最大 1.75W。在精度和占用口线方面可以满足系统要求。

6.5 方案选择

本节方案选择包括 DC-DC 主回路设计方案及方案选择、控制方法的选择和提高效率的方法及论证。

6.5.1　DC-DC 主回路设计方案及方案选择

常用的 DC-DC 主回路设计方案包括半桥拓扑方案和推挽拓扑方案两种。

1. 半桥拓扑方案

该电路的电路原理图如图 6-4 所示。当开关元件 VT1 导通时，电容 C1 上的能量释放到负载 RL 上，而当 VT2 导通时，电容 C2 上的能量释放到负载 RL 上，VT1 和 VT2 轮流导通时在负载两端获得了交流电能，半桥逆变电路在功率开关元件不导通时承受直流电源电压 U_d，由于电容 C1 和 C2 两端的电压均为 $U_d/2$（假设 C1=C2），因此功率元件 VT1 和 VT2 承受的电流为 $2I_d$。半桥型逆变电路适合后级带动变压器负载，该电路主要用于高频逆变场合。该方案对驱动电路的要求较高，但输出功率较大，适用于中、大功率的开关电源。由于题目中要求的输出功率不大，所以没有采用此方案。

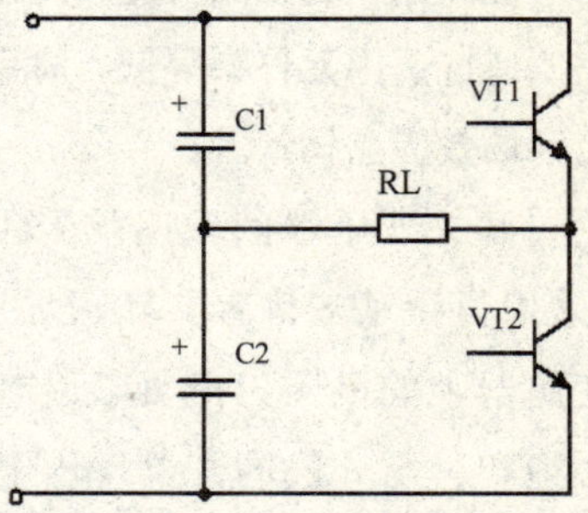

图6-4　半桥拓扑电路

2.推挽拓扑方案

该电路的电路原理图如图 6-5 所示。采用了 2 个 MOS 管轮流导通，比采用 4 个 MOS 管损耗低，而且输出电压比单端方式的要稳，推挽式电路拓扑结构简单，适合应用于直流母线电压较低的场合。

推挽拓扑的缺点是变压器要多个绕组，要有个中间抽头。推挽式电路拓扑结构简单，适合应用于直流母线电压较低的场合。由于设计中要求的电压不高，而且采用场效应晶体管驱动效率高，所以本系统采用此方案。

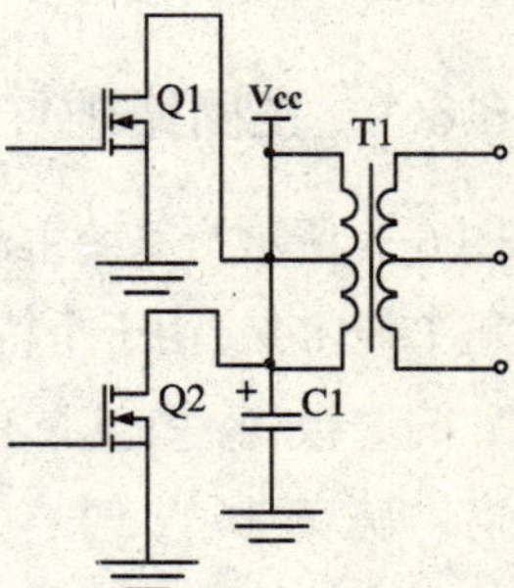

图6-5　推挽拓扑电路

6.5.2　控制方法的选择

- 分立器件方案：分立器件方案开关频率不恒定，由于关断间隔相对恒定，故占空比改变将引起频率改变；其次，开关转换速度缓慢。所以本系统中没有采用此方案。
- 集成开关电源控制芯片方案：集成开关电源控制芯片技术已经十分成熟，芯片含有 MOS 智能开关、电源管理电路、半桥或全桥逆变器、PWM 专用 SPIC、线性集成稳压器、开关集成稳压器等。

本系统中采用了常用的 SG3525 开关电源控制芯片。SG3525 是电流控制型 PWM 控制器。SG3525 的输出端反馈电流，只要输入基准电压即可实现自动控制 PWM 的输出脉宽。使用单片机控制 D/A 转换器，输出连续变化的电压值，作为基准电压去控制 SG3525 输出的 PWM 脉宽。从而控制输出级输出一定频率一定脉宽的方波电压，再经过整流滤波输出一个稳定的直流电压。所以可以通过单片机来控制 D/A 转换器从而实现输出电压可调，来满足题目中的要求。

6.5.3 提高效率的方法及论证

提高效率的方法为提高变压器的频率，降低损耗。由于它主要取决于元件自身的特性，因此需要通过选用元件来降低。本系统中采用了压降低，速度快的肖特基二极管。PWM 的输出端采用了场效应晶体管。

开关变压器的输出端采用半桥全波整流。半桥式开关稳压电源电路则采用两只开关管（采用肖特基二极管）轮流导通，其变换效率高于普通的 PWM 方式的开关稳压电源。开关变压器上的电压为正负半周对称的交流脉冲，没有直流成分，不会因偏磁导致开关变压器磁心饱和。与一般的开关稳压电源相比，开关变压器的主要作用已不再是储能而是传递能量，其效率高。

6.6 硬件电路设计

本节主要从主回路硬件电路、PWM 控制电路、保护电路、显示电路及系统总硬件电路介绍系统硬件电路设计。

6.6.1 主回路硬件电路

图 6-6 所示为系统主回路电路。从图中可以看出，交流电压 U_1=220 V 经隔离变压器输出电压 U_2=18 V，由于全桥整流二极管承受的反向电压$U_R \geqslant \sqrt{2}U \geqslant$ 所以选择反向承受电压大于 25 V 的二极管。在实际电路调试中发现，原来采用的是普通的桥堆进行整流。在测电压调整率时，U_2为 15 V 时，桥堆上的压降较高，使得开关变压器输入端电压低于 15V。最后采用肖特基二极管进行整流。肖特基二极管反应速度快，管压降低，其型号为 MBR20100C1。滤波电路采用电容型滤波，$C_L \geqslant$（3～5）T/2R_L，市电周期为 20 ms，R 最小为 36 V/2 A=18 Ω，得 C_L= 3125 μF，规格限制取 4700 μF，则$U_{IN} = \sqrt{2}U_2 \approx 25\,V$。选用 NMOS 管 IRF640 做 DC-AC 开关，开关电源的效率与频率关系为频率适合才效率高。本设计电压输出频率为 30 kHz，由资料可知 IRF640 开断周期为 $T=T_{ON}+T_{OFF}+T_R+T_F$=(14+45+51+36)ns =146ns，达到设计要求。电压经升压后 U_O=36V，$U_{反向} \geqslant \sqrt{2}U_O$=51 V，频率 30 kHz 以上选用 MBR20100C1 二极管合适。

（光盘\原理图\6_6.SchDoc）

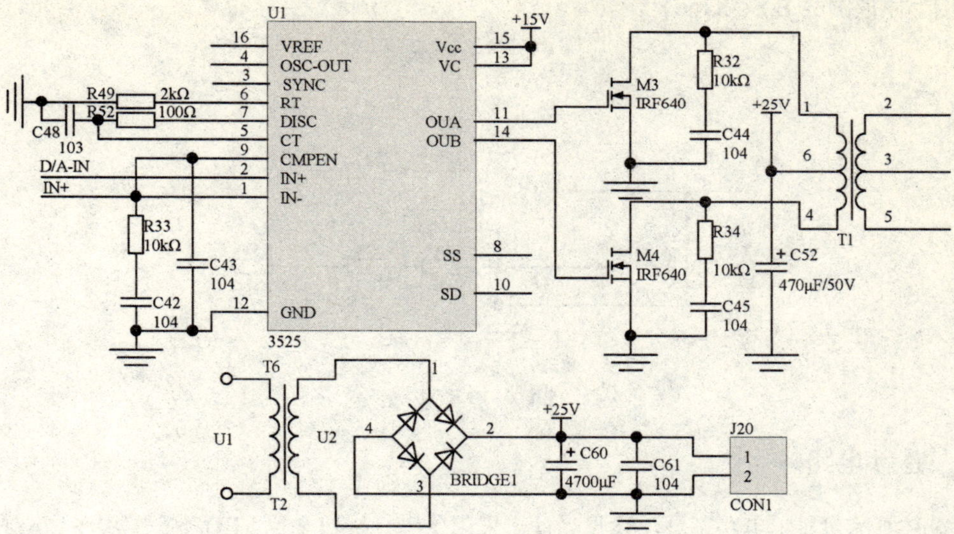

图6-6　主回路硬件电路

6.6.2　PWM 控制电路

图 6-7 所示为 PWM 控制电路。选用 SG3525 实现 PWM 调制，设计输出电流频率为 30 kHz，所以由 3525 频率公式 $f_{\mathrm{asc}} = \frac{1}{C_{\mathrm{T}}}(0.7R_{\mathrm{T}} + 3R_{\mathrm{D}})$，所以 3525 的 C_{T} 取 0.1 μF，R_{T} 取 2 kΩ，则 R_{D} 取 100 Ω。

（光盘\原理图\6_7.SchDoc）

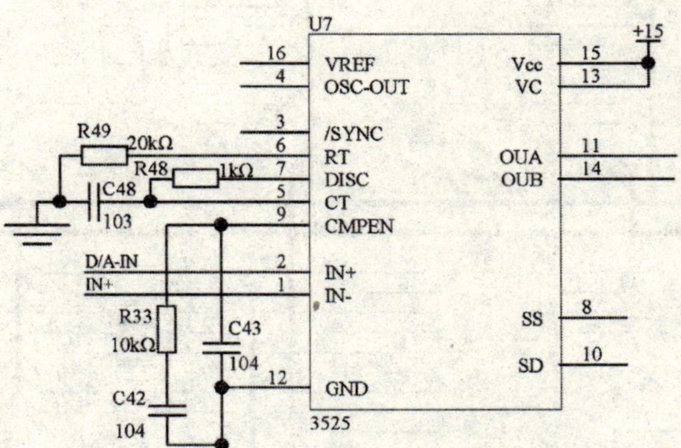

图6-7　PWM控制电路

6.6.3　保护电路

图 6-8 为保护电路。当电路过流时，采样电阻的电压将升高。中间通过一个运算放大器，把电压放大经 A/D 转换送入单片机。由单片机来控制 SG3525 的第 10 脚为高，使 SG3525 关断输出。并且打开外部电压用来判断过流故障是否排除。通过 AD 采样的电压来判断过流是否排除从而控制 SG3525 的第 10 脚电压的高低。当过流排除后，单片机控制 SG3525 的 10 脚为低，并且关闭外部电压。

（光盘\原理图\6_8.SchDoc）

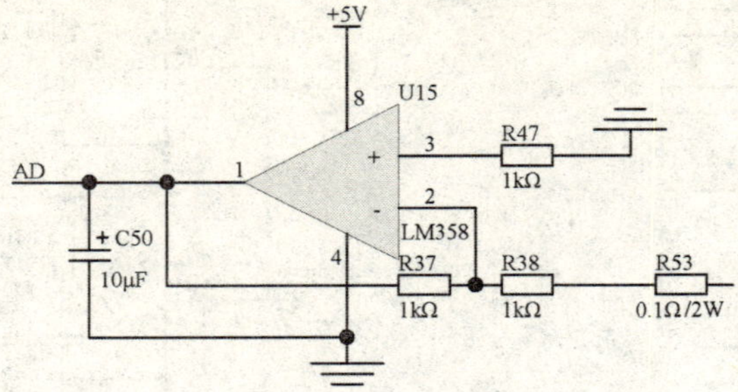

图6-8　保护电路

6.6.4　显示电路

图 6-9 所示为显示电路部分，详见光盘。采用了串行接口 8 位 LED 数码管及 64 键键盘智能控制芯片 HD7279 芯片来处理按键的输入及 8 位数码管的输出显示。电路中的电压和电流显示均通过 10 位的 A/D 转换芯片 TLC1549 来采样。TLC1549 的参考电压选为 4.096 V，所以最小分辨电压为(4.096÷210)V＝0.004 V。采集到的信号经 A/D 转换后得到一个数值。将此数值乘 4，然后分别取位，送入数码管的显示。

（光盘\原理图\6_9.SchDoc）

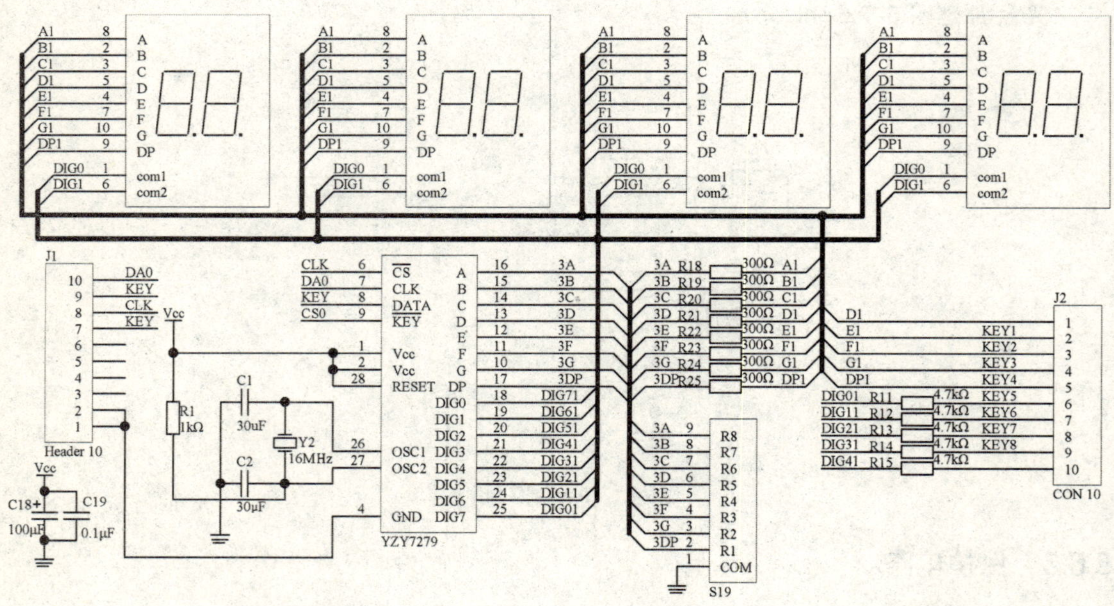

图6-9　显示电路

6.6.5　系统总硬件电路

图 6-10 为系统总体硬件电路。

（光盘\原理图\6_10.SchDoc）

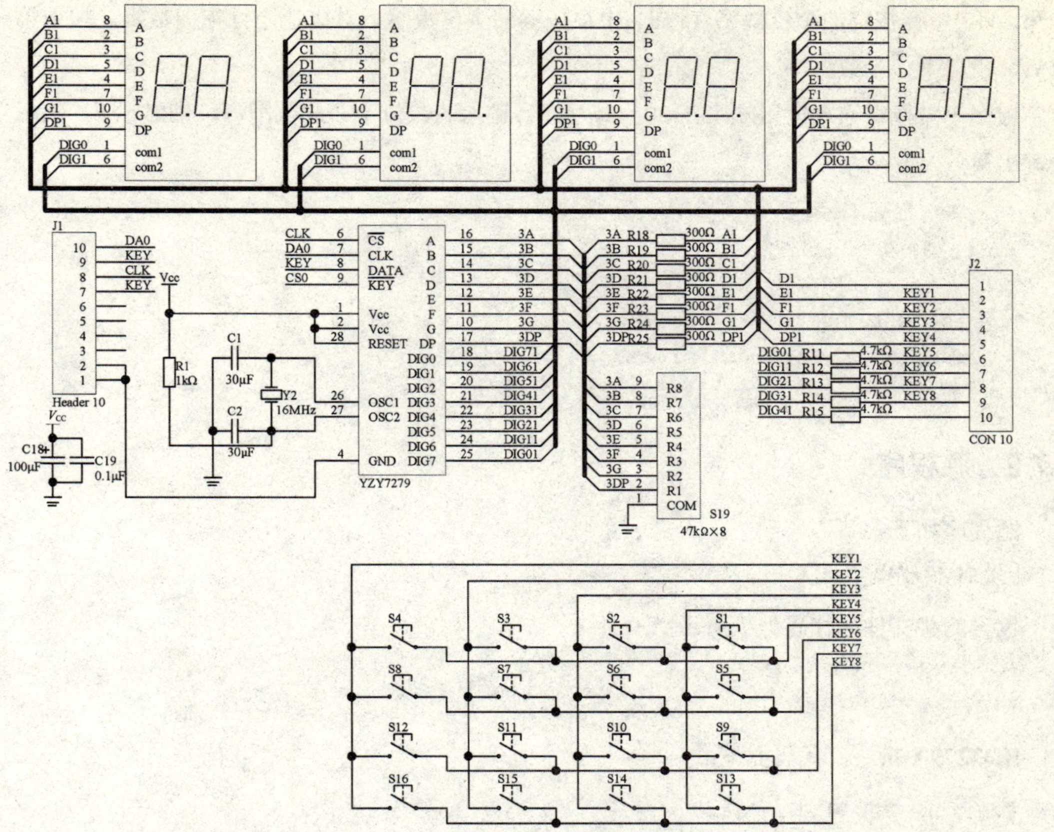

图6-10　系统总电路图

6.7　软件设计

软件设计主要包括程序流程图和源程序两部分。

6.7.1　程序流程图

系统软件设计采用结构化程序设计方法，其程序流程图如图 6-11 所示。

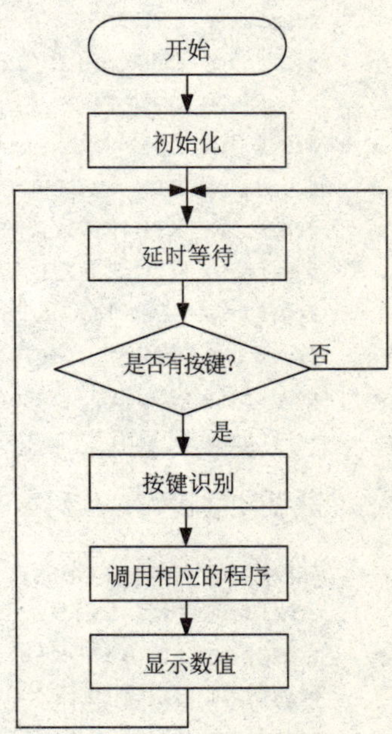

图6-11　程序流程图

按键说明如下：

- 1：显示电流；
- 2：显示电压；
- 3：调用电压设定；
- 4：同时显示电流和电压；
- 5：调整过流保护的电流的大小；
- Esc：重新选择按键。

程序中，对输出电压进行键盘设定和步进调整。实现的方法为，定义两个数组 a[2]和一个指针*p，a[0]中存按键的个位数字 3，a[1]中存按键的十位数字。首先让指针指向数组。按下第一个键后，指向下一个数组。

程序中对按键输入电压规定在 30～36 V。当输入的数值不在此范围内，则显示 F，表示当前按键出错。

```
f(p==&a[2]){p=a;}
switch(key_number)
{
   case one:*p=1;p++; break;
   case two:*p=2;p++; ;break;
}
```

6.7.2 源程序

源程序如下：

（光盘\程序\6_1. c）

包含的头文件，代码如下所示：

```
#include <reg51.h>
#include<intrins.h>
```

HD7279A 指令，代码如下：

```
#define CMD_RESET 0xa4
#define CMD_TEST 0xbf
#define DECODE0 0x80
#define DECODE1 0xc8
#define CMD_READ 0x15
#define UNDECODE 0x90
#define RTL_CYCLE 0xa3
#define RTR_CYCLE 0xa2
#define RTL_UNCYL 0xa1
#define RTR_UNCYL 0xa0
#define ACTCTL 0x98
#define SEGON 0xe0
#define SEGOFF 0xc0
#define BLINKCTL 0x88
```

键盘按键代码，代码如下：

```
#define one 0x3a
#define two 0x39
#define three 0x38
#define four 0x32
#define five 0x31
#define six 0x30
#define seven 0x2a
```

```
#define eight 0x29
#define nine 0x28
#define Esc 0x22
#define zero 0x21
#define Enter 0x20
#define up 0x3f
#define left 0x37
#define right 0x2f
#define down 0x27
#define uint unsigned int
#define uchar unsigned char
```

函数声明，代码如下：

```
void short_delay(void);                            //短延时
void delay10ms(unsigned char);                     //延时 10 ms
void write7279(unsigned char, unsigned char);      //写入到 HD7279
unsigned char read7279(unsigned char);             //从 HD7279 读出
void send_byte(unsigned char);                     //发送一个字节
unsigned char receive_byte(void);                  //接收一个字节
unsigned int adc1549a1(void);                      //第一路， ADC TLC1549 的驱动程序
unsigned int adc1549a2(void);                      //第二路，ADC TLC1549 的驱动程序
unsigned int adc1549a3(void);                      //第三路，ADC TLC1549 的驱动程序
void DaConv(unsigned int DaDat);                   //DAC TLC5615 的驱动程序
void dianya_display(void);                         //电压测量显示
void dianliu_display(void);                        //电流测量显示
void Iwaring(void);                                //过流显示
void anjian(void);                                 //按键设置电压
void tuichu();                                     //退出按键
void tiaodianliu();                                //电流设定
void tiaodianliu_display(void);                    //显示设定电流
unsigned int luboa1(void);                         //滤波程序
unsigned int luboa2(void);                         //滤波程序
unsigned int luboa3(void);                         //滤波程序
```

I/O 口定义，代码如下：

```
sbit cs=P0^3;                                      //HD7279  cs at P1.3
sbit clk=P0^2;                                     //HD7279 clk 连接于 P1.2
sbit dat=P0^0;                                     //HD7279 dat 连接于 P1.0
sbit key=P0^1;                                     //HD7379 key 连接于 P1.1
sbit  ad_clka1 = P1^2;                             //ADC1549a1  显示电压
sbit  ad_csa1= P1^0;                               //ad
sbit  ad_douta1= P1^1;                             //ad
sbit DIN=P1^3;                                     //DAC5615 提供电压
sbit DaCS=P1^4;                                    //da
sbit DaSCLK=P1^5;                                  //da
sbit  ad_clka2 = P2^2;                             //ADC1549a2 负载电流值
sbit  ad_csa2= P2^0;                               //ad
```

```
sbit  ad_douta2= P2^1;                          //ad
sbit  ad_clka3= P3^2;                           //ADC1549a3 采样电流值
sbit  ad_csa3= P3^0;                            //ad
sbit  ad_douta3= P3^1;                          //ad
sbit jidianqi=P3^3;                             //继电器
sbit jiaya=P3^4;                                //加压测试 用于自动恢复
sbit guan2535=P3^5;                             //关断 SG2535 的输出
```

变量定义，代码如下：

```
unsigned char key_number1,key_number2,key_number3,key_number4;
unsigned char j, i,k,a[2]={3,0},*p;
unsigned char int0a,guoliu=0,flag=0,flag1=1;
unsigned int uu;
unsigned int u1=0,u2=0,u3=0,DaDate;
unsigned int value1=0,value2=0,value3=0;
unsigned char guoliuflag=0,jidianqiflag=0,jiayaflag=0;
unsigned int dianliu; shedianliu=630;
```

主函数，代码如下：

```
main()
{
    p=a;                                        //指针指向数组
    while (1)
    {
       delay10ms(10);                           //上电延时
       send_byte(CMD_RESET);                    //复位 HD7279A
       cs=1;     delay10ms(2);
       guan2535=0;                              //芯片 SG3525 第 10 脚为低，芯片开常工作。
       dianliu=luboa3();
       dianliu=dianliu-150;
       if(dianliu>=shedianliu)                  //如果测试电流大于设定电流，则过电流
       {guan2535=1;jidianqiflag=1;jiayaflag=1;}
                          //过电流后，显示过电流，关断 SG2535 输出，关继电器，加测试电压
       else{jidianqiflag=0;jidianqi=1;jiayaflag=0;jiaya=1;}
       if(jidianqiflag==1){jidianqi=0;}  //过电流，断开继电器
       else{jidianqi=1;}
       if(jiayaflag==1){jiaya=0; }              //过电流，加测试电压，
       else{jiaya=1;}
       //dianya_display();                      //电压测量显示
       //dianliu_display();                     //电流测量显示
       //delay10ms(50);
       if(!key)
       {
         key_number1=read7279(CMD_READ); //读出键码
         switch(key_number1)
         {
```

```
        case one: do{
          dianya_display();            //电压测量显示
          delay10ms(50);
          tuichu();
      }while(key_number3!=right);break;

        case two: do{
          dianliu_display();               //电流测量显示
          delay10ms(50);
          tuichu();
        }while(key_number3!=right);break;
        case three: do{
          anjian();                        //按键调整电压
          delay10ms(20);
          tuichu();
        }while(key_number2!=right);break;
        case four:do{
          dianya_display();                //电压测量显示
          delay10ms(50);
          dianliu_display();               //电流测量显示
          tuichu();
        }while(key_number3!=right);break;
        case five:do{
           tiaodianliu();                  //显示设计的电流值
           delay10ms(50);
           tuichu();
         }while(key_number3!=right);break;
      }
    }
  }
}
//按键设定电流值，按 UP 键加，按 DOWN 键减
void tiaodianliu()
{
   if(!key)
   {
     key_number4=read7279(CMD_READ);       //读出键码
         tiaodianliu_display();
     switch(key_number4)
     {
       case up: shedianliu=shedianliu+100;tiaodianliu
                            _display();delay10ms(20);break;
       case down:    shedianliu=shedianliu-100;tiaodianliu
                                    _display();delay10ms(20);break;
     }
   }
}
```

电流测量并显示，代码如下：

```
void tiaodianliu_display(void)
{
    unsigned char d0,d1,d2,d3;
    unsigned int a;
    a=shedianliu;
    d3=a/1000;    d3=d3|0x80;                  //显示小数点
    d2=a/100%10;
    d1=a/10%10;
    d0=a%10;
    write7279(DECODE0+7,d3);
    write7279(DECODE0+6,d2);
    write7279(DECODE0+5,d1);
    write7279(DECODE0+4,d0);
}
```

写 HD7279，代码如下：

```
void write7279(unsigned char cmd, unsigned char dta)
{
    send_byte (cmd);
    send_byte (dta);
    cs=1;
}
```

读 HD7279，代码如下：

```
unsigned char read7279(unsigned char command)
{
    send_byte(command);
    cs=1;
    return(receive_byte());
}
```

发送到 HD7279，代码如下：

```
void send_byte( unsigned char out_byte)     //发送一个命令字
{
    unsigned char i;
    clk=0;
    cs=0;
    short_delay();
    for (i=0;i<8;i++)
    {
       clk=0;
       if (out_byte&0x80){dat=1;}
       else {dat=0;}
       clk=1;
```

```
      short_delay();
      out_byte=out_byte*2;
    }
    dat=1;
}
```

从 HD7279 接收，代码如下：

```
unsigned char receive_byte(void)                  //接收一个命令字
{
    unsigned char i, in_byte;
    cs=0;
    clk=0;
    dat=1;                                        //设为输入状态
    short_delay();
    for (i=0;i<8;i++)
    {
        clk=0;
        in_byte=in_byte*2;
        clk=1;
        if(dat==1)
        {
            in_byte=in_byte|0x01;
        }
    }
    dat=1;
    return (in_byte);
}
void short_delay(void)                            //短延时
{
    unsigned char i;
    for(i=0;i<8;i++);
}
```

*n**10 ms 的延时程序，代码如下：

```
void delay10ms(unsigned char time)
{
    unsigned char i;
    unsigned int j;
    for(i=0;i<time;i++)
    {
      for(j=0;j<0x390;j++);
    }
}
```

A/DC1549a1 转换子程序，代码如下：

```
unsigned int adc1549a1(void)
{
   uchar i;
   ad_csa1=0;
   ad_clka1=0;
   ad_douta1=1;
   u1=0;
   for(i=0;i<10;i++)                                    /*读数据 */
   {
      ad_clka1=0;
      short_delay();
       u1=u1*2;
       if(ad_douta1==1)
       {
           u1 ++ ;
       }
       ad_clka1=1 ;                                    //上升沿接受数据
       short_delay();
  }
  ad_douta1=1;
  ad_csa1=1;
  return u1;                                           /*返回*/
}
```

A/DC1549a2 转换子程序，代码如下：

```
unsigned int adc1549a2(void)
{
   uchar i;
   ad_csa2=0;
   ad_clka2=0;
   ad_douta2=1;
   u2=0;
   for(i=0;i<10;i++)                                    /*读数据 */
   {
      ad_clka2=0;
      short_delay();
      u2=u2*2;
      if(ad_douta2==1)
      {
         u2 ++;
      }
      ad_clka2=1 ;                                     //上升沿接受数据
      short_delay();
   }
   ad_douta2=1;
```

```
   ad_csa2=1;
   return u2;                                        /*返回 */
}
```

A/DC1549a3 转换子程序，代码如下：

```
unsigned int adc1549a3(void)
{
   uchar i;
   ad_csa3=0;
   ad_clka3=0;
   ad_douta3=1;
   u3=0;
   for(i=0;i<10;i++)                                 /*读数据 */
   {
      ad_clka3=0;
      short_delay();
      u3=u3*2;
      if(ad_douta3==1)
      {
          u3 ++ ;
       }
       ad_clka3 =1;                                  //上升沿接受数据
       short_delay();
   }
   ad_douta3=1;
   ad_csa3=1;
   return u3;                                        /*返回 */
}
```

TLC5615 转换子程序，代码如下：

```
void DaConv(uint DaDat)                              //TLC5615 的驱动程序，命令：DAConv
{
   uchar i=0;
   DaCS=1;
   _nop_();
   _nop_();
   DIN=0;
   DaSCLK=0;
   DaCS=0;
   _nop_();
   _nop_();
   for(i=0;i<12;i++)
   {
     DaDat=_irol_(DaDat,1);
     if((DaDat&0x0400)!=0)
        DIN=1;
```

```
        else
          DIN=0;
        DaSCLK=1;
        _nop_();
        _nop_();
        DaSCLK=0;
        _nop_();
        _nop_();
    }
    DaCS=1;
    DIN=0;
    DaSCLK=0;
}
```

电压测量并显示，代码如下：

```
void dianya_display(void)
{
    unsigned char d0,d1,d2,d3;
    unsigned int dy,a;
    dy=luboa1();
    a=dy<<2;//dy=dy*4;
    d3=a/1000;
    d2=a/100%10; d2=d2|0x80;            //显示小数点
    d1=a/10%10;
    d0=a%10;
    write7279(DECODE0+3,d3);
    write7279(DECODE0+2,d2);
    write7279(DECODE0+1,d1);
    write7279(DECODE0+0,d0);
}
```

电流测量并显示，代码如下：

```
void dianliu_display(void)
{
    unsigned char d0,d1,d2,d3;
    unsigned int dl,a;
    dl=luboa2();
    a=dl*40;
    d3=a/1000;    d3=d3|0x80;                   //显示小数点
    d2=a/100%10;
    d1=a/10%10;
    d0=a%10;
    write7279(DECODE0+7,d3);
    write7279(DECODE0+6,d2);
    write7279(DECODE0+5,d1);
    write7279(DECODE0+4,d0);
}
```

过电流显示，代码如下：

```
void Iwaring(void)
{
   write7279(DECODE1+7,0x0f);              //显示 FFFF
   write7279(DECODE1+6,0x0f);
   write7279(DECODE1+5,0x0f);
   write7279(DECODE1+4,0x0f);
}
```

按键设定输出电压值，代码如下：

```
void anjian()
{
   write7279(DECODE1+5,a[0]);
   write7279(DECODE1+4,a[1]);
   if(p==&a[2]){p=a;}
   if(!key)
   {
      key_number2=read7279(CMD_READ);        //读出键码
      switch(key_number2)
      {
         case one:if(p==&a[0]){write7279(DECODE1+6,0x0f);
         delay10ms(100);write7279(DECODE0+6,0x0f);
         break;
      }
      if(a[0]==3)
      {
         *p=1;p++;
         delay10ms(20);break;}break;
         case two:if(p==&a[0]){write7279(DECODE1+6,0x0f);
         delay10ms(100);write7279(DECODE0+6,0x0f);break;
         }if(a[0]==3){*p=2;p++;delay10ms(20);break;}break;
         case three:*p=3;p++;
         if(p==&a[1]){a[1]=0;}delay10ms(20);break;
         case four:if(p==&a[0]){write7279(DECODE1+6,0x0f);delay10ms(100);
           write7279(DECODE0+6,0x0f);break;}
 if(a[0]==3){*p=4;p++;delay10ms(20);break;}break;
 case five:if(p==&a[0]){write7279(DECODE1+6,0x0f);delay10ms(100);
        write7279(DECODE0+6,0x0f);break;}
 if(a[0]==3){*p=5;p++;delay10ms(20);if(p==&a[1]){a[1]=0;}break;}break;
 case six: if(p==&a[0]){write7279(DECODE1+6,0x0f);delay10ms(100);
      write7279(DECODE0+6,0x0f);break;}
 if(a[0]==3){*p=6;p++;delay10ms(20);break;}break;
 case seven:write7279(DECODE1+6,0x0f);delay10ms(100);
      write7279(DECODE0+6,0x0f);break;
 case eight:write7279(DECODE1+6,0x0f);delay10ms(100);
         write7279(DECODE0+6,0x0f);break;
```

```
 case nine: write7279(DECODE1+6,0x0f);delay10ms(100);
        write7279(DECODE0+6,0x0f);break;
 case zero: if(a[0]==3){*p=0;p++;delay10ms(20);
         break;} else{write7279(DECODE1+6,0x0f);
 delay10ms(100);write7279(DECODE0+6,0x0f);break;}break;
 case up:if(a[0]>=3&&a[1]>=6)  {write7279(DECODE1+6,0x0f);delay10ms(100);
      write7279(DECODE0+6,0x0f);break;}a[1]++;
 if(a[1]>9){a[0]++;a[1]=0;}    delay10ms(20);break;
 case down:
 if(a[0]==3&&a[1]==0){write7279(DECODE1+6,0x0f);delay10ms(100);
   write7279(DECODE0+6,0x0f);break;}a[1]--;if(a[1]>128){a[0]--;a[1]=9;}
delay10ms(20);
            break;
 case Esc:p=a;a[0]=3;a[1]=0;break;
 case Enter:uu=a[0]*10+a[1];DaConv(uu*10+2);break;
    }
  }
}
void tuichu()                                       //按键退出
{  if(!key){key_number3=read7279(CMD_READ);}
   //if(key_number3==right){key_num}
}
```

滤波程序，代码如下：

```
unsigned int luboa1(void)                          //滤波程序
{
   unsigned char i;
   unsigned  int a[10],sum=0,value;
   for(i=0;i<10;i++)                               //取值
   {  a[i]=adc1549a1(); short_delay(); }

   for(i=0;i<10;i++)                               //求和
   {
     sum=sum+a[i];
   }
   value=sum/10;                                   //计算平均值
   return value;
}
```

滤波程序，代码如下所示：

```
unsigned int luboa2(void)                          //滤波程序
{
   unsigned char i;
   unsigned  int a[10],sum=0,value;
   for(i=0;i<10;i++)                               //取值
```

```
  {  a[i]=adc1549a2(); short_delay(); }

  for(i=0;i<10;i++)                                    //求和
  {
    sum=sum+a[i];
  }
  value=sum/10;                                        //计算平均值
  return value;
}
```

滤波程序，代码如下：

```
unsigned int luboa3(void)                              //滤波程序
{
  unsigned char i;
  unsigned  int a[10],sum=0,value;

  for(i=0;i<10;i++)                                    //取值
  {  a[i]=adc1549a3(); short_delay(); }

  for(i=0;i<10;i++)                                    //求和
  {  sum=sum+a[i];    }
  value=sum/10;                                        //计算平均值
  return value;
}
```

6.8　运行情况与分析

本节主要从测试方法、测试仪器、测试数据及调试结果分析 4 个部分分析系统运行情况。

1．测试方法

（1）用 5 位半数字万用表测量 U_2、U_{IN}、I_{IN}、U_O。

（2）采用示波器测电压峰—峰值 U_{OPP}。

（3）电压 U_2 为 18 V 时，I_O 从 0A 变到 2 A 时，测量输出电压 U_O。

（4）计算负载调整率。电流 I_O 为 2 A。U_2 从 15 V 变到 21 V，测量输出电压 U_O。计算电压调整率。

2．测试仪器

测试仪器主要包括：5 位半数字万用表，示波器，交流调压器。

3．测试数据

本系统在实验室中进行了测试，其测试数据表如表 6-1 所示。

表6-1 测试数据表

（a）输出电压

设定电压值/V	30	31	32	33	34	35	36
显示电压值 U_O/V	30.08	31.04	32.00	33.12	34.04	35.02	36.12
实测电压值 U_O/V	30.001	31.007	32.010	33.006	34.001	35.119	36.120

（b）输出电流（U_O=36 V）

负载电阻/Ω	500	400	200	100	50	18
显示电流 I_O/A	0.075	0.091	0.182	0.361	0.718	2.011
实测电流 I_O/A	0.071	0.090	0.180	0.362	0.715	2.010

（c）电压调整率（$I_O = 2$ A）

输入电压 U_2/V	15~21 V
输出电压 U_O/V	36.079~36.003
电压调整率	0.0021

（d）负载调整率（$U_2 = 18$ V）

输出电流 I_O/A	0~2
输出电压 U_O/V	36.099~35.106
负载调整率	2.75%

（e）噪声纹波电压（U_2=18 V，U_O=36 V，I_O=2 A）

峰—峰值 U_{OPP}	0.5 V

（f）DC-DC 转换器的效率（U_2=18 V，U_O=36 V，I_O=2 A）

输入电流/A	5.05
转换器效率/ %	79

通过上面测试可以知道，该稳压电源其基本指标为：输出电压范围 30～36V；最大输出电流为 2 A；输入电压从 15～20V 时，负载调整率 S_U<2%；输出电流从 0A 变到 2 A 时，负载调整率 S_I<5%；输出噪声纹波电压峰—峰值小于 1 V；DC-DC 变换器的效率大于 70%；具有过电流、过电压保护功能。可见，该电源的稳压性能指标较高，具有输出智能可调性。

4．调试结果分析

在制作调试过程中，发现当 U_2 为 15 V 时，采用桥堆进行整流滤波时，由于桥堆上的电压太高，使得 U_{IN} 电压太低。产生的原因是桥堆的压降太高。后面采用了肖特基二极管进行整流，其型号为 MBR20100C1，即可解决问题。

电路在设计时，效率按≥85%进行设计。采用调整工作频率，重新绕制变压器等方法。最后测得 I_I =5.05 A≤5.7 A，所以效率为 79.2%满足基本部分的要求。为了达到 85%的效率，可选用损耗更低的开关变压器材料进行绕制。在竞赛的 4 天中，由于元器件采购不方便等，所以没有选用损耗更低的变压器材料。提高电路工作的频率也可以提高效率。但是当芯片的工作频率设得太高了，电路将没有起振。在频率设好的情况下，本电路最后确认的工作频率为 38 kHz。选用损耗低的材料，以调整变压器的绕组及改变变压器间隙的形式来提高效率。

第 7 章　单片机温度控制系统

本章设计了一种基于单片机原理的简易实用的温度控制系统。采用 AT89S51 作为 CPU 主控装置，电路主要由温度采集、按键显示、电源电路和电热丝控制电路 4 部分组成。温度采集由智能温度传感器 DS18B20 集成芯片完成；按键显示由 HD7279A 芯片驱动 8 位共阴极数码管和 4×4 的键盘矩阵；电源电路由 TL431 稳压和加热控制电路以及普通开关继电器控制电热丝的加热。该系统主要用于实现温度采集、显示和控制功能，具有广泛的市场前景。

7.1　温度检测控制系统选型分析

随着电子技术和微型计算机的迅速发展，微机测量和控制技术也得到了迅速的发展和广泛的应用。利用微机对温度进行测控的技术也随之而生，并得到日益发展和完善，越来越显示出其优越性。

在工业生产领域中，温度检测控制系统大多运用单片机对温度进行实时的检测和控制。单片机具有处理能力强、运行速度快等优点，应用在温度测量与控制方面，控制简单方便，精度较高。采用单片机对温度进行控制不仅具有控制方便和灵活性大等优点，而且可以大幅度提高被控温度的技术指标，从而提高产品的质量和数量。

7.1.1　总体方案选择

目前，大多数温度控制系统的不同之处在于控制电路的设计中，根据控制的稳定性和精度而设计不同的控制电路，主要有以下两种方案用于温度控制系统设计。

- 方案 1：温度控制电路设计为简易的开关实现电路，即将电热丝和继电器串联在电源上，通过单片机 CPU 的 I/O 口控制继电器的打开和关断，实现控制电热丝，达到调节温度的目的。
- 方案 2：将双向晶闸管和电热丝串联在交流 220 V 市电回路中，在给定的周期 T 内，通过单片机 CPU 改变晶闸管道接通时间便可以改变电热丝的功率，达到调节温度的目的。其方法是运用 PID 算法控制 PWM 输出，可达到较高的控制精度。

方案 1 为本设计的方案：本章的设计要求主要是用于检测和控制周围环境的温度，控制对象是室内环境，由于热能是通过空气传播，而且空气传热的速度很慢，控制过程中存在一定的滞后，控制精度不需过高。

方案 2 在温度控制方面可以达到很高的精度，但是硬件成本相对较高，软件设计难度也较大。综合考虑，本章在能达到设计要求的前提下，选择方案 1。

7.1.2　方案设计

本设计硬件部分采用单片机 AT89S51 作为 CPU 主控制器，电路主要由温度采集电路、电热丝控制电路、按键显示电路和电源电路 4 个部分组成。

- 温度采集主要是用智能温度传感器 DS18B20 集成芯片完成，该芯片将温度传感器、A/D、寄存器和接口电路集成在一个芯片中，可以直接数字化输出和测试。
- 按键显示电路主要通过 HD7279A 芯片驱动共阴极数码管的显示和实现按键功能。
- 电源电路是通过 TL431 二极管的稳压实现。
- 电热丝控制电路是直接由电热丝接继电器和电源，通过单片机控制继电器的开和关，实现控制电热丝的加热。

系统总体电路原理框图如图 7-1 所示。

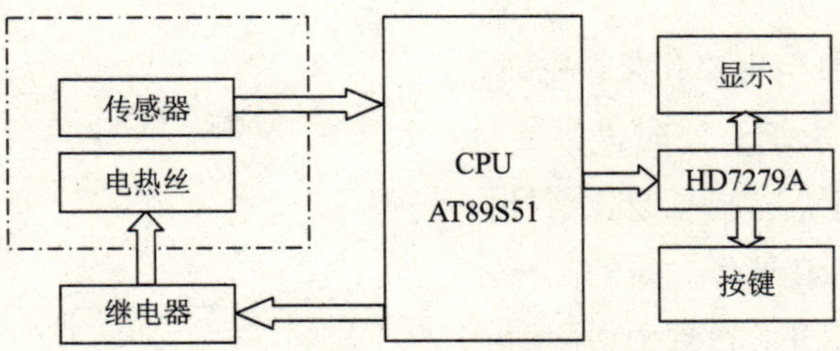

图7-1　系统总体电路原理框图

7.1.3　温度传感器选型

由于本章的设计要求是测量周围环境温度，测量范围基本是在 0℃～100℃内，所以本章选择一种智能温度传感器 DS18B20 来完成此设计的温度采集。DS18B20 温度测量范围为－55℃～＋125℃，测温分辨率可达 0.0625℃，主要由 64 位 ROM、温度灵敏元件、非挥发的温度报警触发器 TH 和 TL、配置寄存器 4 部分组成，是一种一线式数字温度传感器。所以，此芯片相比于其他的温度传感器，具有足够的精度和测量范围，而且还可以省去普通传感器所需附带设计的 A/D 电路和存储设计。

1. 温度传感器介绍

温度传感器又称热电式传感器，是一种将温度变化转换为电量变化的装置。它利用传感元件的电磁参数随温度变化的特性来达到测量的目的。在各种热电式传感器中，把温度转换为电势和电阻的方法最为普遍。其中将温度转换为电势大小的传感器称为热电偶；将温度转换为电阻大小的传感器称为热电阻。这两种热电式传感器目前在工业生产中已得到广泛的应用。另外，利用半导体材料的温度特性和半导体 PN 结与温度的关系，所研制的半导体温度传感器在窄温场中，也得到了十分广泛的应用。

2. 温度传感器热电偶测温基本原理和优点

热电偶是将两种不同材料的导体或半导体 A 和 B 焊接起来，构成一个闭合回路。当导体 A 和 B 的两个执着点之间存在温差时，两者之间便产生电动势，因而在回路中形成一个大小的电流，这种现象称为热电效应。温度传感器热电偶就是利用这一效应来工作的。它具有测量精度高，测量范围广和构造简单，使用方便等优点，一般的热电偶从－50℃～＋1600℃均可连续测量。

3. 温度传感器热电阻测温基本原理和优点

热电阻测温是基于金属导体的电阻值随温度的增加而增加这一特性来进行温度测量的。其中低温区是最常用的一种温度检测器，可以测量－200℃～＋500℃。它的主要特点是测量精度高，性能稳定。

7.2 硬件电路

本系统硬件总体电路包括 CPU 电路、加热控制电路、按键显示电路和电源电路、温度采集电路。CPU 作为中央处理单元，进行必要的运算，设计时必须保证其稳定运行；加热控制单元和温度采集单元共同组成控制反馈，对温度进行闭环控制；按键显示单元和其余单元组成合理的外围电路。

7.2.1 CPU 电路

CPU 电路主要包括复位电路和晶振电路。

复位电路主要是在系统上电时提供复位信号，直至系统电源稳定后，撤销复位信号。为可靠起见，电源稳定后还要经一定的延时才撤销复位信号，以防电源开关过程中引起的抖动而影响复位。图 7-2 所示的 CPU 电路，主要是由一个按键和电容电阻组成的 RC 复位电路，为高电平复位有效，能够实现上述的基本功能。

（光盘\原理图\7_2.SchDoc）

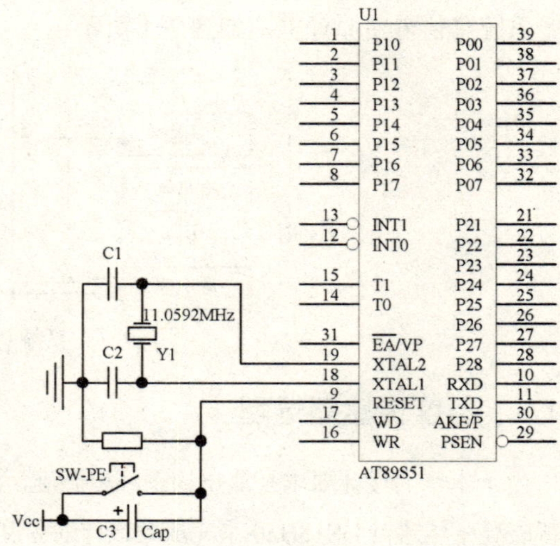

图7-2 CPU电路

晶振电路是由片内振荡电路输入线外接石英晶体和微调电容 C_1、C_2，即用来连接 AT89S51 内 OSC 的定时反馈电路。本系统使用 11.0592 MHz 晶体振荡器，考虑到晶振的频率与 CPU 的计数器有很大的关系，而且会影响 DS18B20 程序的编写，因为 DS18B20 是通过使用时间片来读出和写入数据的，需要严格地遵循读/写时序。

7.2.2 按键显示电路

按键和显示电路（见图 7-3）主要是通过 HD7279A 芯片同时驱动 8 位共阴极数码管，然后接 4×4 的键盘矩阵。该芯片内部含有译码器，可以直接接受 BCD 码或十六进制码，并同时具有两种译码方式，此外还具有多种控制指令，如消隐、闪烁、左右移、段寻址等。该电路应用中，如无须用到的键盘和数码管可以不接，省去数码管或是对数码管设置消隐属性均不会影响键盘的使用，而且在实际应用中，8 只下拉电阻和 8 只连接位选线的电阻，应遵循一定的比例关系 $5R_m<R_n<50R_m$（R_n 为下拉电阻，R_m 为位选电阻），经典值为 R_n=10 R_m。在不影响显示的前提下，下拉电阻应尽可能地取较小的值，这样可以提高键盘部分的抗干扰能力。

（光盘\原理图\7_3.SchDoc）

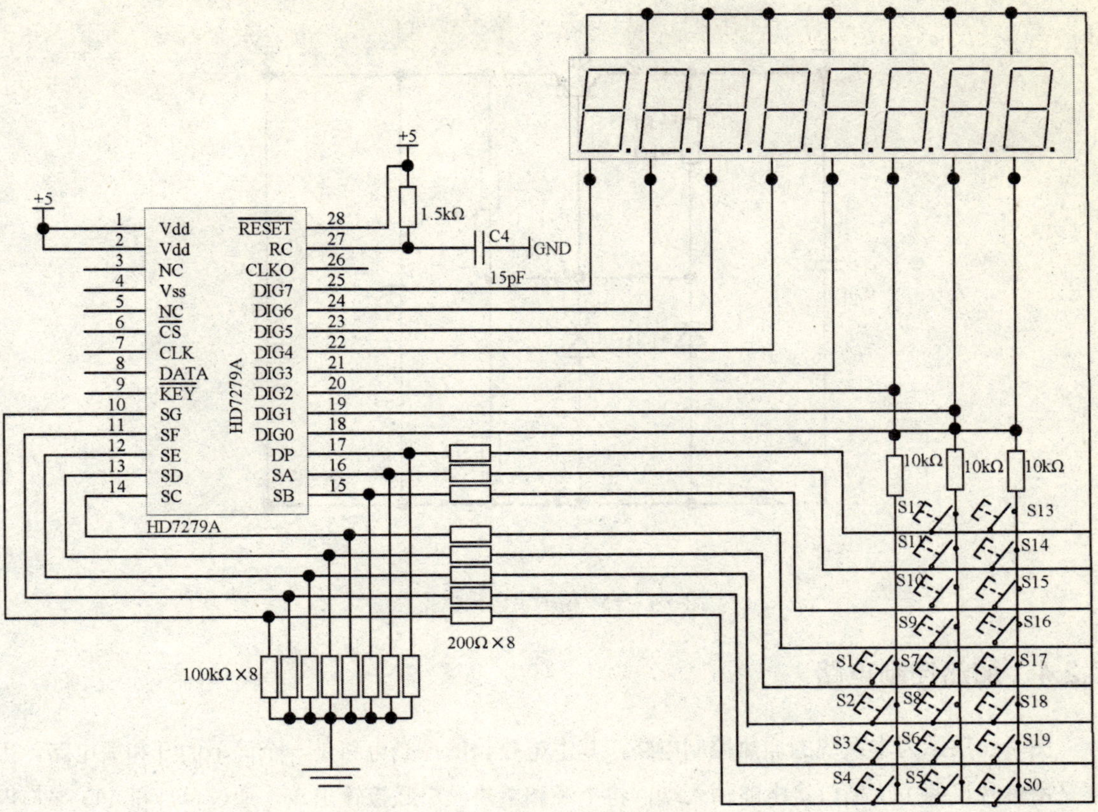

图7-3　按键显示电路

该电路只需将 CS、CLK、DATA、KEY 等 4 个 I/O 口接于单片机，即可通过单片机的程序控制其显示和按键功能。该硬件电路可以广泛应用于仪器仪表、工业控制器、条形显示器、控制面板等方面。

7.2.3　电源电路

电源分两部分，一部分是提供给单片机实用的+5 V 精密电源（见图 7-4），另一部分是提供给电热丝的 24 V 直流电源。文中主要详细介绍第一部分。

图 7-4 所示为提供给单片机、DS18B20 和继电器的电源，此电路是一个比较常用的电源电路，采用 TL431 稳压，因为 TL431 是具有良好的热稳定性能的三端可调分流基准源，它的疏忽电压用两个电阻就可以任意地设置从 V_{ref}（2.5 V）到 36 V 范围内的任何值。该器件的典型动态阻抗为 0.2 Ω，在很多应用中可以用它来代替单向击穿二极管。此外，TL431 的温度系数为 30×10^{-6}/℃，所以输出恒流的温度特性要比普通镜像恒流源或恒流二极管好得多，因此在应用中无须附加温度补偿电路。

（光盘\原理图\7_4.SchDoc）

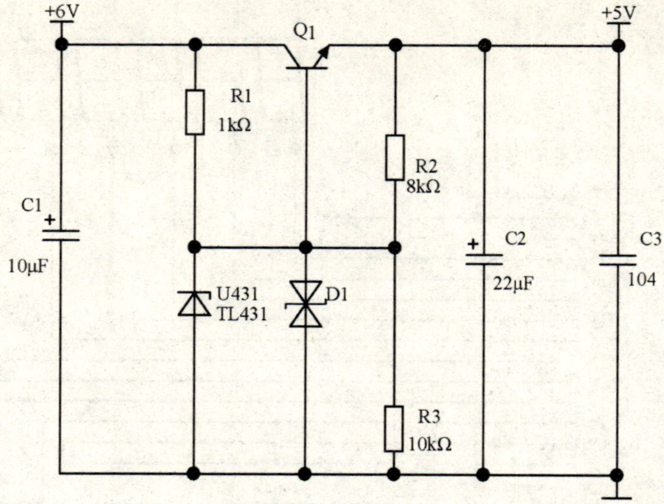

图7-4　+5V精密电源提供电路

7.2.4　加热控制电路

图 7-5 所示为本系统的加热控制电路，其中电热丝的控制电路是一个简单的开和关电路，主要是用单片机的 I/O 端口接电路输入端，将电源和电热丝串联接输出端，通过单片机 I/O 端口电平输出控制 NPN 晶体管 Q1 的导通和关断，然后实现固态继电器（SSR）的导通和关断，从而实现控制电热丝的导通和关断，即可以简单地控制电热丝的加热。其中，RC 是一个瞬态抑制电路，主要是用于保护继电器，它可以有效地抑制加至继电器的瞬态电压和电压指数上升率 d*V*/d*t*。LED 管主要用来方便地指示继电器的导通和关断状态。

（光盘\原理图\7_5.SchDoc）

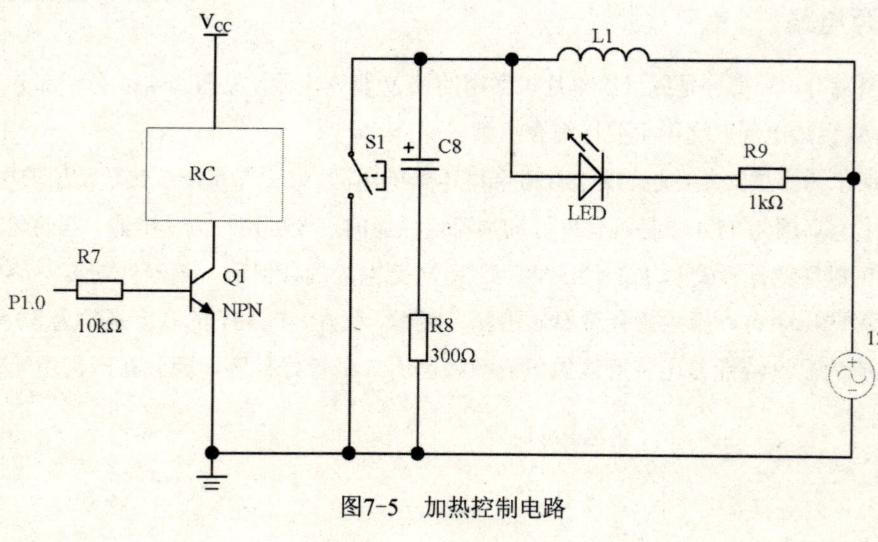

图7-5　加热控制电路

7.2.5　温度采集电路

图 7-6 所示为温度采集电路，由于 DS18B20 是单线数据传输的智能温度传感器，它在使用中不需要任何外围元件。它的全部传感元件及转换、存储电路集成在形如一只晶体管的集成电路内，在与单片机连接时仅需要一条口线即可以实现单片机与 DS18B20 的双向通信。所以，此温度采集电路只需将 DS18B20 外接一个上拉电阻，然后接在单片机的 I/O 接口即可。

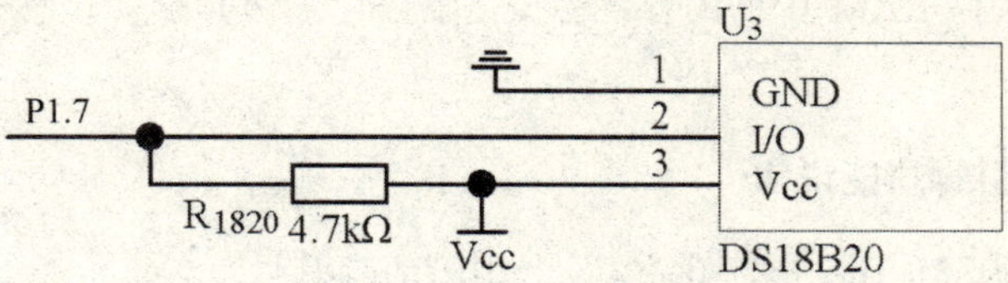

图7-6　温度采集电路

7.3　主要器件介绍

本章所设计的温度控制器采用 AT89C51 作为主控制器，智能温度传感器 DS18B20 作为温度采集模块，构成主电路，同时为了保障系统的稳定性和可靠性，采用 5 V 继电器和若干电子器件组成电源电路和外围电路。考虑对相关器件性能、控制字以及数据读取方式的理解是编写控制程序的基础，本节主要介绍本设计系统中所用到的重要元器件和芯片。

7.3.1　AT89S51 型号 CPU

AT89S51 是美国 Atmel 公司生产的低功耗，高性能 CMOS 8 位单片机，片内含有 4 KB 的可系统编程的 flash 只读程序存储器，器件采用 Atmel 公司的高密度、非易失性存储技术生产，兼容标准 8051 指令系统及引脚。

1. 主要性能参数

- 与 MCS-51 产品指令系统完全兼容；
- 4 KB 值系统编程 flash 存储器；
- 1000 次擦写周期；
- 4~5.5V 的工作电压范围；
- 128×8 B 内部 RAM；
- 32 个可编程 I/O 接口线；
- 2 个 16 位定时/计数器；
- 6 个中断源；
- 全双工串行 UART 通道；
- 低功耗空闲和掉电模式；
- 把关定时器及双数据指针。

2. 功能特性概述

AT89S51 提供以下标准功能：4 KB flash 存储器，128 B 内部 RAM，32 个 I/O 口线，把关定时器，2 个数据指针，2 个 16 位定时计数器，1 个 5 向量两级中断结构，1 个全双工串行通信口，片内振荡器及时时钟电路。同时，AT89S51 可降至 0 Hz 的静态逻辑操作，并支持 2 种软件可选的节电工作模式：空闲方式停止 CPU 的工作，但允许 RAM、定时计数器、串行通信口及中断系统继续工作；断电方式保存 RAM 中的内容，但振荡器停止工作并禁止其他所有部件工作直到下一个硬件复位。

3. 引脚分布图及引脚功能说明

图 7-7 所示为 AT89S51 引脚分布图，其部分引脚功能说明如下：

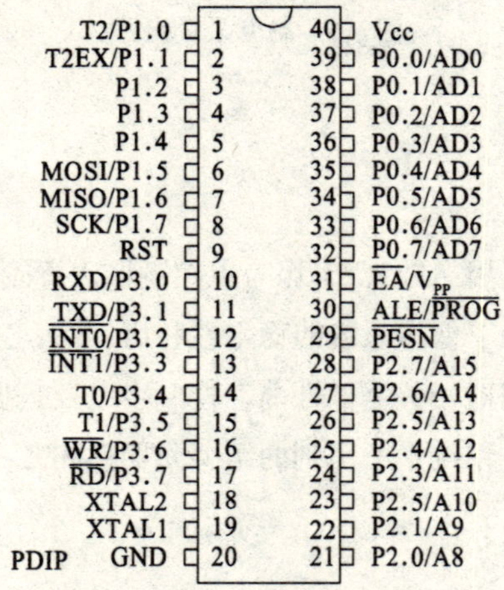

图7-7　AT89S51引脚分布图

- P0 口：P0 口是一组 8 位漏极开路型双向 I/O 接口，即地址/数据总线复用口。作为输出口用时，每位能驱动 8 个 TTL 逻辑门电路，对端口写“1”可作为高阻抗输入端用。
- P1 和 P2 口：P1 和 P2 口的基本功能一样，都是一个带内部上拉电阻的 8 位双向 I/O 接口，输出缓冲级可驱动 4 个 TTL 逻辑门电路。对端口写“1”，通过内部的上拉电阻把端口拉到高电平，此时可作输入口。作输入口使用时，因为内部存在上拉电阻，某个引脚被外部信号拉低时会输出一个电流 I。
- P3 口：P3 接一般的 I/O 接口线时，和 P1 和 P2 一样，但更重要的用途是它的第二功能，如表 7-1 所示。

表7-1　P3口的第二功能表

端口引脚	第二功能	端口引脚	第二功能
P3.0	RXD（串行输入口）	P3.4	T0（定时/计数器 0）
P3.1	TXD（串行输入口）	P3.5	T1（定时/计数器 1）
P3.2	INT0（外中断 0）	P3.6	WR（外部数据存储器写选通）
P3.3	INT1（外中断 1）	P3.7	RD（外部数据存储器读选通）

- RST：复位输入。当振荡器工作时，RST 引脚出现 2 个机器周期以上高电平将使单片机复位。WDT 溢出将使该引脚输出高电平，设置 SFR AUXR 的 DISRTO 位（地址 8EH）可打开或者关闭该功能。DISRTO 位默认为 RESET 输出高电平打开状态。
- XTAL1 和 XTAL2: 振荡器反向放大器及内部时钟发生器的输入端和输出端。

还有其他端口 ALE/$\overline{\text{PROG}}$、$\overline{\text{PSEN}}$、$\overline{\text{EA}}$/V_{PP} 等，在此不再介绍。

7.3.2　智能温度传感器 DS18B20

1. 基本特性

- 独特的单线接口，只需一个接口引脚即可通信；
- 多点能力使分布式温度检测应用得以简化；
- 不需要外部元件；
- 可用数据线供电；
- 不需要备份电源；
- 测量范围从－55℃～+125℃，增量值为 0.5℃。等效的华氏温度范围是－67℉～257℉，增量值为 0.9℉；
- 以 9 位数字值方式读出温度；
- 在 1s 内把温度变换为数字；
- 用户可定义的、非易失性的温度报警设置；
- 报警搜索命令识别和寻址温度在设定的极限之外的器件；
- 应用范围包括恒温控制、工业系统、消费类产品、温度计或任何热敏系统。

表 7-2 所示为 DS18B20 内部寄存器阵列。其中 0、1 字节各位代表的十进制温度数值如表 7-3 所示。当主控制器读取了某个温度值后就可以根据表 7-3 算出该点的十进制数值。例如，读取值为二进制数“0000 00001010 0010”时，该点温度值是+ 10.125 ℃。负温度值读取数的二进制数是补码形式，计算温度值时按补码运算规则计算，如值“1111 1111 0101 1110”计算后对应的温度值是－10.125℃～+25℃。

表7-2　DS18B20 内部寄存器阵列

寄存器位置	说　明	寄存器位置	说　明
0	温度测量值低字节	5	保留
1	温度测量值高字节	6	保留
2	高限报警温度值	7	保留
3	低限报警温度值	8	CRC
4	状态设置字		

表7-3　字节位与测量温度值对应关系

温度测量值高字节			温度测量值低字节								
7~3 位为数值符号位	64	32	16	8	4	2	1	0.50	0.25	0.125	0.0625

表 7-2 中的 2、3 字节是可设置的温度超限报警值，同一总线上的器件可以设置不同的高、低限报警数值,当某一点的温度超限值时,该点就会发出报警信号,温度巡检控制器就会寻找报警点传感器的序列号并作出相应的反应。主控制器对 DS18B20 的各种控制都是通过传输操作命令进行的。对 ROM 操作的命令值（十六进制数）及其功能如表 7-4 所示。

表7-4　ROM操作的命令值及其功能表

命　令	功　能	命　令	功　能
33H	读取器件的编码值	F0H	搜索器件编码
55H	根据编码值查找器件	ECH	报警器件搜索
CCH	跳过读取编码值操作		

对 DS18B20 内部的可擦写数据存储器的操作也有自己的命令，具体功能如表 7-5 所示。

表7-5　内部数据存储器操作的命令值及功能表

命　令	功　能	命　令	功　能
4EH	写内部数据存储器	44H	温度转换命令
BEH	读内部数据存储器	B8H	调用 EEROM 内数值
48H	复制内部数据存储器	B4H	读器件供电方式

当主控制器在一总线上按位输出命令后就可对 DS18B20 器件进行相应操作。

2. 芯片引脚

图 7-8 所示为 DS18B20 实物及引脚图，其中其引脚功能说明如表 7-6 所示。

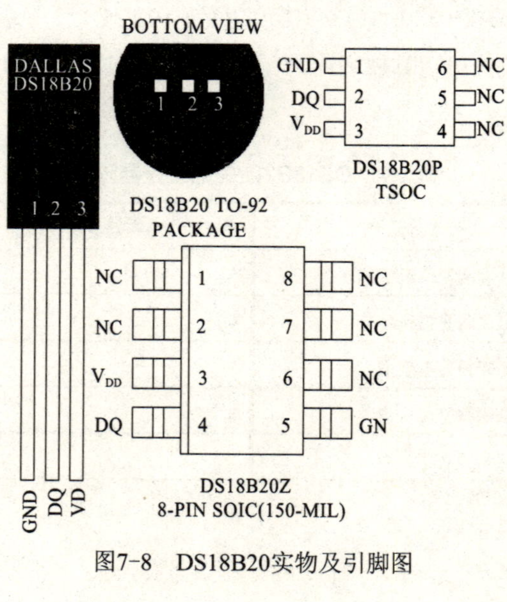

图7-8　DS18B20实物及引脚图

表7-6　引脚说明表

引　脚	符　号	说　　明
1	GND	地线引脚
2	DQ	单线运用的数据输入/输出引脚，漏极开路
3	V_{DD}	可选 V_{DD} 引脚

7.3.3　5 V 继电器

图 7-9 所示为普通 5 V 继电器的实物图和引脚图。其主要参数有：

- 线圈电源 5 V；
- 线圈功率 0.36 W；
- 额定工作电流 10 A；
- 额定电压 240 V；
- 接点负荷电流 10 A。

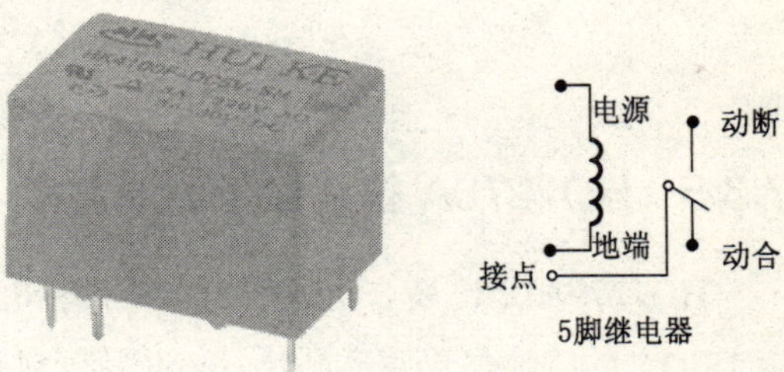

图7-9　继电器实物及引脚图

7.3.4　TL431

1. 主要性能

- 可编程输出电压达 36 V；
- 低动态输出阻抗，典型为 0.22 Ω；
- 1.0 ~100 mA 的灌电流能力；
- 典型值为 50×10^{-6}/℃的等效全范围温度系数；
- 在整个额定工作温度范围内可进行工作温度补偿；
- 低输出噪声电压。

2. 引脚分布和应用

图 7-10 所示为 TL431 的引脚分布图。其中 3 个引脚分别为：阴极（CATHODE）、阳极（ANODE）和参考端（REF）。

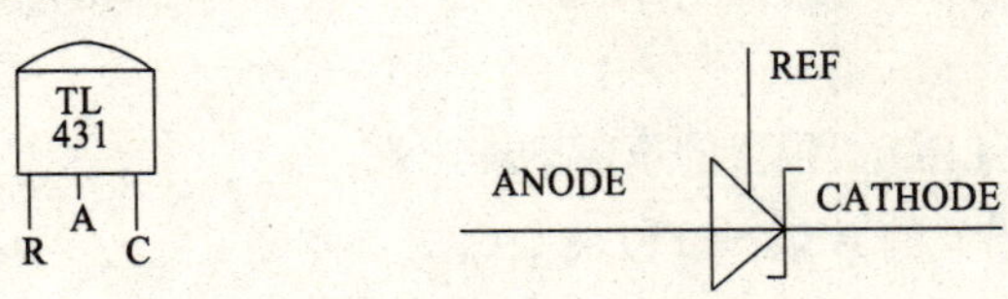

图7-10　TL431实物及引脚图

TL431 作为一个高性价比的常用分流式电压基准（2.49 V），它的输出电压用两个电阻就可以任意地设置到从 V_{REF}（2.5 V）到 36 V 范围内的任何值（见图 7-11）。该器件的典型动态阻抗为 0.2 Ω，在很多应用中可以用它代替齐纳二极管，例如，数字电压表、运放电路、可调压电源、开关电源等。

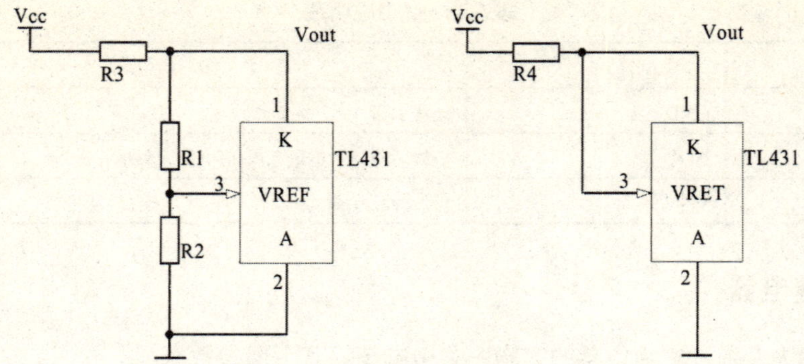

（a）TL431典型接法　　（b）直接输出2.5V

图7-11　TL431典型接法及直接输出

7.3.5　HD7279A 智能显示驱动芯片

HD7279A 是比高公司生产的单片具有串行接口、可同时驱动 8 位共阴极数码管（或 64 只独立 LED）的智能显示驱动芯片，该芯片同时可连接多达 64 键的键盘矩阵，一片即可完成 LED 显示及键盘接口的全部功能。HD7279A 和微处理器之间采用串行接口，其接口和外围电路比较简单，且占用口线少，加之它具有较高的性能价格比，因此，在微型控制器、智能仪表、控制面板和家用电器等领域获得了广泛的应用。

1．主要特点

- 带有串行接口，无须外围元件便可直接驱动 LED。
- 各位可独立控制译码/不译码、消隐和闪烁等属性。
- 具有（循环）左移/（循环）右移指令。
- 具有段寻址指令，可方便地用来控制独立的 LED 数码管。
- 4 键键盘控制器内含有去抖动电路。

2．引脚说明

HD7279A 一共有 28 个引脚，各引脚的主要功能如下：

- RESET：复位端。当该端由低电平变成高电平，并保持 25 ms 后，复位过程结束。通常，该端接＋5 V 电源。
- DIG0～DIG7：8 个 LED 数码管的位驱动输出端。
- SA～SG：LED 数码管的 A 段～G 段的输出端。
- DP：小数点的驱动输出端。
- RC：外接振荡元件连接端，其中电阻典型值为 1.5 kΩ　电容的典型值为 15 pF。

HD7279A 与微处理器仅需 4 条接口线，其中 CS 为片选信号（低电平有效）。DATA 为串行数据端，当向 HD7279A 发送数据时，DATA 为输入端；当 HD7279A 输出键盘代码时，DATA 为输出端。CLK 为数据串行传送的同步时钟输入端，时钟的上升沿表示数据有效。KEY 为按键信号输出端，该端在无键按下时为高电平；而在有键按下时变为低电平，并一直保持到按键释放为止。

7.4　软件设计

软件设计主要分为两部分：主程序和服务子程序，子程序包括按键显示和温度传感器读/写程序。图 7-12 所示为系统软件各部分结构流程图。

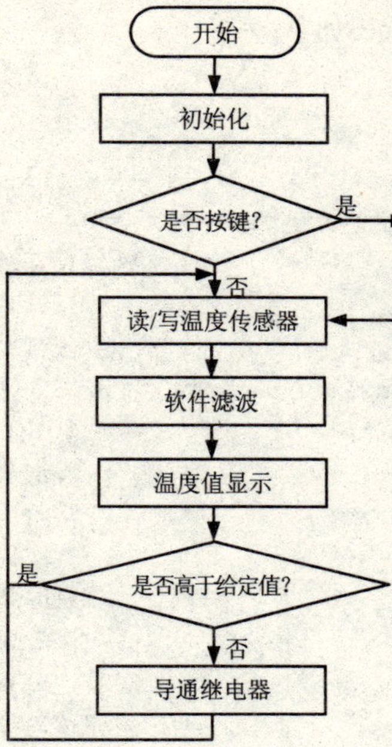

（a）主程序流程图

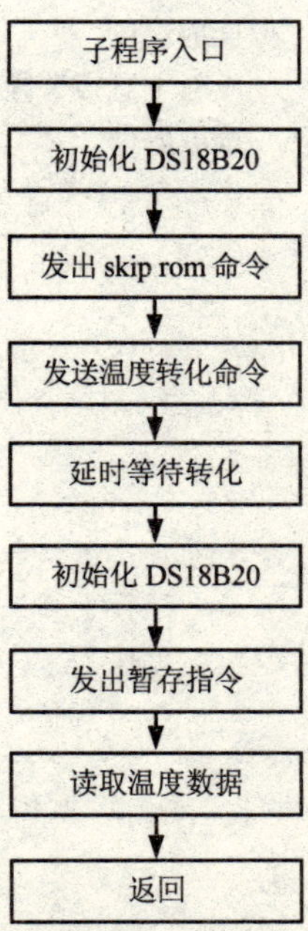

温度传感器读/写程序

（b）温度传感器读/写程序流程图

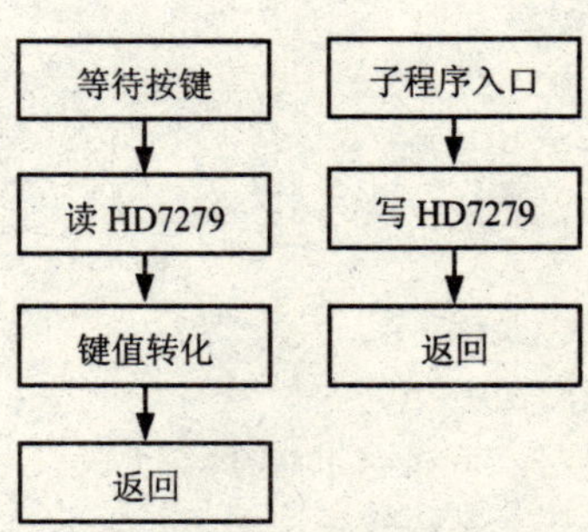

按键显示子程序

（c）键盘控制程序流程图

图7-12　软件各部分结构流程图

7.4.1 主循环程序

主循环程序中，首先，单片机 CPU 和 HD7279 上电延时，然后等待按键给定值的同时传感器进行温度的采集和传输。采集 5 次的温度数据进行平均，实现软件滤波功能。最后将平均温度逐位显示，并与给定值比较，当温度低于给定值时，打开温度控制电路，高于给定值则关断。

用于 MCS-51 的 C 语言主循环程序，代码如下：

（光盘\程序\7_1. c）

```
#include <reg51.h>
#include <intrins.h>
//******************* 函数定义 ********************
void long_delay(void);                              //长延时
void short_delay(void);                             //短延时
void delay10ms(unsigned char);                      //延时 10 ms
void write7279(unsigned char, unsigned char);       //写入到 HD7279
unsigned char read7279(unsigned char);              //从 HD7279 读出
void send_byte(unsigned char);                      //发送一个字节
unsigned char receive_byte(void);                   //接收一个字节
void zhidingzhi(void);                              //读取按键给定指定值
void TempDelay (unsigned char);                     //延时处理
void Init18b20 (void);                              //DS18B20 初始化
void WriteByte (unsigned char);                     //向 DS18B20 写入一个字节
unsigned char ReadByte (void);                      //读 DS18B20 的一个字节
void read_bytes (unsigned char);                    //读 DS18B20
unsigned char CRC (unsigned char);                  //CRC 检验
void GemTemp (void);                                //读取温度
void Config18b20 (void);                            //重新配置报警限定值和分辨率
void ReadID (void);                                 //读取器件
void TemperatuerResult(void);                       //DS18B20ID 全处理
//************* 变量及 I/O 口定义 *****************
unsigned char digit[5];
unsigned char key_number, j,i, k,t;                 //flag 作键标记
unsigned int tmr,flag1,flag[8];                     //flag1 数码管位标记
unsigned long wait_cnter;
sbit cs=P0^3;                                       //cs at P0.3
sbit clk=P0^2;                                      //clk 连接于 P0.2
sbit dat=P0^0;                                      //dat 连接于 P0.0
sbit key=P0^1;                                      //key 连接于 P0.1
sbit zdz=P1^0;
sbit dq = P1^7;
bit  flag2;
unsigned int Temperature;
unsigned int  zhidz;
unsigned int  TP[5];
unsigned char temp_buff[9];                         //存储读取的字节，read scratchpad
                                                      为 9B，read rom ID 为 8B
```

```
unsigned char id_buff[8];
unsigned char *p;
unsigned char crc_data;
unsigned char code CrcTable [256]={0,94,188,226,97,63,221,131,194,156,126,
32,163,253,31,65,157,195,33,127,252,162,64,30,95,1,227,189,62,96,130,220,
35,125,159,193,66,28,254,160,225,191,93,3,128,222,60,98,190,224,2,92,223,
129,99,61,124,34,192,158,29,67,161,255,70,24,250,164,39,121,155,197,132,
218,56,102,229,187,89,7,219,133,103,57,186,228,6,88,25,71,165,251,120,38,
196,154,101,59,217,135,4,90,184,230,167,249,27,69,198,152,122,36,248,166,
68,26,153,199,37,123,58,100,134,216,91,5,231,185,140,210,48,110,237,179,8
1,15,78,16,242,172,47,113,147,205,17,79,173,243,112,46,204,146,211,141,11
1,49,178,236,14,80,175,241,19,77,206,144,114,44,109,51,209,143,12,82,176,
238,50,108,142,208,83,13,239,177,240,174,76,18,145,207,45,115,202,148,118,
40,171,245,23,73,8,86,180,234,105,55,213,139,87,9,235,181,54,104,138,212,
149,203,41,119,244,170,72,22,233,183,85,11,136,214,52,106,43,117,151,201,
74,20,246,168,116,42,200,150,21,75,169,247,182,232,10,84,215,137,107,53};
```

HD7279A 指令，代码如下：

```
#define CMD_RESET 0xa4
#define CMD_TEST 0xbf
#define DECODE0 0x80
#define DECODE1 0xc8
#define CMD_READ 0x15
#define UNDECODE 0x90
#define RTL_CYCLE 0xa3
#define RTR_CYCLE 0xa2
#define RTL_UNCYL 0xa1
#define RTR_UNCYL 0xa0
#define ACTCTL 0x98
#define SEGON 0xe0
#define SEGOFF 0xc0
#define BLINKCTL 0x88
```

按键宏定义，代码如下：

```
#define key1 0x3a
#define key2 0x39
#define key3 0x38
#define key4 0x32
#define key5 0x31
#define key6 0x30
#define key7 0x2a
#define key8 0x29
#define key9 0x28
#define key0 0x21
#define key_left 0x37
#define key_right 0x2f
```

```
#define key_up 0x3f
#define key_down 0x27
#define key_esc 0x22
#define key_enter 0x20
```

主程序，代码如下：

```
main()
{
    for(tmr=0;tmr<0x2000;tmr++);//上电延时
    send_byte(CMD_RESET);              //复位 HD7279A
    cs=1;
    flag1=7;
    write7279(DECODE0+7,0x0a);
    write7279(DECODE0+6,0x0a);
    while(1)
    {
       zhidingzhi();
       for(t=0;t<5;t++)
       {
          TemperatuerResult();
          TP[t]=Temperature;
       }
       Temperature=(TP[0]+TP[1]+TP[2]+TP[3]+TP[4])/5;
       write7279(DECODE1, Temperature%10);
       write7279(DECODE1+1,0x80+(Temperature%100)/10);
       write7279(DECODE1+2,Temperature/100);
       zhidz=flag[7]*100+flag[6]*10;
       if(zhidz>=Temperature) {zdz=1;}
       else {zdz=0;}
          write7279(BLINKCTL,0xff);           //清除闪烁设置
       }delay10ms(10) ;
    }
}
void write7279(unsigned char cmd, unsigned char dta)
{
    send_byte (cmd);
    send_byte (dta);
    cs=1;
}
unsigned char read7279(unsigned char command)
{
    send_byte(command);
    cs=1;
    return(receive_byte());
}
void send_byte( unsigned char out_byte)     //发送一个命令字
```

```
{  unsigned char i;
   clk=0;
   cs=0;
   short_delay();
   for (i=0;i<8;i++)
   {
      clk=0;
      if (out_byte&0x80){dat=1;}
      else {dat=0;}
      clk=1;
      short_delay();
      out_byte=out_byte*2;
   }
   dat=1;
}
unsigned char receive_byte(void)              //接收一个命令字
{
   unsigned char i, in_byte;
   cs=0;
   clk=0;
   dat=1;                                     //设为输入状态
   short_delay();
   for(i=0;i<8;i++)
   {
       clk=0;
       in_byte=in_byte*2;
       clk=1;
   if(dat==1)
   { in_byte=in_byte|0x01;}
   }
   dat=1;
   //cs=1;
   return (in_byte);
}
void long_delay(void)                         //长延时
{
   unsigned char i;
   for(i=0;i<0x30;i++);
}
void short_delay(void)                        //短延时
{
   unsigned char i;
   for(i=0;i<8;i++);
}
```

n*10 ms ，代码如下：

```
void delay10ms(unsigned char time)
{
  unsigned char i;
  unsigned int j;
  for(i=0;i<time;i++)
  {
     for(j=0;j<0x390;j++);
  }
}
void zhidingzhi(void)
{
  do
  {
     if(!key)                              //如果有键按下
     {
        key_number=read7279(CMD_READ);  //读出键码
        tmr=key_number;
```

按键转换，代码如下：

```
        if(key_number==key1)
        {
          write7279(DECODE1+flag1,1);
          flag[flag1]=1;                   // 按 key1 显示 1
        }
        else if(key_number==key2)
        {
          //send_byte(CMD_RESET);         //清除显示
          //cs=1;
          write7279(DECODE1+flag1,2);
          flag[flag1]=2;                   //按 key2 显示 2
        }
        else if(key_number==key3)
        {
          //send_byte(CMD_RESET);         //清除显示
          //cs=1;
          write7279(DECODE1+flag1,3);
          flag[flag1]=3;                   //按 key3 显示 3
        }
        else if(key_number==key4)
        {
          //send_byte(CMD_RESET);         //清除显示
          //cs=1;
          write7279(DECODE1+flag1,4);
```

```
    flag[flag1]=4;              //按 key4 显示 4
  }
  else if(key_number==key5)
  {
    //send_byte(CMD_RESET);    //清除显示
    //cs=1;
    write7279(DECODE1+flag1,5);
    flag[flag1]=5;              //按 key5 显示 5
  }
  else if(key_number==key6)
  {
    //send_byte(CMD_RESET);    //清除显示
    // cs=1;                    //按 key6 显示 6
    write7279(DECODE1+flag1,6);
    flag[flag1]=6;
  }
  else if(key_number==key7)
  {
    //send_byte(CMD_RESET);    //清除显示
    // cs=1;
    write7279(DECODE1+flag1,7);
    flag[flag1]=7;              //按 key7 显示 7
  }
  else if(key_number==key8)
  {
    //send_byte(CMD_RESET);    //清除显示
    //cs=1;
    write7279(DECODE1+flag1,8);
    flag[flag1]=8;              //按 key8 显示 8
  }
  else if(key_number==key9)
  {
    // send_byte(CMD_RESET);   //清除显示
    //cs=1;
    write7279(DECODE1+flag1,9);
    flag[flag1]=9;              //按 key9 显示 9
  }
  else if(key_number==key0)
  {
    //send_byte(CMD_RESET);    //清除显示
    //cs=1;
    write7279(DECODE1+flag1,0);
    flag[flag1]=0;              //按键 0
```

```
        }
        else
        {
           send_byte(CMD_RESET);          //清除显示
           cs=1;
           write7279(DECODE0+flag1,0X0A);
        }
       while(!key);                       //等待按键放开
       wait_cnter=0;
       flag1--;
      }
     wait_cnter++;
     key=0;
   }
  while (key_number!=0 && wait_cnter<0x30000);//如果按键为 0 和超时则进入下一步演示
}
```

延时处理，代码如下：

```
void TempDelay (unsigned char us)
{
  while(us--);
}
```

7.4.2 读/写传感器 DS18B20 程序

DS18B20 初始化，代码如下：

```
void Init18b20 (void)
{
  dq=1;
  _nop_();
  dq=0;
  TempDelay(86);                          //延迟 530 μs
  _nop_();
  dq=1;
  TempDelay(14);                          //延迟 100 μs
  _nop_();
  _nop_();
  _nop_();

  if(dq==0)
    flag2=1;                              //检测 1820 成功
  else
    flag2=0;                              //检测 1820 失败
```

```
    TempDelay(20);                          //延迟 20 μs
    _nop_();
    _nop_();
    dq = 1;
}
```

向 DS18B20 写入一个字节，代码如下：

```
void WriteByte (unsigned char wr)           //单字节写入
{
    unsigned char i;
    for(i=0;i<8;i++)
    {
        dq=0;
        _nop_();
        dq=wr&0x01;
        TempDelay(5);                       //延迟 45 μs
        _nop_();
        _nop_();
        dq=1;
        wr >>= 1;
    }
}
```

读 DS18B20 的一个字节，代码如下：

```
unsigned char ReadByte (void)               //读取单字节
{
    unsigned char i,u=0;
    for(i=0;i<8;i++)
    {
        dq = 0;
        u >>= 1;
        dq = 1;
        if(dq==1)
        u |= 0x80;
        TempDelay (4);
        _nop_();
    }
    return(u);
}
```

读 DS18B20，代码如下：

```
void read_bytes (unsigned char j)
{
```

```
  unsigned char i;
  for(i=0;i<j;i++)
  {
    *p = ReadByte();
    p++;
  }
}
```

CRC 检验，代码如下：

```
unsigned char CRC (unsigned char j)
{
   unsigned char i,crc_data=0;
   for(i=0;i<j;i++)     crc_data=CrcTable[crc_data^temp_buff[i]];
   return (crc_data);
}
```

读取温度，代码如下：

```
void GemTemp(void)
{
  read_bytes(9);
  if (CRC(9)==0) //检验正确
  {
     Temperature=temp_buff[1]*0x100 + temp_buff[0];
     Temperature*=6.25;
     Temperature/=16;
     Temperature+=100;
     TempDelay(1);
   }
}
```

内部配置，代码如下：

```
void Config18b20 (void)      //重新配置报警限定值和分辨率
{
    Init18b20();
    WriteByte(0xcc);         //跳过 ROM 检测
    WriteByte(0x4e);         //写暂存存储日
    WriteByte(0x19);         //上限
    WriteByte(0x1a);         //下限
    WriteByte(0x7f);         //置 11 位
    Init18b20();
    WriteByte(0xcc);         //跳过 ROM 检测
    WriteByte(0x48);         //保存设定值
    Init18b20();
    WriteByte(0xcc);         //skip rom
```

```
    WriteByte(0xb8);           //回调设定值
}
```

读 DS18B20ID，代码如下：

```
void ReadID (void)             //读取器件 id
{
   Init18b20();
   WriteByte(0x33);            //读取 ROM
   read_bytes(8);
}
```

DS18B20ID 全处理，代码如下：

```
void TemperatuerResult(void)
{
   p=id_buff;
   ReadID();
   Config18b20();
   Init18b20 ();
   WriteByte(0xcc);            //跳过 ROM 检测
   WriteByte(0x44);            //温度转换
   Init18b20 ();
   WriteByte(0xcc);            //跳过 ROM 检测
   WriteByte(0xbe);            //读取温度
   p=temp_buff;
   GemTemp();
}
```

7.5　调试与运行分析

本系统的调试包括硬件与软件调试，并对所有的运行情况进行了分析。

1．硬件与软件调试

（1）单片机的电源采用电源电路后，比直接用电池电源稳定了许多，也减少了干扰。

（2）在控制电路中，I/O 接口的上拉电阻使单片机 CPU 对继电器的控制更加稳定。

（3）在测试过程中，测量温度时测试结果跳动很大，后利用软件滤波的方法，将 5 次测量结果进行平均后，测试结果较为稳定。

2．运行情况：（给定值为 50℃）

将本系统用于控制室内温度，其中给定值为 50℃。图 7-13 所示为系统控制运行曲线，表 7-7 所示为系统运行情况。

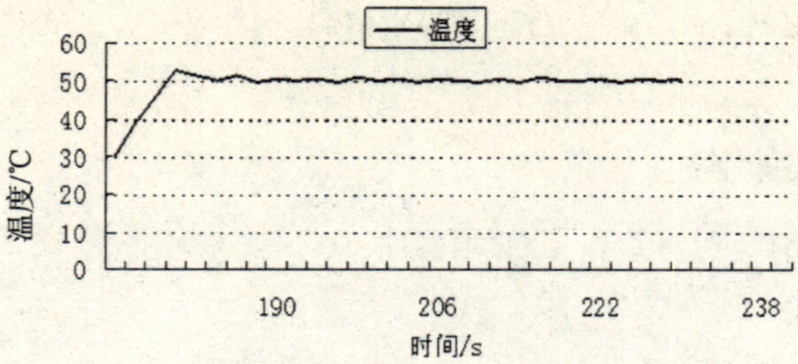

图7-13　温度控制曲线

表7-7　运行情况表

时间/s	0	60	120	180	182	184	186	188	190	192
温度/℃	30	39	46	53	51.3	50.1	51.4	49.8	50.3	50
时间/s	194	196	198	200	202	204	206	208	210	212
温度/℃	50.8	49.6	51	50	50.5	49.6	50.7	50.1	49.6	50.4
时间/s	214	216	218	220	222	224	226	228	230	
温度/℃	49.8	51	50.3	50	50.7	49.7	50.6	50.1	50.4	

第 8 章　智能数字显示交流毫伏表

本章设计了一种基于电压测量的智能数字交流毫伏表。本系统包括电压测量和信号产生输出两大部分。电压测量部分以模拟电路为主，配合放大模块、A/D 转化模块、显示模块，通过凌阳单片机进行数据处理，在误差允许范围内显示测量电压值；信号产生以直接数字式频率合成器（direct digital frequency synthesis，DDS 或 DDFS）为核心，经过 AT89S52 对 DDS 芯片内部进行控制，使之输出标准正弦波形，利用编程实现频率预置、步进，达到电压输出频率的可调节步进。系统测试和运行结果表明，该毫伏表具有灵敏度高、读数简单方便、工作可靠等优点。

8.1　引言

在电气测量中，电压是一个很重要的参数。如何准确地测量模拟信号的电压值，一直是电测仪器研究的内容之一。目前所用的模拟电压表多为平均值检波，存在测量非正弦信号误差较大、测量小信号时漂移较大的问题，致使仪器灵敏度受到限制。本章提出了一种基于单片机的智能数字交流毫伏表的设计方案，克服了模拟电压表的缺陷。而且在具体设计和实现过程中有效地保证了仪器的灵敏度。

8.2　设计要求

设计中充分利用单片机功能齐全，灵活易用等特点。本设计对于频率在 100 Hz～500 kHz 范围内的任意波形交流模拟信号，实现了电压表的全部功能，整个测压范围达到 100 mV～100 V，灵敏度高，读数简单方便。

1．电压测量设计要求

电压测量设计要求，如下所示：

- 测量电压的频率范围 100 Hz～500 kHz。
- 测量电压范围 100 mV～100 V（可分多挡量程）。
- 要求被测电压数字显示。
- 电压测量误差±5%±2 个字。
- 输入阻抗≥1 MΩ，输入电容≤50 pF（本项可不做测试，电路设计中给予保证）。
- 具有超量程自动闪烁功能。

2．输出设计要求

输出设计要求，如下所示：

- 输出正弦波电压，电压值 1 V，波形无明显失真。
- 输出电压值误差≤±10%。
- 输出电压频率范围 10 Hz～200 kHz。
- 输出电压频率可预置。
- 输出电压频率误差≤±5%。
- 设计并制作该仪表所需要的直流稳压电源。
- 交流毫伏表具有自动量程转换功能。
- 电压输出频率可步进调节，频率步进值可预置为 1 Hz、10 Hz、100 Hz、1 kHz。

8.3 系统方案选择和论证

本设计硬件电路分为测量部分、输出部分。测量部分又分为控制模块、放大模块、A/D 转化模块、显示模块，输出部分分为控制模块、信号产生模块、放大模块、滤波模块、显示模块。

1. 测量部分方案选择

目前测量部分方案有两种：

方案一：主要采用 AT89S52 单片机为核心处理，配合放大电路、A/D 电路采集数据，通过液晶显示器显示。采用 AT89S52 单片机作 CPU，AT89S52 单片机算术运算功能强，软件编程灵活、自由度大，实现模数转换功能，外接 A/D 转换器和 D/A 转换器外围电路。语音功能还要通过外接语音芯片电路，实现起来比较烦琐。AT89S52 单片机为 8 位微处理器，在数据处理方面显然逊色于 16 位机。

方案二：主要采用凌阳 16 位单片机为核心处理，同时经过放大处理，A/D 数据转换，由凌阳配套液晶显示器显示。采用凌阳 16 位单片机 SPCE061A 作为控制核心，SPCE061A 单片机在 2.4～3.6 V 工作电压范围内的 CPU 时钟频率范围为 0.32～49.152 MHz，同时增加了内积运算功能，提高了数据处理能力，还配有独特的音频处理功能，丰富的音频函数使语音更加多样化。通过 AD620 运算放大器放大信号，再由 TLC2543 芯片进行 A/D 转换，达到设计要求。

综上所述，本模块采用凌阳 SPCE061A 16 位单片机为核心处理，充分利用凌阳单片机的优点，使测量数据更加准确，放大电路及 A/D 数据采集电路为了减小误差使用了 AD620、TLC2543 两种芯片，让电路更加稳定具有更好的保护措施。

2. 输出部分方案选择

该方案有两种：

方案一：采用 AT89S52 单片机为控制器，控制 DDS 芯片 AD9854 主电路产生正弦波形，在控制中利用 OCMJ4X8C 液晶显示器显示出操作步骤，利用 AD9854 宽频带产生所需正弦波形，通过编程来实现大大减少了硬件中所带来的不稳定因素及数据误差。在调试中频率转换时间短、频率分辨率高、频率稳定度高、输出信号频率和相位可快速程控切换等，使得操作更加方便、高效。

方案二：采用 AT89S52 单片机控制 DDS 芯片 AD9851 来产生正弦信号，该芯片电路简单，容易实现，调试也相对简单，但频率范围有一定限制，达不到设计要求。

综上所述，方案一适合本章设计要求，采用 AD9854 来实现正弦波形充分利用到了它的高精度和高稳定性。

3．系统总体框图

图 8-1 为经过方案论证后的系统总体框图。系统由交流毫伏测量模块以及正弦波输出模块两部分组成，毫伏表测量模块实现对电压、频率、相位的精确测定，同时利用正弦波输出模块，控制输出信号跟随测得的电压信息做快速调整，从而得到相应的交流电压正弦波形。

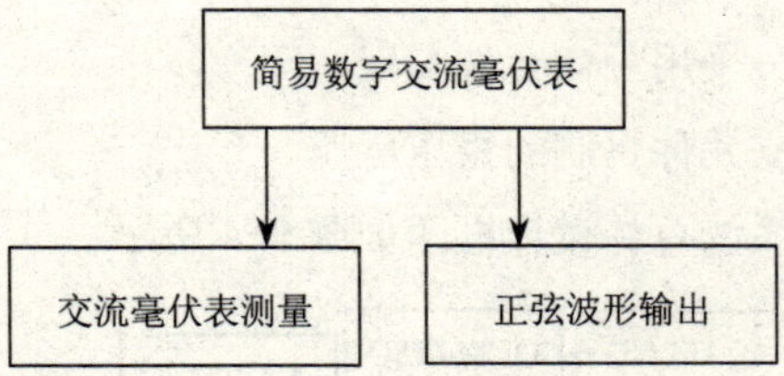

图8-1　系统总体框图

8.4　总体设计方案

综上所述，总体设计方案如下：

（1）测量部分，其组成如下：

- 控制模块选用凌阳 SPCE061A 16 位单片机。
- 放大模块选择 AD 公司的 AD620 芯片实现。
- A/D 转换模块选择 TI 公司的 TLC2543 芯片，充分利用其在仪表中的应用特性。
- 显示模块选择与控制模块相配套的凌阳公司的 LCD 液晶显示模组。

测量部分系统框图如图 8-2 所示。

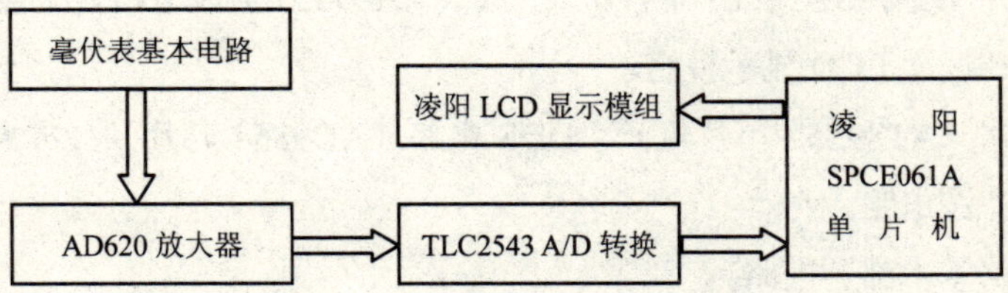

图8-2　测量部分系统框图

（2）输出部分，其组成如下：

- 控制模块采用凌阳 SPCE061A 16 位单片机。
- 信号产生部分采用 DDS，选用 AD 公司的 AD9854 芯片。

- 放大模块采用 AD811 视频放大芯片实现。
- 滤波模块由普通的电感电容组成。
- 显示模块使用 OCMJ（奥可拉中文集成模块）C 系列液晶显示器。

输出部分系统框图分别如图 8-3 所示。

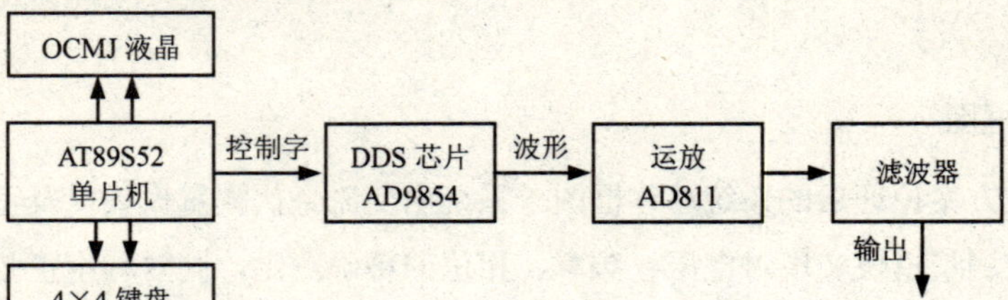

图8-3　输出部分系统结构图

（3）毫伏表的基本电路部分采用分立元件实现。

（4）稳压电源部分选用分立元件自制的稳压电源。

（5）系统总体设计框图。系统总体设计框图如图 8-4 所示。

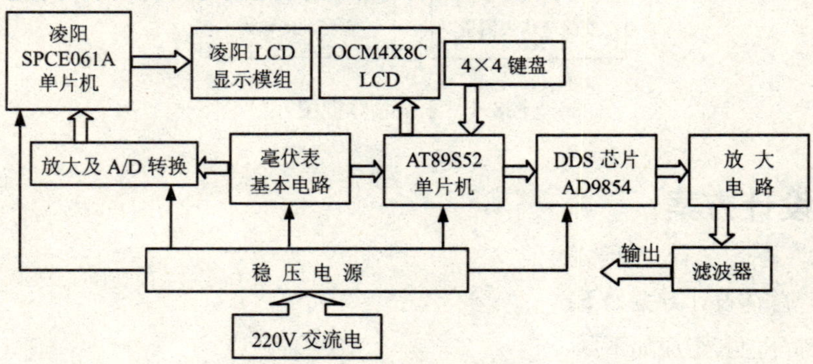

图8-4　系统总体设计框图

8.5　系统硬件设计

本系统所采用的硬件主要有：

- 测量控制电路（凌阳 SPCE061 单片机）、放大（A/D620 集成电路）及 A/D 转换（TLC2543 集成芯片）、凌阳 LCD 显示模组。
- 输出控制电路（AT89S52 单片机）、DDS 电路（AD9854 芯片）、放大电路（A/D811 集成芯片）、滤波电路。
- 毫伏表主电路基本部分电路。
- 稳压电源电路。
- 外围辅助电路（4×4 键盘、电路转接口等）。

8.6　测量部分

本系统设计中，测量部分包括控制器模块、放大及 A/D 转换电路和测量显示电路。

8.6.1　控制器模块

本控制中选用凌阳 SPCE061A 单片机，微控制器的最小板系统原理图如图 8-5 所示。

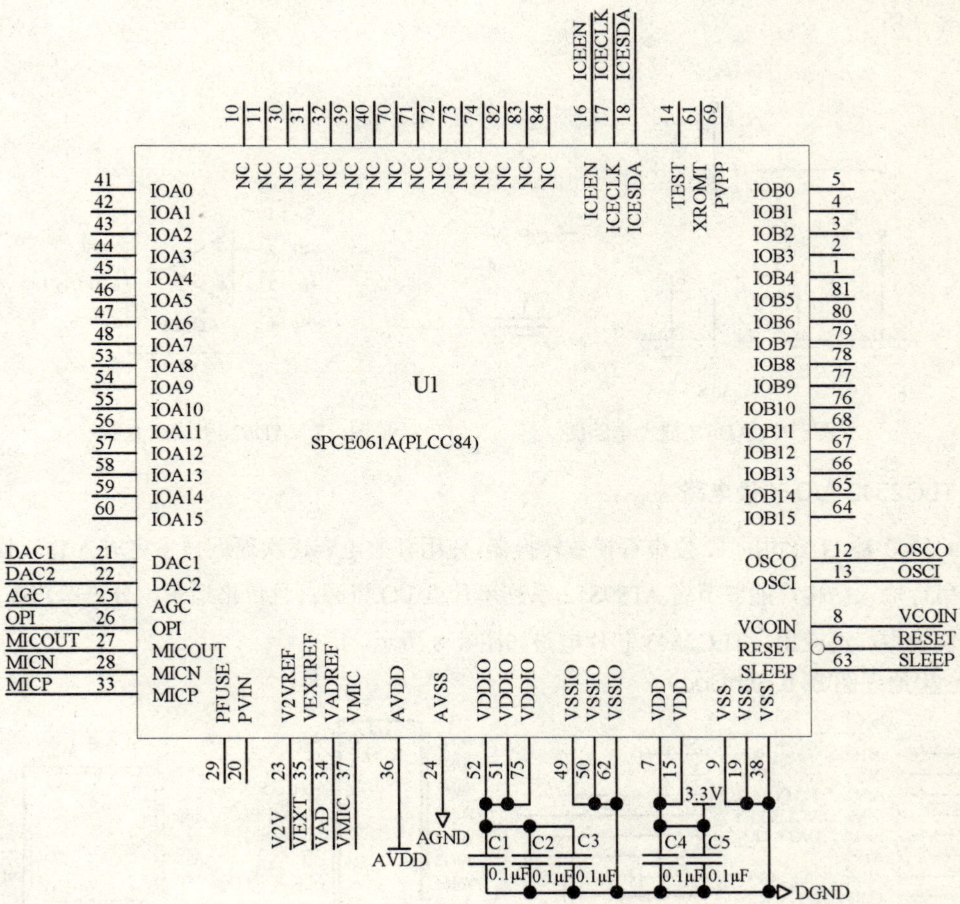

图8-5　凌阳SPCE061单片机及外围电路原理图

SPCE061A 单片机功能强大，其片内含有 8 路 10 位 A/D 转换器、2 路 D/A 转换器和丰富的中断资源，还具有较高的数据处理速度，一定的语音数据处理能力，以及低功耗，超小型，低成本等特点，非常适用于便携式智能仪表。输入/输出接口（简称为 I/O 接口）是单片机与外设交换信息的通道。输入端口负责从外接收检测信号、键盘信号等各种开关量信号。输出端口负责向外界输送由内部电路产生的处理结果、显示信息、控制命令、驱动信号等。此单片机有两个 16 位通用的并行接口：A 口和 B 口。这两个口的每一位都可通过编程单独定义成输入或输出接口。B 口除了具有常规的输入/输出功能外，还有一些特殊功能。

8.6.2 放大及 A/D 转换电路

本节内容主要介绍 AD620 放大电路实现、TLC2543A/D 转换电路和放大转换电路原理图。

1. AD620 放大电路实现

图 8-6 所示为 AD620 仪表放大器的引脚图。其中 1、8 脚要跨接一电阻来调整放大倍率，4、7 脚需提供正负相等的工作电压，由 2、3 脚输入的放大电压即可从脚 6 输出放大后的电压值。脚 5 则是参考基准脚，如果接地则脚 6 的输出电压即为与地之间的相对电压。其中 AD620 引脚示意图如图 8-7 所示。

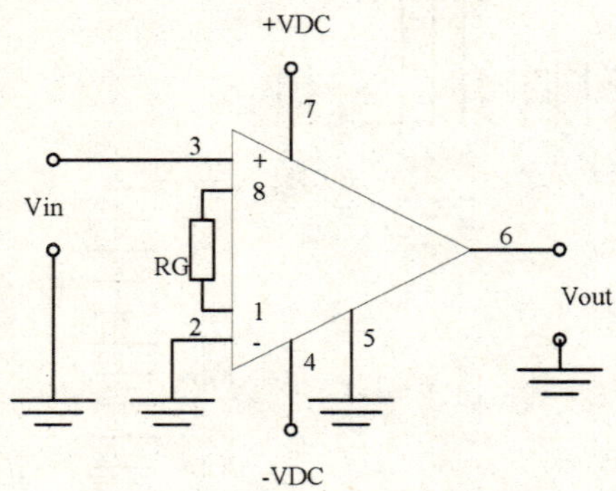

图8-6 AD620放大电路图

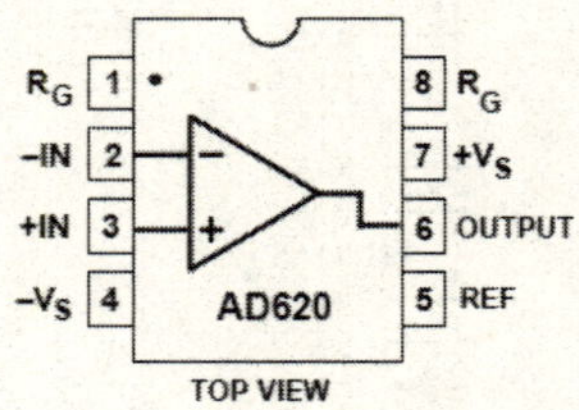

图8-7 AD620引脚示意图

2. TLC2543 A/D 转换电路

TLC2543 是 TI 公司的 12 位串行模数转换器，使用开关电容逐次逼近技术完成 A/D 转换过程。由于是串行输入结构，能够节省 AT89S52 系列单片机 I/O 资源；且价格适中，分辨率较高，因此在仪器仪表中广泛应用。TLC2543 芯片电路如图 8-8 所示。

（光盘\原理图\8_8.SchDoc）

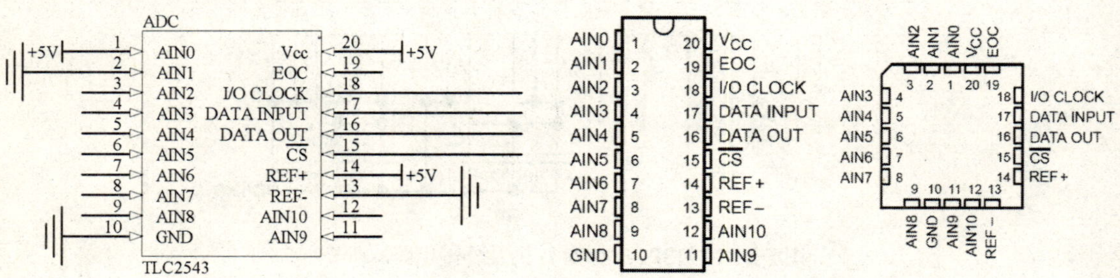

（a）TLC2543原理图　　（b）TLC2543的引脚排列

图8-8 TLC2543芯片

其中有 4 种传输方法使 TLC2543 得到全 12 位分辨率，每次转换和数据传递可以使用 12 或 16 个时钟周期。一个片选（$\overline{CS}$）脉冲要插到每次转换的开始处，或是在转换时序的开始处变化一次后保持$\overline{CS}$为低，直到时序结束。由图 8-9 所示可知每次转换和数据传递使用 16 个时钟周期和在每次传递周期之间插入$\overline{CS}$的时序，每次转换和数据传递使用 16 个时钟周期，仅在每次转换序列开始处插入一次$\overline{CS}$时序。

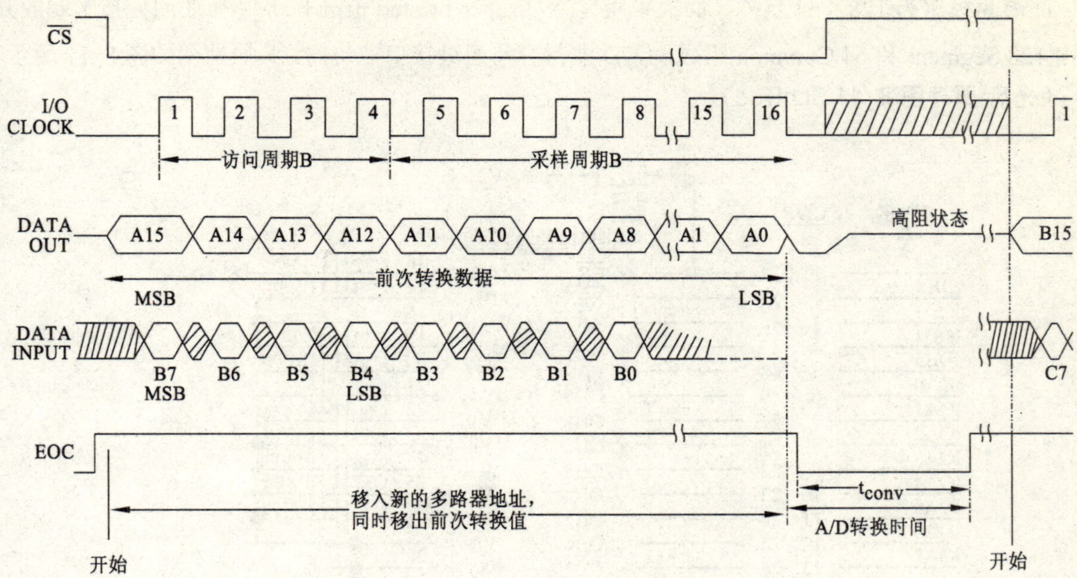

图8-9　16个时钟传送时序图（使用$\overline{\mathrm{CS}}$，MSB在前）

3. 放大转换电路原理图

根据 AD620 放大芯片与 TLC2543A/D 转换芯片各自的原理功能及引脚特点制作电路图如图 8-10 所示。

（光盘\原理图\8_10.SchDoc）

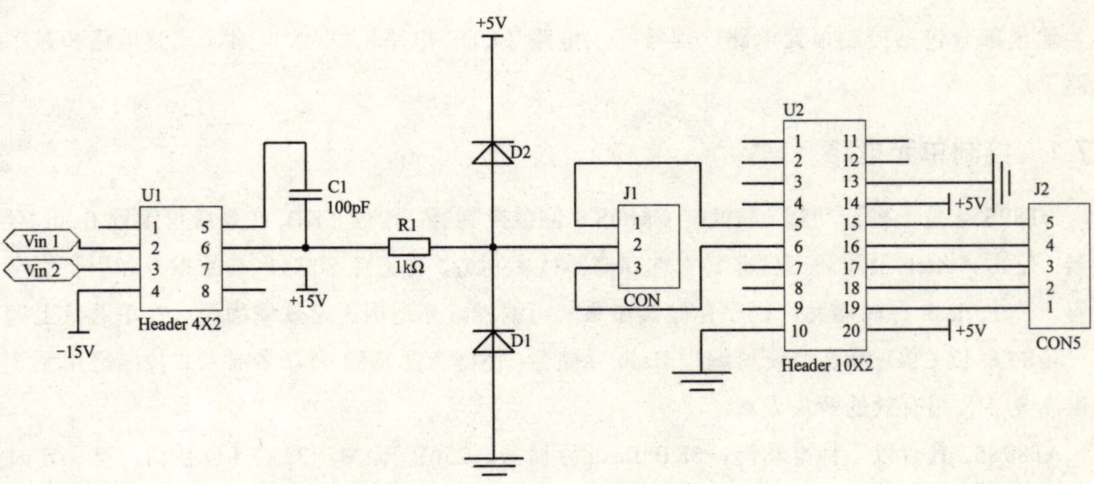

图8-10　放大及A/D转换电路

8.6.3　测量显示电路

凌阳公司的一款 128×64 点阵的液晶模组，驱动芯片采用的是凌阳 SPLC501。该液晶模组接口简单，应用方便，且可以完成很多液晶特效功能。

此液晶模组为128×64点阵，面板采用STN（super twisted nematic）超扭曲向列技术制成并且由128 Segment和64 Common组成，LCD非常容易通过接口被访问。其原理图如图8-11所示。

（光盘\原理图\8_11.SchDoc）

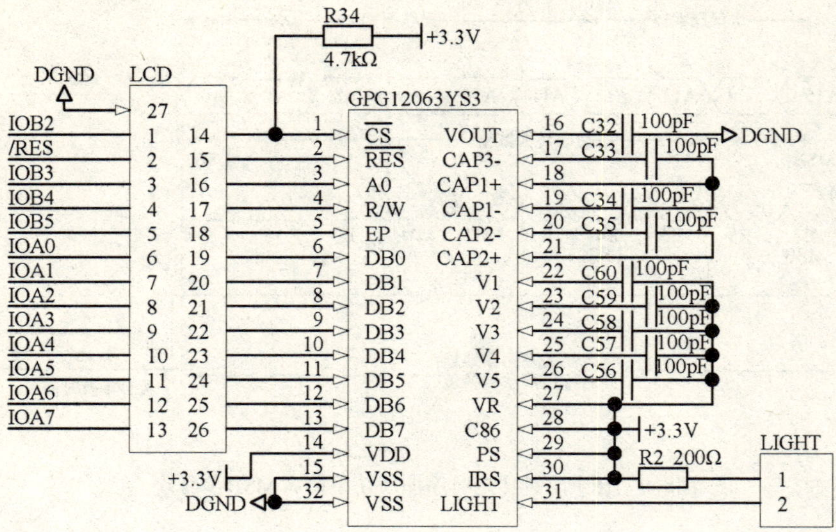

图8-11 凌阳显示模块原理图

8.7 输出部分

输出部分包括控制单元电路、信号产生电路（DDS电路）、放大电路、滤波电路和显示电路。

8.7.1 控制单元电路

AT89S52是一种低功耗、高性能CMOS 8位微控制器，具有8 KB 在系统可编程flash 存储器。使用Atmel 公司高密度非易失性存储器技术制造，与工业80C51 产品指令和引脚完全兼容。片上flash存储器允许程序存储器在系统可编程，亦适用于常规编程器。在单芯片上拥有灵巧的8 位CPU 和在系统可编程flash存储器，使得AT89S52为众多嵌入式控制应用系统提供高灵活、超有效的解决方案。

AT89S52具有以下标准功能：8KB flash存储器，256B RAM，32位I/O接口，把关定时器，2 个数据指针，3个16 位定时器/计数器，一个6向量2级中断结构，全双工串行口，片内晶振及时钟电路。另外，AT89S52 可降至0 Hz 静态逻辑操作，支持2种软件可选择节电模式。空闲模式下，CPU 停止工作，允许 RAM、定时器/计数器、串口、中断继续工作。断电保护方式下，RAM内容被保存，振荡器被冻结，单片机一切工作停止，直到下一个中断或硬件复位为止。AT89S52单片机最小系统外围电路原理图如图8-12所示。

（光盘\原理图\8_12.SchDoc）

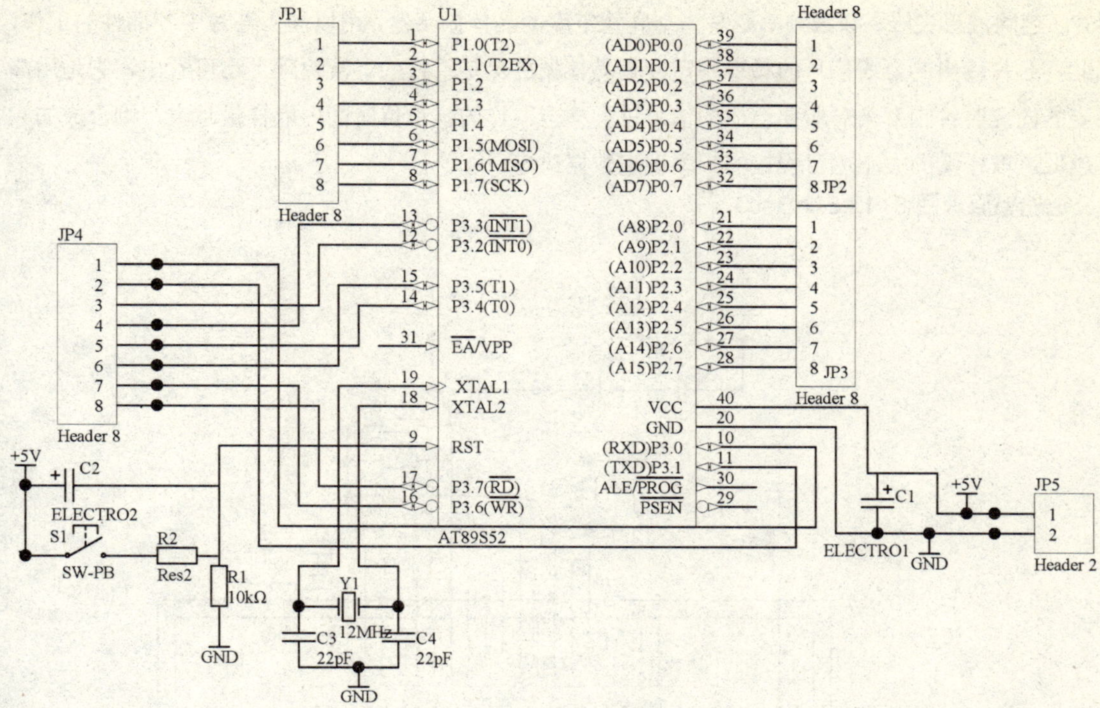

图8-12　AT89S52单片机及外围电路原理图

8.7.2　信号产生电路（DDS 电路）

AD9854 是由 AD 公司生产的单片 DDS 芯片，它内部集成了 48bit 频率累加器、48bit 相位累加器、正余弦波形表、12 位正交数模转换器以及调制和控制电路，该芯片能够在单片上完成频率调制、相位调制、幅度调制以及 IQ 正交调制等多种功能，因而具有很高的性能价格比和广阔的应用领域。

1. AD9854 结构

AD9854 采用高度集成 CMOS 技术，其内部含有同相、正交两个高速 12 bit D/A 转换器，因而可以同时输出同相、正交两路信号。在高稳定度时钟的驱动下，AD9854 可以输出高品质和高稳定度的信号，其频率、幅度、相位均可编程控制，编程速率可达 100 MHz。同时，AD9854 内部还含有可编程控制的时钟乘法器，其内部时钟速率最大可达 300 MHz。

AD9854 可以通过内部的一个 39B 的寄存器表存储有关的各种控制字和状态字。用户可通过 I/O 与该寄存器表进行通信，I/O 缓冲区的内容必须在更新脉冲的作用下才能刷新到寄存器表中，这样可以很好地达到同步。I/O 与外部有并行和串行两种通信方式，工作在并行通信模式时，端口的更新速率最高为 100 MHz。

2. AD9854 频率合成原理

AD9854 主要由 4 部分组成，如图 8-13 所示。第一部分为相位累加器，用于决定输出信号频率的范围和精度；第二部分为正弦函数功能表（波形存储器），用于存储经量化和离散后的正弦函数的幅值；第三部分为 D/A 转换，可产生所需的模拟信号；第四部分为低通滤波，用来减少量化噪声、消除波形尖峰。参考频率源是一个高稳定度的晶体振荡器，用以同步芯片中各部件的工作，因此，芯片输出的合成信号的频率稳定度和晶体振荡器是一样的。从原理上还可看出，它是用高稳定的固定时钟频率来对所要合成的信号进行相位取样的，单位时间内取样量越大，则合成的频率越低。取样量的大小由可程控的频率设定数据决定。

（光盘\原理图\8_13.SchDoc）

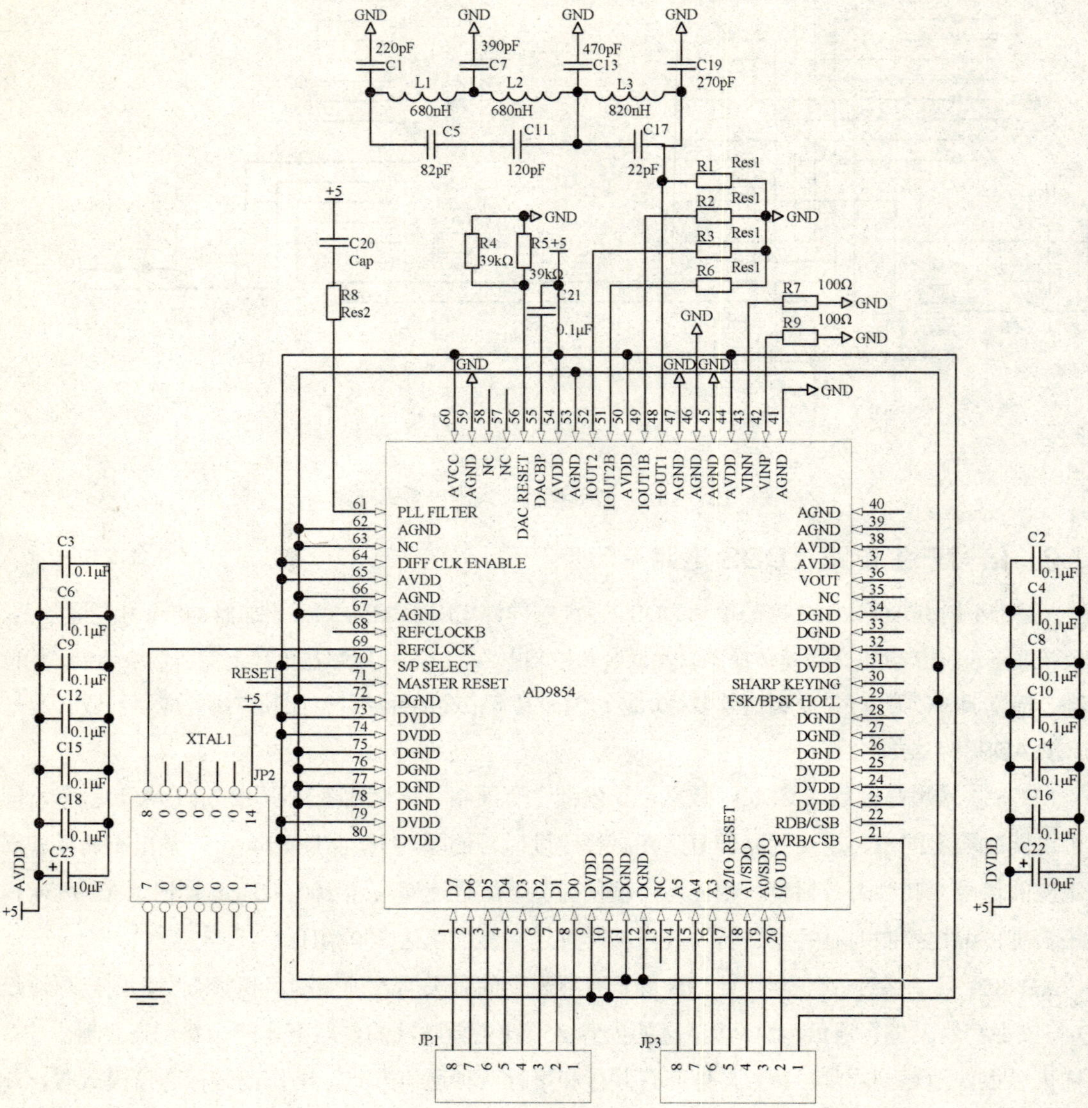

图8-13　DDS芯片AD9854频率产生电路原理图

8.7.3　放大电路

该部分放大电路采用高速单向运算放大器 AD811 完成放大，AD811 为电流反馈型宽带运算放大器，其带宽增益积为 140 MHz，用±15 V 电源供电。其在增益为+10 的情况下，−3 dB 带宽达 100 MHz，非常适合本系统的宽带放大要求。其有±12 V 的输出摆幅，且输出电流最大可达 100

mA，完全可满足峰峰值要求。另外，其外围电路也很简单，避免了采用晶体管放大电路容易出现调试困难的情况。为防止自激，其在实际中采用反相 3 倍电压放大，通过这种方式，可不影响指标，可靠性也大大提高。

AD811 封装图如图 8-14 所示。

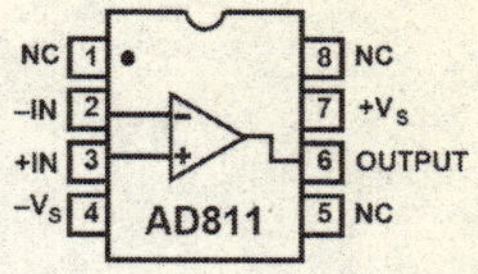

图8-14　AD811封装图

8.7.4　滤波电路

滤波电路由普通的电感电容组成，其电路原理图如图 8-15 所示。

（光盘\原理图\8_15.SchDoc）

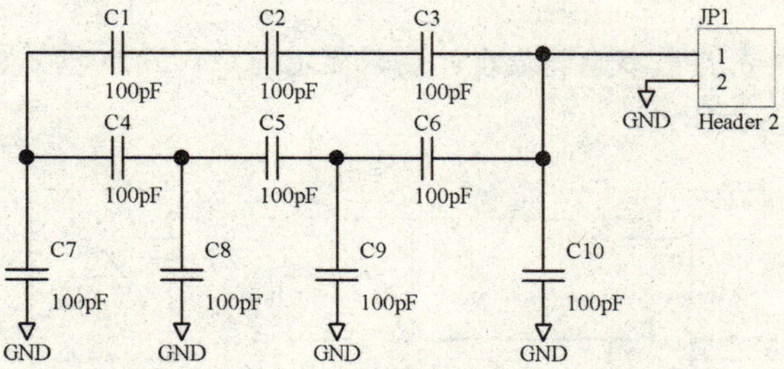

图8-15　滤波模块硬件原理图

8.7.5　显示电路

利用 AT89S52 对 P3.0、P3.1、P3.2 口设置为液晶数据口。由于 AT89S52 资源有限，因此对液晶进行控制与通信选用串行通信方式以此节省 I/O 端口，给系统资源带来了好处。

当 PSB 脚接低电位时，模块将进入串行模式。从一个完整的串行传输流程来看，一开始先传输起始字节，它需先接收到 5 个连续的“1”（同步位字符串），在起始字节，此时传输计数将被重置并且串行传输将被同步，再跟随的两个位字符串分别指定传输方向位（RW）及寄存器选择位（RS），最后第 8 位则为“0”。在接收到同步位及 RW 和 RS 资料的起始字节后，每一个 8 位的指令将被分为两个字节接收：高 4 位（DB7～DB4）指令资料将会被放在第一个字节的 LSB 部分，而低 4 位（DB3～DB0）指令资料则会被放在第二个字节的 LSB 部分，至于相关的另 4 位则都为 0。

串行传输信号请参考图 8-16 说明。串行接口时序图如图 8-17 所示。

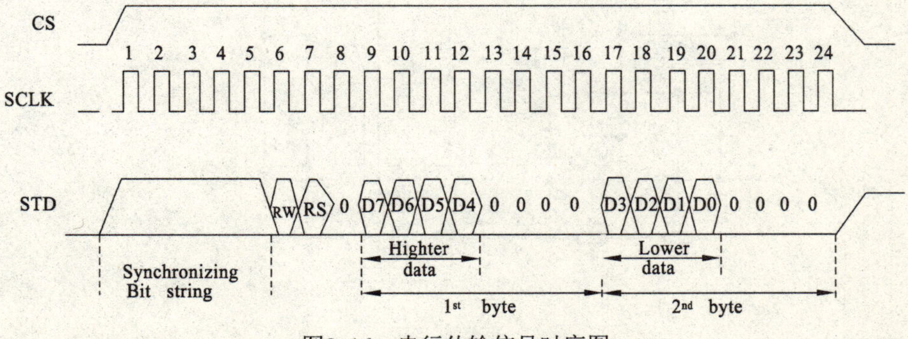

图8-16　串行传输信号时序图

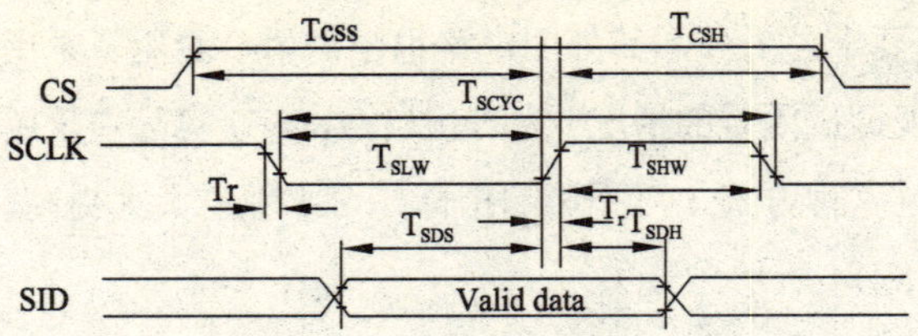

图8-17　串行接口时序图

8.8　基本电路部分

基本电路是根据毫伏表的基本原理及设计要求要求而定，其原理图如图 8-18 所示。（光盘\原理图\8_18.SchDoc）

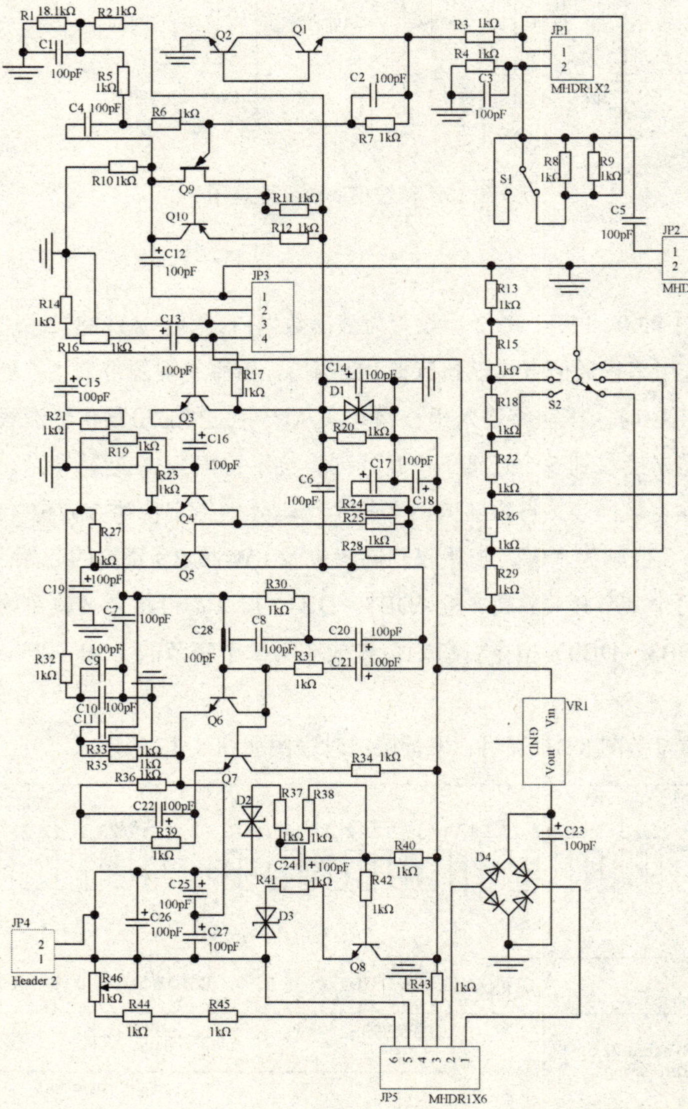

图8-18　主电路原理图

8.9　稳压电源部分

由于本系统较复杂，涉及很多电路、集成芯片多，又各自所需电压不同，为了符合每一部分的电压需要，必须把电压分别转换。通过 7815、7915 分别产生±15 V 电压给 AD620 与 AD811 供电，用 7805 产生 5 V 电压给凌阳 SPCE061 单片机与 AT89S52 单片机供电，用 AME711 产生 3.3 V 稳压给 DDS 芯片 AD9854 供电。

根据设计要求，稳压电源电路图如图 8-19 所示。

（光盘\原理图\8_19.SchDoc）

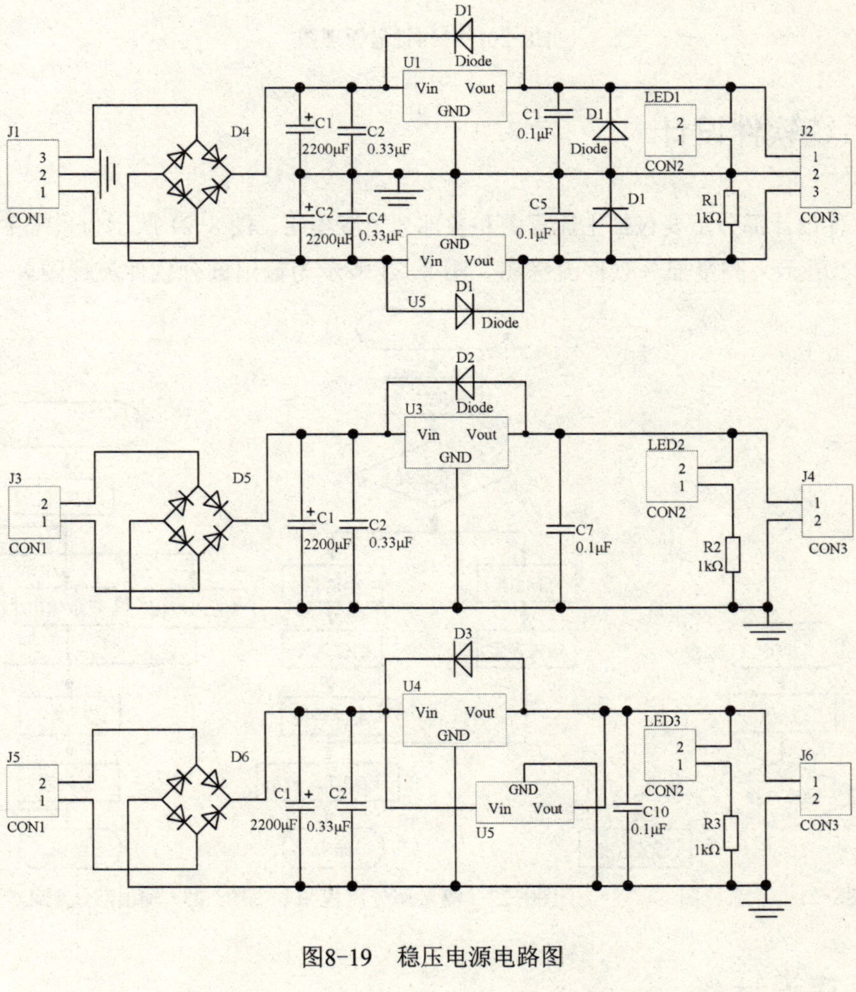

图8-19　稳压电源电路图

8.10　外围辅助电路

按键电路采用 4×4 键盘行列式扫描，其电路原理图如图 8-20 所示。

（光盘\原理图\8_20.SchDoc）

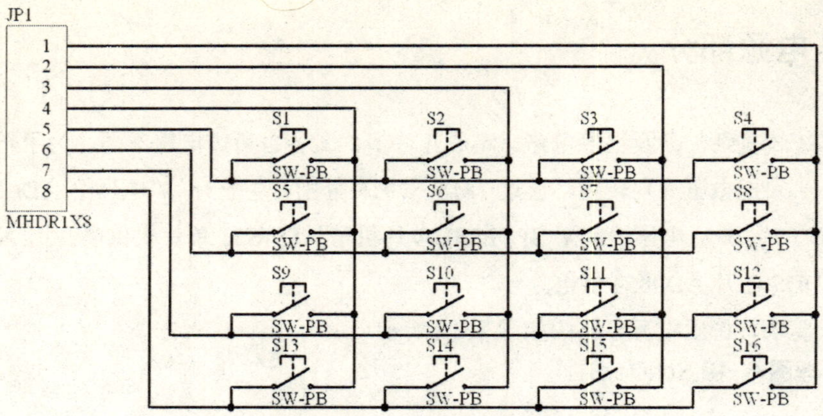

图8-20　4×4键盘原理图

8.11　系统软件设计

系统软件设计部分主要包括主流程图和各部分子流程图。图 8-21 所示为系统主流程图。图 8-22 所示为测量部分软件流程图。图 8-23 所示为输出部分软件流程图。

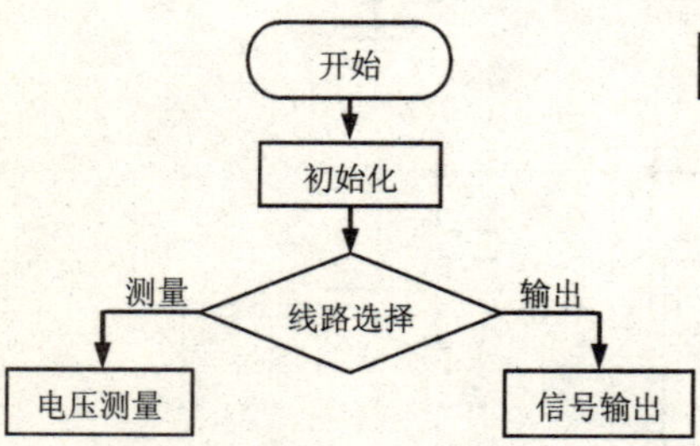

图8-21　主流程图

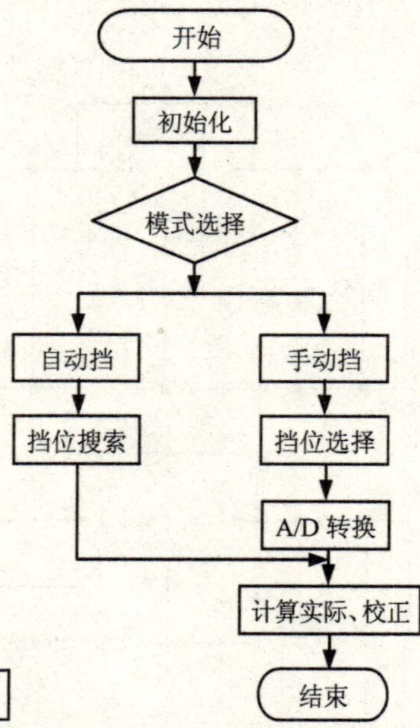

图8-22　测量部分流程图

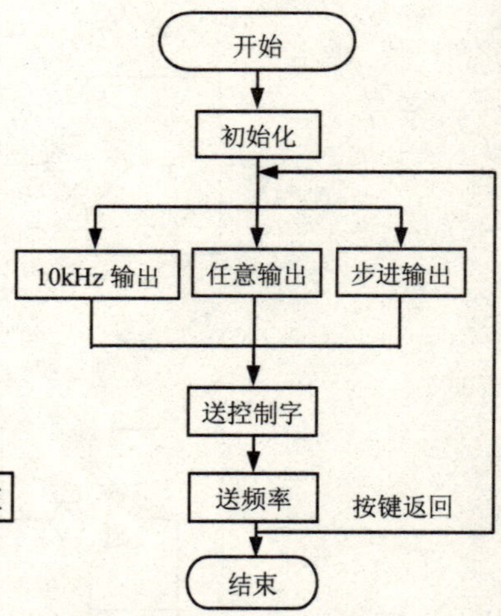

图8-23　输出部分（DDS）软件流程图

8.12　程序设计

该系统源代码如下：

（光盘\程序\8_1. c）

```
#include "SPLC501USer.h"
#include "SPCE061V004.h"
```

```
#include "Zichina.h"
#define CONTROL_WORD  0x02
extern unsigned int uiKey;
unsigned int led;
void delay(unsigned  int N)
{
   int i;
   for(i=0;i<N;i++);
}
unsigned int read2543(unsigned char CON_WORD)
{
   unsigned int ad=0,i;
   CON_WORD<<=4;                                    //0000 0000  1001 0000
   *P_IOA_Data&=0xffef;                             //I/O CLOCK=0
   *P_IOA_Data=*P_IOA_Data&0xffdf;//*P_IOA_Data&=0xfffe;   //CS=0
   for(i=0;i<12;i++)
   {
       if(*P_IOA_Data&0x0080) ad|=0x01;
       if((CON_WORD&0x80)!=0)
           *P_IOA_Data|=0x08;
       else
           *P_IOA_Data&=0xf7;
       *P_IOA_Data|=0x0010;                         //I/O CLOCK=1
       delay(7);
       *P_IOA_Data&=0xffef;                         //I/O CLOCK=0
       delay(7);
       CON_WORD<<=1;
       ad<<=1;
   }
   *P_IOA_Data=*P_IOA_Data|0x0020;//*P_IOA_Data|=0x0001;   //CS=1
   ad>>=1;
   return(ad);
}
void Display(unsigned int z)
{
   unsigned int s,sf,bf,n,m;
   unsigned int Data[10]={0x0030,0x0031,0x0032,0x0033,0x0034,0x0035,
   0x0036,0x0037,0x0038,0x0039};
   s=z/10000;
   sf=(z%10000)/1000;
   bf=(z%1000)/100;
   n=(z%100)/10;
   m=z%10;
   LCD501_ClrScreen(0);
   LCD501_PutString(0,0,(unsigned int *)"Voltage is:");
   if(s!=0)
```

```
    {
      LCD501_PutChar(24,23,Data[s]);
      LCD501_PutChar(32,23,Data[sf]);
    }
    if(s==0&&sf!=0)
      LCD501_PutChar(32,23,Data[sf]);
    LCD501_PutChar(40,23,Data[bf]);
    LCD501_PutChar(48,23,'.');
    LCD501_PutChar(56,23,Data[n]);
    LCD501_PutChar(64,23,Data[m]);
    LCD501_PutChar(82,23,'V');
    if(led==1)
    {
      LCD501_Bitmap(80,45,(unsigned int *)encoding_04);
      LCD501_Bitmap(96,45,(unsigned int *)encoding_05);
      LCD501_Bitmap(112,45,(unsigned int *)encoding_06);
    }
    *P_Watchdog_Clear=C_WDTCLR;
}
#include <AT89X52.H>
#include <intrins.h>
#define  uchar unsigned char
#define  uint  unsigned int

//定义端口
//P0 为 DDS 数据口
//P2.0~P2.5 为 DDS 地址口
sbit reset =P2^7;
sbit wr    =P2^6;
sbit osk   =P3^4;
sbit fdata =P3^5;
sbit rd    =P3^6;
sbit updclk=P3^7;

//定义端口
//液晶数据
#define CS    P3_0       //片选 高电平有效 单片 LCD 使用时可固定高电平
#define SID   P3_1       //数据
#define SCLK  P3_2       //时钟
#define RESET P3_3       //LCD 复位，LCD 模块自带复位电路。可不接
unsigned int N1,N2,N3,N4,N5,N6;
unsigned char data_temp=0;
unsigned  char  code  ma1[]={0xd5,0xfd,0xcf,0xd2,0xd0,0xc5,0xba,0xc5,0xc8,
0xce,0xd2,0xe2,0xb2,0xa8,0xd0,0xce};//{"正弦信号任意波形输出范围"};
unsigned char code ma2[]={"0123456789"};
unsigned char code ma3[]={0xea,0xe4,0xb3,0xf6,0xb7,0xb6,0xce,0xa7};
```

```
long int data1=0;
unsigned char data_show;
//部分函数（略）
main()
{
    init();                                   //DDS 初始化
    update_clk();                             //写入 DDS 更新时钟 40kHz
    contr_word();                             //写入 DDS 控制字  正弦信号模式
    lcdinit();                                //液晶初始化
    menu_show();                              //显示开机菜单
    while(1)
    {
        data_temp=Key_Get();
        switch(data_temp)
        {
            case 1  : input_10kHz();          //产生 10kHz 信号
              break;
            case 2  : input_renyi();          //产生任意信号
              break;
            case 3  : input_bujin();          //步进输出
              break;
            default : break;
        }
    }
}
```

8.13　系统测试

系统测试包括测试仪器选择、测试过程和结果分析。

8.13.1　测试仪器选择

测试过程中，用到的主要测试仪器如表 8-1 所示。

表8-1　主要测试仪器

序　号	名　称	型　号	数　量	备　注
1	数字万用表	DT9205	1	3CH
2	标准型数字万用表	UT50/UT101 系列	1	
3	示波器	COS5060CH	1	60 MHz
4	示波器	VP-5564D	1	
5	可跟踪直流稳压电源	SS3323	1	
6	DDS 函数信号发生器	TFG2050	1	50 MHz
7	PC		1	512 MB 内存

8.13.2 测试过程

系统的调试先分模块进行，最后进行整机调试，以提高调试效率。调试过程如下：

（1）分模块调试，具体如下：

- 测量部分调试。由于被测电压频带较宽，频率较高，易产生干扰，放大电路在通电瞬间会产生大的电流，需加保护电路。
- 信号产生部分调试。由于 DDS 芯片对电压，电流有要求，而且功耗较大，温度会过高，需加保护措施，及加了风扇进行降温。

（2）整机调试。由于各模块对电压、电流的要求不同，在整机调试过程中遇到很多问题，需要多个电源供电，由于测量部分和输出部分对信号带宽要求很宽，易产生干扰。

8.13.3 结果分析

各项指标均达到要求，并且大部分指标优于设计要求，测量数据均值理想。

1. 测试数据及分析

测试数据表如表 8-2 和表 8-3 所示。

表8-2　电压测量部分测试数据

标准电压	电压频率/kHz	实测电压	测量情况	标准电压/V	电压频率	实测电压	测量情况
10 mV	10	10.5 mV	正常	10	10 Hz	9.95 mV	正常
100 mV	10	103 mV	正常	10	100 Hz	9.95 mV	正常
1 V	10	1.01 V	正常	10	1 kHz	10 V	正常
10 V	10	10 V	正常	10	10 kHz	10 V	正常
100 V	10	99.6 V	正常	10	100 kHz	10.1 V	正常
200 V	10	200.5 V	正常	10	1 MHz	10.3 V	正常

表8-3　输出部分测量数据

输入频率	实测频率	实测电压/V	波形情况	输入频率/kHz	实测频率/kHz	实测电压/V	波形情况
10 Hz	1.0 Hz	1.03	正常	10	10	1	正常
50 Hz	5.020 Hz	1.03	正常	30	30.1	0.97	正常
100 Hz	100 Hz	1.03	正常	80	80	0.95	正常
500 Hz	501.0 kHz	1.01	正常	150	151	0.95	正常
1kHz	1005 Hz	1.01	正常	200	199.5	0.94	正常
5 kHz	5.02 kHz	1.01	正常				

通过对测试数据进行分析，得到相关分析，如表 8-4 和表 8-5 所示。

表8-4　基本部分测试数据分析

基本要求	备　注	实际性能
测量电压的频率范围	100 Hz～500kHz	10 Hz～2 MHz
测量电压范围	100 mV～100 V（可分多挡量程）	10 mV～250 V
要求被测电压数字显示		数字显示
电压测量误差	±5%±2 个字	±5%
具有超量程自动闪烁功能		能够显示文字
输出正弦波电压	电压值 1 V，波形无明显失真	电压值 1 V，波形达到标准
输出电压值误差	≤±10%	≤±1%
输出电压频率范围	10 Hz～200 kHz	8 Hz～20 MHz
输出电压频率可预置		可以任意设定
输出电压频率误差	≤±5%	≤±5%
设计并制作该仪表所需要的直流稳压电源		已经制作，性能良好

表8-5　发挥部分测试数据分析

基本要求	备　注	实际性能
将测量电压的频率范围扩展	扩展为 10 Hz～1 MHz	10 Hz～2 MHz
将测量电压的范围扩展	扩展到 10 mV～200 V	10 mV～250 V
交流毫伏表具有自动量程转换功能		用继电器实现
电压输出频率可步进调节	频率步进值可预置为 1 Hz、10 Hz、100 Hz、1 kHz	可以设定起始步进频率
其他		与 PC 通信，双液晶显示

2. 误差分析

（1）相位截断误差。为了提高频率分辨率，AD9854 采用了 48 bit 频率控制寄存器，因此其相位累加器的宽度 $L=48$；另一方面，受 ROM 存储容量的限制，AD9854 不可能嵌入 $2L$ 个幅度表，而是采取了一个折中的方法将 ROM 表的深度定为 2 W（$W=17$）。这样，在查表过程中，通常仅取相位累加器的高 17 位作为索引，从而产生了相位截断误差。但是 DDS 的输出通常都是正弦信号，因此，它的相位截断具有明显的周期性。尤其是当系统时钟频率是输出正弦波频率的整数倍时，这种周期性就更加明显。这相当于周期性的引入了一个截断误差，最终的影响就是输出信号带有一定的谐波分量。

（2）幅度量化误差。在大多数情况下，每个相位对应的幅度值都是一个无限小数，它并不能在 ROM 中准确地存储。通常 ROM 表的宽度越大，其存储的数值就越接近真实值。AD9854 中 ROM 表的宽度为 12 bit。与相位截断误差类似，其结果也相当于周期性地引入了一个量化误差，并且当 AD9854 的系统时钟频率等于正弦波频率的整数倍时，周期性更为明显，因而最终也会带来一定的谐波。

（3）D/A 输出误差。通常 D/A 输出信号并不是理想的模拟信号，而是理想信号的一个矩形近似，其频谱是对正弦信号进行周期延拓，而周期则等于 DDS 的系统时钟周期。例如 AD9854 的系统时钟为 300 MHz，若输出一个 70 MHz 的正弦波时，会在 230 MHz 的地方出现谐波分量。

（4）参考时钟误差。DDS 基准时钟的性能对输出信号的性能影响很大。参考时钟的杂散频率会以相同的固定频率偏移传递到 DDS 输出。参考时钟的噪声会以同样的方式传递到 DDS 输出。DDS 输出的参考时钟杂散或噪声的幅度会随着控制字的减小而减小，可以用下式表达：

dBc =−20 log(参考时钟频率/DDS 输出频率)

如果使用了内置参考时钟倍频器，参考时钟的所有噪声和杂散都会在 PLL 环路带宽内按照下式放大：

dBc=20 log(参考时钟的倍频数，4~20 倍)

时钟的毛刺和谐波都会有影响。

第 9 章　基于单片机原理改进的“自动结鞭机”设计

本章主要设计一种以时序控制为原理，利用机械传动、在鞭炮生产过程中实现结鞭的全自动化，实现鞭炮生产的安全、快速、高效，是节约能源的新型实用设计。采用 AT89S51 的电子计数器作为控制器，具有生产前可设定，生产中可控制，故障少，机械传动简单等特点。系统控制简便快捷，抗外界干扰能力强，可广泛应用于全国各地的鞭炮生产行业，具有十分广阔的市场前景。

9.1　概述

目前，我国花炮生产属于以手工为主的劳动密集型产业。整体而言，厂家设备简陋，自动化水平低，特别是造粒、装药、混药、干燥等高危工序，仍然停留在手工作坊阶段，加之工人整体素质偏低，不严格执行操作规程，安全事故时有发生。因此有必要在花炮行业实现自动结鞭。目前，国内有部分厂家生产了系列全自动结鞭机，但这些系统由于其机械稳定性不高，实际生产中卡炮等事故较多，因此有必要设计一种更为安全的全自动结鞭机。本章以一种已有自动结鞭机为设计母体，对它进行技术改进。该系统改进后具有控制简便快捷，抗外界干扰能力强，可广泛应用于全国各地的花炮生产行业。

1. 结鞭技术分类

从实际生产过程来看，鞭炮的结鞭技术主要分为 3 类：纯手工结鞭、半自动机械结鞭、全自动机械结鞭。

（1）纯手工结鞭。以纯人工劳动力为主，是最原始的结鞭方式。缺点：劳动力密集，安全系数较低，且工作环境恶劣，人炮长时间接触，对人体伤害大，此外生产效率极低，每个工人每天工作 8 个小时只能结鞭 3 万炮。

（2）半自动机械结鞭。以人机结合为主，生产技术含量提高。缺点：劳动力密集，有安全隐患，对人体伤害大，生产效率较低。

（3）全自动机械结鞭。以机械结鞭为主，利用机械传动装置和计数器计数电路，实现全自动结鞭，达到“预先设定，中途可暂停调试”的效果。优点：人力劳动量低，安全隐患小，生产效率高。缺点：机械稳定性不高，亟待改进。

2. 各类结鞭方式比较

从各类结鞭方式中看，其主要的优缺点如表 9-1 所示。

表9-1 各类结鞭方式比较

结鞭方式	优　点	缺　点	生产效率/（炮/天）
纯手工	提供大量的就业岗位	劳动力密集，安全系数较低，且工作环境恶劣，对人体伤害极大，生产效率极低	3万
半自动	技术含量提高	劳动力密集，有安全隐患，对人体伤害大，生产效率较低	6万
自动	人力劳动量低，安全隐患小，生产效率高	机械稳定性不高，实际生产中卡炮等事故较多	30万

3. 改进的“自动结鞭机”工作原理

以时序控制为系统核心原理，利用机械传动，在鞭炮生产过程中实现结鞭的全自动化，实现鞭炮生产的安全、快速、高效，是节约能源的新型实用设计。

采用AT89S51的电子计数器作为控制器，具有生产前可设定，生产中可控制，故障少，机械传动简单等特点。通过实地调研，利用产品实体模型对其存在的问题进行分析；建立仿真模型，对其进行运动学、动力学及关键部件的有限元分析。根据现有设备条件，对部分工艺进行设计改进。主要对齿轮箱的结构及其加工工艺进行了改进。系统控制简便快捷，抗外界干扰能力强，可广泛应用于全国各地的鞭炮生产行业，具有十分广阔的市场前景。

9.2 改进“自动结鞭机”的硬件设计

鞭炮计数控制系统主要由单片机小系统、信号接收电路、按键电路、数码显示、控制电路、整流电路5部分组成。系统结构框图如图9-1所示。

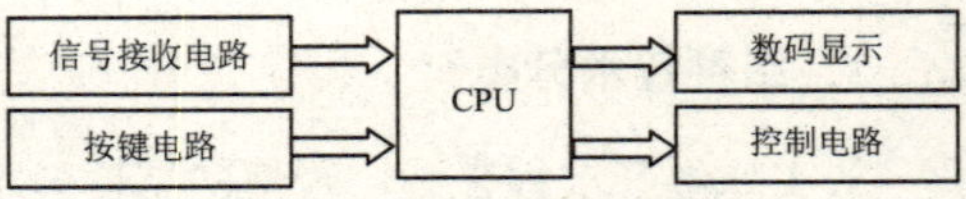

图9-1 鞭炮计数控制系统

9.2.1 AT89S51微控制器

微控制器是整个系统的核心，为保持系统的稳定性，器件的选择比较重要。系统采用Atmel公司低功耗，高性能CMOS 8位单片机AT89S51，片内含4KB ISP（In-system programable）的可反复擦写1000次的flash只读存储器。

- 该器件采用Atmel公司的高密度、非易失性存储技术制造，兼容标准MCS-51指令系统及80C51引脚结构。
- 芯片内集成了通用8位中央处理器和ISP flash存储单元。
- 设置4KB flash 片内程序存储器，256 B的随机存取存储器（RAM），32个外部双向I/O接口，5个中断优先级2层中断嵌套中断，2个16位可编程定时计数器，2个全双工串行通信口，把关定时器（WDT）电路，片内时钟振荡器。
- 可用 5 V 电压编程而且擦写时间仅需要 10 ms，仅为 8751/80C51 时间的百分之一，与8751/80C51的12 V电压擦写相比，不易损坏器件，没有两种电源的要求，改写时不拔芯片，适合许多嵌入式控制领域。

➢ 工作电压范围宽(2.7 V～6 V)，全静态工作，工作频率在 0 Hz～24 MHz 之间，比 8751/80C51 等 51 系列的 6 MHz～12 MHz 更具有灵活性。系统能快能慢。

➢ AT89S51 芯片提供三级程序加密，提供了方便灵活而可靠的硬加密手段。能完全保证系统程序或系统不被仿制。

AT89S51 可构成真正的单片机最小应用系统，增加系统的可靠性，降低系统成本。

9.2.2 信号接收电路分析

目前常用的信号接收电路有以下两种：

方案一：用干簧管的开关原理来控制单片机 I/O 接口电平的变化，单片机根据 I/O 接口电平的变化来完成信号的接收。结鞭机在电机的带动下，每对鞭炮结鞭，磁铁旋转一周，干簧管的开关闭合两次，单片机接收到两次高电平。电路原理图如图 9-2 所示。

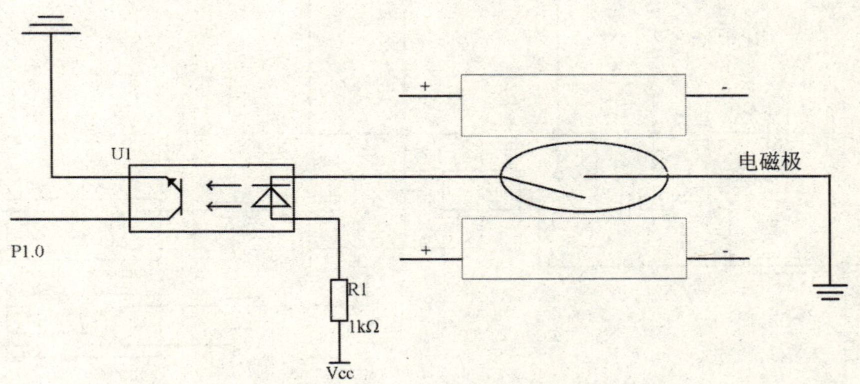

图9-2　信号接收电路图

方案二：用红外线对射式光电开关的开关原理来控制单片机 I/O 接口电平的变化，单片机根据 I/O 接口电平的变化完成信号的接收。结鞭机在电机的带动下，每对鞭炮结鞭，铁板旋转一周，对射式光电产生了开关信号两次，单片机接收到两次高电平。电路原理图如图 9-3 所示。

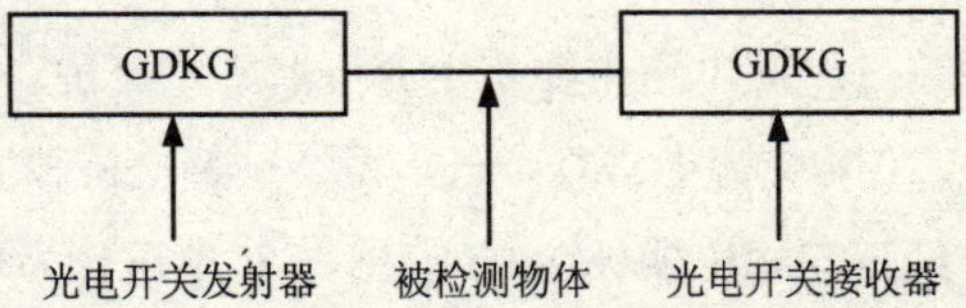

图9-3 信号接收电路图

对射式光电开关原理：对射式光电开关包含在结构上相互分离且光轴相对放置的发射器和接收器，发射器发出的光线直接进入接收器。当被检测物体经过发射器和接收器之间且阻断光线时，光电开关就产生了开关信号。当检测物体不透明时，对射式光电开关是最可靠的检测模式。结合改进的“自动结鞭机”系统，本文选用方案二。

9.2.3 控制电路及整流电路

控制及整形电路如图 9-4 所示。控制电路主要是由单片机根据当前计数值是否达到初始设定计数状态和要求，来产生单片机 I/O 接口的电平变化。该电平信号经光电耦合器送到晶体管基极来控制起开关作用的晶体管的工作状态，最终控制继电器作用。注意，要分别实现对电动机和继电器的控制。

（光盘\原理图\9_4.SchDoc）

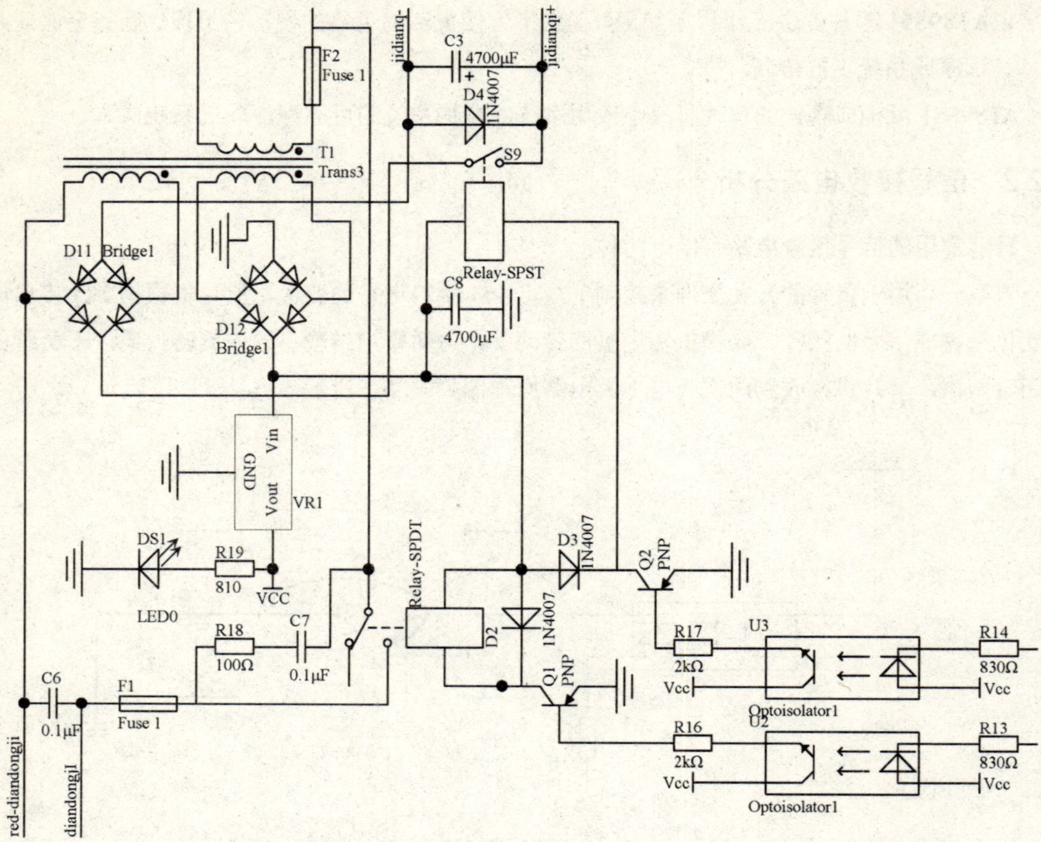

图9-4　控制电路及整流电路图

整流电路主要是由变压器、整流桥、滤波电容和三端稳压器组成，变压器采用 TDA1510 对 220 V 交流电进行降压，再经过整流桥和滤波电容分别得到 12 V、24 V 直流电压。12 V 直流电压经三端稳压器件 7805 输出+5 V 电压作为单片机 AT89S51 工作电压。24 V 直流电压作为系统外部起控制作用的继电器的工作电压源。

9.2.4　数码显示电路分析

单片机驱动数码管显示是一种非常成熟的技术，用单片机驱动 LED 数码管有很多方法，按显示方式分，有静态显示和动态（扫描）显示，按译码方式可分为硬件译码和软件译码之分。

本次设计用的是动态显示，主要考虑到静态显示会使硬件增多，从而增加了线路板的空间。运用动态显示虽会有一定的闪烁感，但却克服了静态显示的缺点，进一步降低了生产的成本。硬件译码，也就是说段码显示完全由硬件来完成。软件译码是用软件来完成硬件的功能。采用软件译码使得所用硬件少且简单，接线灵活，显示段码完全由软件来处理，进一步降低了生产成本，同时也实现了相应的显示功能。显示主要分为生产鞭炮预定值设定显示、生产过程鞭炮计数显示和计时时钟显示。

9.2.5　系统总体电路图

系统总体硬件电路图如图 9-5 所示。

（光盘\原理图\9_5.SchDoc）

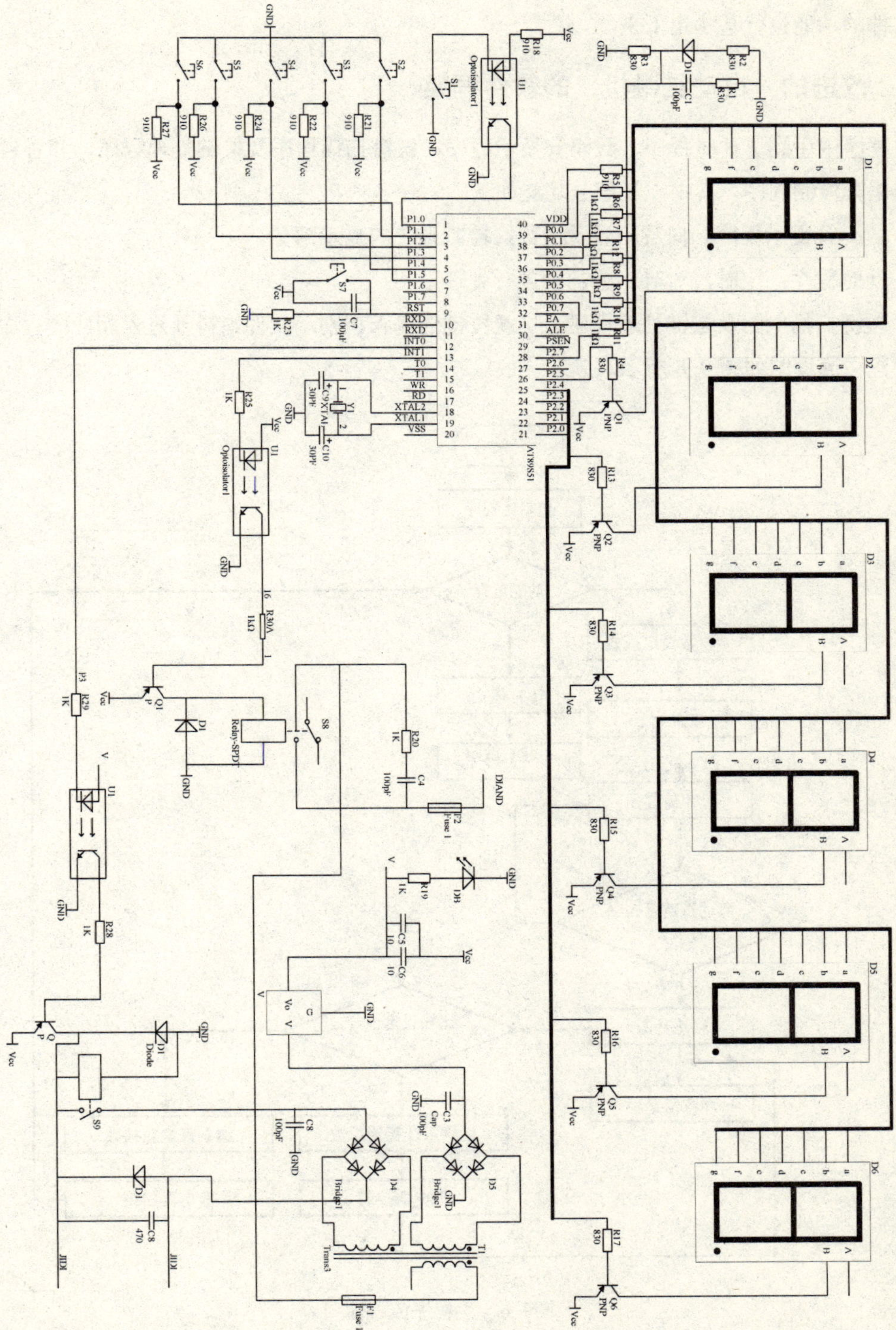

图9-5　鞭炮计数控制系统总电路图

9.3 改进“自动结鞭机”的软件设计

软件是一个系统的灵魂，整个系统的功能是由硬件电路配合软件来实现的，当硬件基本定型后，软件的功能也就基本定下来。

9.3.1 改进的“自动结鞭机”的软件框架

主程序中用到了计时程序、数码管显示程序、键盘扫描程序及按键处理程序，和各自需要用到的继电器控制程序。其中，各部分功能如下：

➢ 数码管显示程序：向数码显示送数，控制系统的显示部分。

➢ 计时程序：定时，对时、分、秒进行处理。

➢ 按键扫描电路及按键处理程序：实现按键的输入识别，软件消抖及进入相应的程序。

主程序流程图如图 9-6 所示。

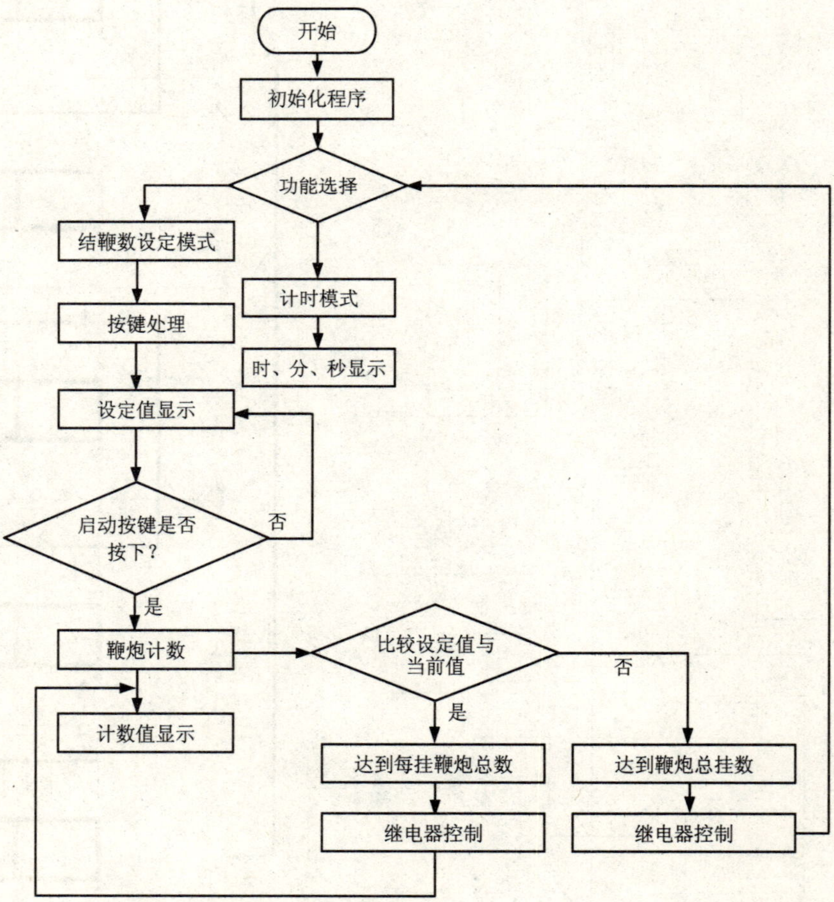

图9-6　主程序流程图

9.3.2　源程序

系统的源程序如下所示：

（光盘\程序\9_1. c）

```
#include <reg52.h>
#define  uchar unsigned char
#define  uint  unsigned int
uintguashushiwei=0,guashugewei=0,geshubaiwei=0,geshushiwei=0,geshugewei=0,
m=0,n,bb=10,full;
unsigned long int   temp0=0;
uchar code gyang[10]={0xc0,0xf9,0xa4,0xb0,0x99,0x92,0x82,0xf8,0x80, 0x90};
                                                //共阳极数码管数码表
uchar code xy[5]={0x04,0x08,0x10,0x20,0x40};    //位选择表
unsigned long int  number=0,number1=0,k=0,number11=0;
uchar AA=0;

uint second=0,minute=0,hour=0,e,b1=0,b2=0,b3=0,b5=0,b6=0;
sbit key1=P1^6;sbit key2=P1^5;sbit zero=P1^4;sbit start=P1^1;
sbit maichong=P1^0;sbit jishi=P1^2;sbit diandongji=P3^2;sbit dianci=P3^3;
/////*****使用函数************///////
void delay(uint t);                  //延时函数
void clear(void );                   //初始函数
void set(void );
void look(void );                    //设置值显示函数
void look1(void );                   //计数数值显示函数
void key(void );                     //按键扫描函数
void display(void);
/*延时 t*/
void delay(uint t)
{
   uint i,j;
   for(i=0;i<t;i++)
   for(j=0;j<120;j++);
}
void clear ( void )
{
   diandongji=1;                     //电动机不启动
   dianci=1;                         //电磁继电器不工作
}
void set(void )
{
    TMOD=0x01;                       //设置为定时器 0
    TH0=0x3c;                        //定时 5ms 初值
    TL0=0xb0;
    second=0;
    minute=0;
    hour=0;                          //送显示初值
    ET0=1;                           //开定时器 0 中断
    EA=1;                            //开启总中断
```

```
}
/*主函数*/
main()
{
   clear();
   while (1)
   {
       key() ;                                   //按键扫描
       look();                                   //数码管显示
   }
}
/*键扫描*/
void key( void )
{
     //计时函数
     if(jishi==0)   delay(10);
     if(jishi==0)
     {
        while(jishi==0);              //计时开关
        do{
           for(e=0;e<122;e++) display();   delay(40);
           second++;                  //用于当设置秒时，停止计秒
           if(second>=60)
           {
                second=0;   minute++;
                if(minute>=60)
                {
                   minute=0;  hour++;
                }
                if(hour>=24)hour=0;    //24 小时制判断
           }
           if(zero==0)   delay(10);
           if(zero==0)
           {
              while(zero==0); hour=0; minute=0;second=0;break;
           }
        }while(1);
        //TR0=1 ;
        //while(1);
    }
    if(start==0) delay(10);           //脉冲计数
    if(start==0)
    {
       while(start==0);
       diandongji=0;                  //电动机启动
       dianci=0;
       do{     look1();
     /*停止按键*/
     if(zero==0)    delay(10);
     if(zero==0)
```

```
{
   while(zero==0);
   diandongji=1;                    //电动机停止
   dianci=1;
   do{
        /*清零按键*/
        if(jishi==0)   delay(10);
        if(jishi==0)
        {
            while(jishi==0);number=0;number1=0; m=0;
            diandongji=1;         //电动机停止
            dianci=1; goto adjust;
        }
        look1();
    }while(start==1);
    diandongji=0;                   //电动机启动
}
```

干簧管计数代码如下：

```
  if(maichong==0) delay(20);
  if(maichong==0)
  {
    while(maichong==0);number1=number1+1;
    look1();
    /*如果计数挂数与要求挂数相等实现相应功能*/
    full=number1/10000;
    if(full==number/10000)
    {
       number1=0; m=0; k=0; diandongji=1; delay(300); dianci=0;
    }
      //如果每挂个数达到设定值时//
   if(number1==(number%1000)+(number1/10000)*10000)
   {
        dianci=1;
        for(e=0;e<122;e++)
        {look1();}
        dianci=0;                     //恢复电磁旋转
         if(m<100)
         {
           m=m+1;
           if(m<7)
           number1=m*10000;
           else
           {
              number1=0x00011170+(k++)*10000;
           }
         }
        else
```

```
            {
               m=0;k=0;
            }
         }
      }
   }while(1);
}
adjust:
/*按位循环设置*/
  if(AA==6)
   {
      AA=0;
      ET0=1;                          //定时器0中断
   }
   if(key1==0)                        //调整选择键
     delay(10);
   if(key1==0)
   {
     while(key1==0);                  //key 1  进入
     AA++;
     //鞭炮个数个位加一程序
     if(AA==1)
     {
        do{
              look();
              //lflash();
              if(key2==0)             //UP键
                 delay(5);
              if(key2==0)
              {
                 while(key2==0); //key 2  进入
                 if(bb==(number%10)+1)
                 {
                    number=(number/10)*10;
                 }
                 else
                    number=number+1;
                    look();
           }
           if(key1==0)               //退出
              delay(10);
           if(key1==0)
           {
              while (key1==0);
              break;
           }
   }while(1);
```

```
}
/*鞭炮个数十位加一程序*/
 if(AA==2)
 {
    do{
         look();
         if(key2==0)              //UP 键
            delay(5);
         if(key2==0)
         {
            while(key2==0);       //key 2  进入
            if(bb==(number%100)/10+1)
            {
               number=(number/100)*100+number%10;
            }
            else
               number=number+10 ;//加
            look();
         }
         if(key1==0)              //退出
            delay(10);
         if(key1==0)
         {
            while (key1==0); break;
         }
    }while(1) ;
 }

if(AA==3)                          //鞭炮个数百位加一程序
{
   do{
        look();
        if(key2==0)               //UP 键
           delay(5);
        if(key2==0)
        {
          while(key2==0);         //key 2  进入
          if(bb==(number%1000)/100+1)
          {
            number=(number/1000)*1000+number%100;;
          }
         else
            number=number + 100 ;
          look();
        }
        if(key1==0)               //退出
```

```
          delay(10);
        if(key1==0)
        {
          while(key1==0);
          break;
        }
    }while(1);
}
if(AA==5)                                   //挂数个位加一程序
 {
     do{
           look();
           if(key2==0)                  //UP 键
              delay(5);
           if(key2==0)
           {
              while (key2==0);          //key 2  进入
              if(bb==((number%100000)/10000)+1)
              {  number=(number/100000)*10000+number%10000;;}
              else number=number+10000 ;
              look();
           }
           if(key1==0)                  //退出
              delay(10);
           if(key1==0)
           {
              while (key1==0);
                 break;
           }
     }while(1) ;
}
if(AA==6)                                   //挂数十位加一程序
 {
     do{
           look();
           if(key2==0)                  //UP 键
              delay(5);
           if(key2==0)
           {
              while(key2==0);           //key 2  进入
              if(bb==((number%1000000)/100000)+1)
              {number=(number/1000000)*1000000+number%100000;;}
              else number=number+100000 ;
              look();
           }
          if(key1==0)                   //退出
```

```
          delay(10);    if(key1==0)
          {
             while (key1==0);
             break;
          }
       }while(1) ;
     }
  }
}
```

显示模块的代码如下：

```
void look(void )
{
   //挂数十位显示 6
   temp0=number%100000;
   guashushiwei=number/100000;
   P0=gyang[guashushiwei];
   P2=xy[1];//0000 1000
   if(AA==6)
   {
     b6++;   if(b6==100)b6=0;   if(0==b6%2)
     {
        P2=0x00;
        delay(40);
     }
     else
     {
        P2=xy[1];
     }
   delay(1);   P2=0x00;
   //挂数个位显示 5
   guashugewei=temp0/10000;
   temp0=temp0%10000;
   P0=gyang[guashugewei];
   //P2=xy[0];//0000 0100
   if(AA==5)
   {
      b5++;
      if(b5==100)b5=0;
      if(b5%2==0)
      {
        P2=0x00; delay(40);
      }
      else
      {
        P2=xy[0];
```

```
      delay(40);
    }
  }
  else
  {
      P2=xy[0];
 }
 delay(1);
 P2=0x00;
 //间隔显示
 P0=0xBF;
 P2=0x02;//0000 0010
 delay(1);
 P2=0x00;
 //鞭炮个数，百位显示 3
 temp0=temp0%1000;
 geshubaiwei=temp0/100;
 P0=gyang[geshubaiwei];
 //P2=xy[2];//0001 0000
 if(AA==3)
 {
   b3++;
   if(b3==100)b3=0;
   if(0==b3%2)
   {
      P2=0x00;
      delay(40);
   }
   else
   {
      P2=xy[2];
      delay(40);
   }
 }
 else
 {
    P2=xy[2];
 }
 delay(1);
 P2=0x00;
//鞭炮个数十位显示 2
 temp0=temp0%100;
 geshushiwei=temp0/10;
 P0=gyang[geshushiwei];
 //P2=xy[3];                          //0010 0000
 if(AA==2)
```

```
{
  b2++;
  if(b2==100)b2=0;
  if(0==b2%2)
  {
     P2=0x00;
     delay(40);
  }
  else
  {
    P2=xy[3];
    delay(40);
  }
}
else
{
  P2=xy[3];
}
delay(1);
P2=0x00;
//鞭炮个数，个位显示 1
temp0=temp0%10;
geshugewei=temp0;
P0=gyang[geshugewei];
//P2=xy[4];//0100 0000
if(AA==1)
{
  b1++;
  if(b1==100)b1=0;
  if(0==b1%2)
  {
      P2=0x00;
      delay(40);
  }
  else
  {
      P2=xy[4];//0100 0000
      delay(40);
  }
 }
 else
 {
     P2=xy[4];//0000 1000
 }
 delay(1);
 P2=0x00;
```

```
} //look
void look1(void )
{
   //挂数十位显示
   temp0=number1%100000;
   guashushiwei=number1/100000;
   P0=gyang[guashushiwei];
   P2=xy[1];              //0000 1000
   delay(1);
   P2=0x00;
   //挂数个位显示
   guashugewei=temp0/10000;
   temp0=temp0%10000;
   P0=gyang[guashugewei];
   P2=xy[0];              //0000 0100
   delay(1);
   P2=0x00;
  }
   //间隔显示
   P0=0xBF;
   P2=0x02;               //0000 0010
   delay(1);
   P2=0x00;
   //鞭炮个数百位显示
   temp0=temp0%1000;
   geshubaiwei=temp0/100;
   P0=gyang[geshubaiwei];
   P2=xy[2];              //0001 0000
   delay(1);
   P2=0x00;
   //鞭炮个数十位显示
   temp0=temp0%100;
   geshushiwei=temp0/10;
   P0=gyang[geshushiwei];
   P2=xy[3];              //0010 0000
   delay(1);
   P2=0x00;
   //鞭炮个数个位显示
   temp0=temp0%10;
   geshugewei=temp0;
   P0=gyang[geshugewei];
   P2=xy[4];              //0100 0000
   delay(1);
   P2=0x00;
 }
void display(void)
{
```

```
    P0=gyang[second%10];           //送秒显示个位
    P2=xy[4];//0100 0000
    delay(1);
    P2=0x00;
    P0=gyang[second/10];           //送秒显示十位
    P2=xy[3];//0010 0000
    delay(1);
    P2=0x00;
    P0=gyang[minute%10];           //送分钟显示个位
    P2=xy[2];//0001 0000
    delay(1);
    P2=0x00;
    P0=gyang[minute/10];           //送分钟显示十位
    P2=0x02;//0000 0010
    delay(1);
    P2=0x00;
    P0=gyang[hour%10];             //送小时显示个位
    P2=xy[0];//0000 0100
    delay(1);
    P2=0x00;
    P0=gyang[hour/10];             //送小时显示十位
    P2=xy[1];//0000 1000
    delay(1);
    P2=0x00;
}
timer0() interrupt 1
{
    EA=0;
    TH0=0x3c;                      //重新载入定时初值
    TL0=0xb0;
    TR0=0;
    display();
    b++;
    if(b==20)
    {
      b=0;
      second++;                    //用于当设置秒时，停止计秒
      if(second>=60)
      {
         second=0;
         minute++;
         if(minute>=60)
         {
           minute=0;
           hour++;
         }
         if(hour>=24)hour=0;     //24 小时制判断
```

```
        }
        display();
    }
    EA=1;
    TR0=1;
}
```

9.4 系统调试与实际测试

本节主要介绍软件调试、硬件测试以及软硬件联调。

1．软件调试

软件的程序调试采用 KEIL C51 软件去调试，主要是观察程序有无语法错误和逻辑错误，并且分段调试，观察程序运行过程中是否实现相应的输出。

2．硬件测试

硬件测试的仪器有数字示波器、数字电压表等。测试的部件有：

- 整流电路中的交流和直流电压。
- AT89S51 单片机各引脚电压。
- 数码管显示。

3．软硬件联调

将调试成功后的系统程序载入单片机芯片后，然后接上电源，查看该系统是否能够实现应有的功能，检查其数码管显示是否稳定，并检查单片机输出控制的继电器两端电压是否达到要求值。

第 10 章　基于 AT89C51 的风力发电偏航控制系统

本章采用 AT89C52 单片机的 C 语言编程，运用 L297、L298 等芯片对步进电动机进行控制进而调节叶片的偏向角，使叶片始终处于正面迎风的状态，从而保证风力发电动机时刻输出最大的功率。实测表明，利用该方法设计的步进电动机驱动系统具有硬件结构简单、软件编程容易和价格低廉等特点。

10.1　实例原理及背景

本节主要从研究背景、国内外研究现状比较介绍开发基于 AT89C51 风力发电偏航控制系统的必要性。本设计就从经济、安全、稳定的角度出发来设计一种风力发电偏航控制系统。

国内外研究现状如下：

（1）单机容量向大型化发展。为了降低单位造价及发电成本，世界各国竞相研制大功率的风力发电动机，目前世界上兆瓦级的风力发电动机已具备了商业价值，陆上单机容量已达 2MW，近海单机容量已达 5 MW。

（2）风力发电动机组形式多样化，由恒速运行向变速运行发展。由于变速运行的风力发电动机组具有发电量大，对风电场风速变化的适应性好，降低噪声及提高风轮的效率，精确地控制功率因数等优点，因此它已成为风力发电动机组的发展方向。

（3）定桨距向变桨距方向发展。变桨距风力发电动机组具有结构轻巧良好的变风速性能和运输起吊难度小等优点，因而是大容量风力发电动机的发展方向。

（4）采用柔性结构。采用柔性叶片和柔性塔架，以降低材料消耗和最大限度吸收振动、减轻动载荷，可大大降低风力发电动机生产成本。

目前，世界市场上风力发电动机主要的调节技术有：定桨距调节风力发电动机技术、变桨距调节风力发电动机技术、主动定桨距调节技术、变速恒频 4 种。容量小于 750 kW 的风力发电动机尚可使用定桨距调节技术，容量大于 750 kW 的风力发电动机大多采用主动定桨距调节技术、变桨距调节技术和变速恒频调节技术。而风力发电偏航控制系统则是以上 4 种调节技术所必需的，风力发电偏航控制系统分为被动偏航和主动偏航两种类型，前者在小型风力发电动机组中应用较多，大型风力发电动机组中则常常采用后者。

10.2　偏航控制系统基本原理

本章所设计的风力发电偏航控制系统采用图 10-1 所示的控制结构，其原理如下：

为满足控制需要，本系统采用 AT89C52 单片机作为核心器件；自制电位器和风向标为风向位置数据采集器件；A/DC0804 为模数转换芯片；TL251-4 为光电隔离电路，可减小步进电动机对单片的干扰作用；以 L297 为环行分配器、L298 为功率放大器来驱动步进电动机，通过控制步进电动机带动转盘的转动完成偏航调整。在实际大型的偏航控制系统中都采用的是利用 4 台电动机来完成偏航调整，本设计为了设计方便仅用了一台电动机来进行演示。

为了更好地观测好偏航系统的控制效果，采用键盘和数码管显示为人机界面的结构方式。算法方面通过采集输入电压偏差值，完成对步进电动机的控制，从而完成对叶片角度的偏转，使之始终处于正面迎风的状态。当叶轮位置与风向偏离时，风向标发信号，单片机对信号进行判断后，释放液压制动卡钳。另一弹簧卡钳始终工作，起摩擦阻尼作用。启动偏航电动机，机舱转动，直到机舱与风向一致时偏航调整结束，液压制动卡钳制动，机舱定位。为避免因机舱转动使电缆绞合，机舱每转动 360°，偏航系统由计算机控制启动，使发电动机机舱反向旋转 360°，以防止电缆过多变形。

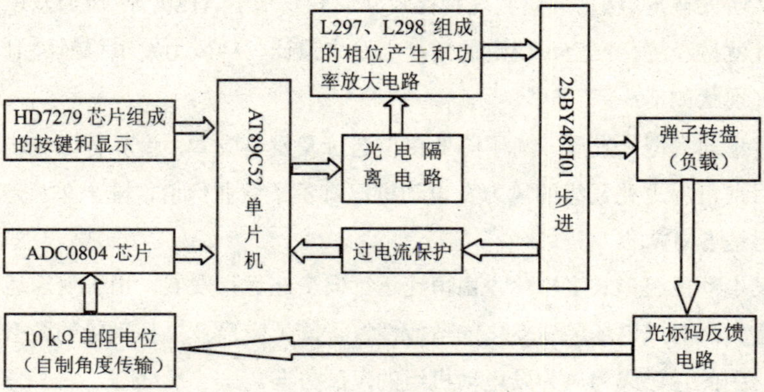

图10-1　偏航控制系统总体框图

10.2.1　相关知识提示：偏航装置简介

（1）尾舵对风。微小型风力发电动机常用尾舵对风，将尾翼装在尾杆上与风轮轴平行或成一定的角度。尾舵调向结构简单、调向可靠、制造容易、成本低。

（2）侧风轮对风。中小型风力发电动机可用侧风轮作为对风装置，当风向变化时，位于风轮后面的两个侧风轮（其旋转平面与风轮旋转平面相垂直）旋转，并通过一套齿轮传动系统使风轮偏转，当风轮重新对准风向后，侧风轮停止转动，对风过程结束。

（3）伺服电动机或调向电动机调向。大中型风力发电动机一般采用电动的伺服或调向电动机来调整风轮并使其对准风向。偏航系统一般包括感应风向的风向标、偏航电动机、偏航行星齿轮减速器、回转体大齿轮等。其工作原理：风向标作为感应元件将风向的变化用电信号传递到偏航电动机的控制回路里，经过比较后处理器给偏航电动机发出顺时针或逆时针的偏航命令，为了减少偏航时的陀螺力矩，电动机转速将通过同轴连接的减速器减速，然后将偏航转矩作用在回转体大齿轮上，带动风轮偏航对风，当对风完成后，风向标失去电信号，电动机停止工作，偏航过程结束。

总之，尾舵对风与侧风轮对风是在风力的作用下叶轮自行调至迎风位置，称为被动迎风。而由调向电动机将叶轮调至迎风位置则被称为主动迎风。由于风向存在随机性，被动迎风时叶轮平面频繁摆动，影响调向机构的寿命，所以被动迎风仅适用于调向力矩小的小型风力发电动机。而对于大型的风力发电动机系统，则必须设计一套主动对风的偏航控制系统。

10.2.2　设计任务

为了实现系统的功能，本系统要完成的任务如下：

（1）角度检测和采集模块、A/D 转换模块、步进电动机控制模块、转盘模块；

（2）完成偏航控制系统原理图的设计及其 PCB 板的制作；

（3）制作出硬件电路；

（4）完成软件的编写；

（5）调试并完成偏航控制功能。

图 10-2 为风力发电系统示意图。

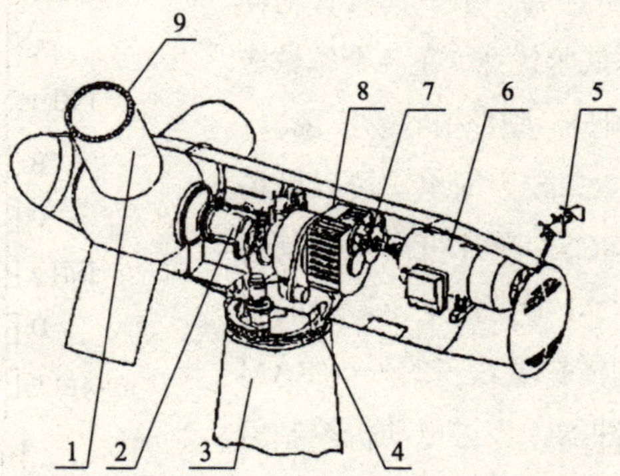

图10-2　风力发电系统示意图

1—轮毂（装叶片）；2—传动系统；3—塔架；4—偏航装置；5—风速风向仪；6—发电动机；7—刹车系统；8—增速齿轮箱；9—变桨距机构

10.3　系统方案论证

本系统所涉及的核心问题主要有：

（1）对电动机的转速、转向、启停等多种工作状态进行快速而准确的控制，以保证偏航系统能够正常的运行。

（2）为保证该控制系统的精度要求，必须对风向标所指示的风的具体位置（坐标点）进行实时检测。

（3）为保证能够动态显示该偏航系统的工作效能，还需要相应的设定及显示电路。

10.3.1 控制器模块

本设计中，控制器主要用于控制电动机，并对坐标参数进行处理，控制电动机移动方向。对于控制器的选择有以下两种方案。

方案一：采用 FPGA 为系统的控制器。FPGA 可以实现各种复杂的逻辑功能，模块大，密度高，它将所有器件集成在一块芯片上，减少了体积，提高了稳定性，并且可应用 EDA 软件仿真、调试，易于进行功能控制。FPGA 采用并行的输入/输出方式，提高了系统的处理速度，适合作为大规模实时系统的控制核心。通过输入模块将参数输入给 FPGA，FPGA 通过程序设计控制步进电动机运动，但是由于本设计对数据处理的时间要求不高，FPGA 的高速处理的优势得不到充分体现，并且由于其集成度高，使其成本偏高，同时由于芯片的引脚较多，实物硬件电路板布线复杂，加重了电路设计和实际焊接的工作。

方案二：采用 AT89C52 作为系统控制的方案。单片机算术运算功能强，软件编程灵活、自由度大，可用软件编程实现各种算法和逻辑控制。由于其具有功耗低、体积小、技术成熟和成本低等优点，在各个领域应用广泛。另外，由于芯片引脚少，硬件很容易实现。

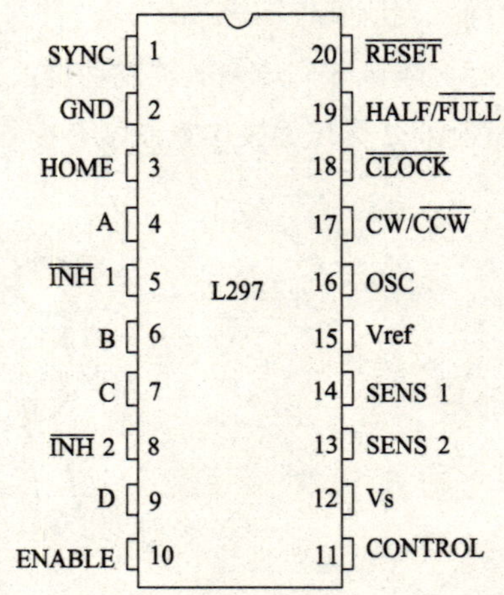

图10-3　L297芯片图

综合上述两种方案，方案二较为简单，可以满足设计要求。本系统采用 AT89C52 单片机产生控制信号。单片机内部的 RAM 和 ROM 即可满足该项目的要求，在以后的实际运用中，如需扩展较多的外部 RAM 和 ROM 时，可加上数据缓冲器。步进电动机控制信号通过 AT89C52 单片机的 P0 口输出控制信号，经 L297 芯片作为步进电动机的控制信号。为了增加步进电动机工作的灵活性，在启动步进电动机工作之后，当有键按下时，产生外部中断，达到灵活控制步进电动机的目的。

图 10-3 所示为 L29 芯片图，L297 有 3 种工作状况，分别为：

（1）HALF STEP MODE：A HIGH LEVEL ON THE HALF/FULL INPUT，其时序图如图 10-4 所示。

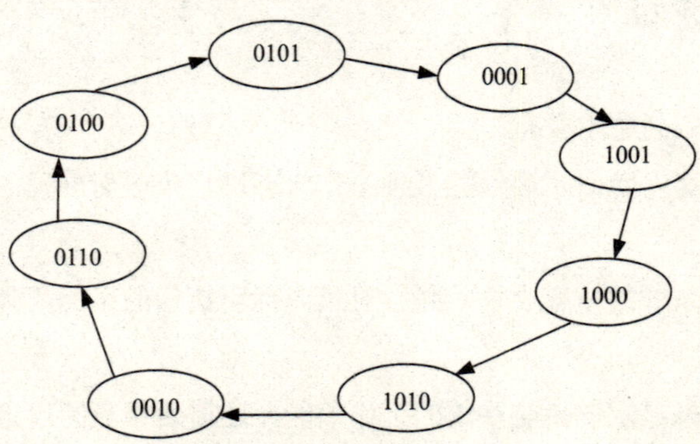

图10-4　HALF STEP MODE

（2）NORMAL DRIVE MODE：A LOW LEVEL ON THE HALF/FULL INPUT，其时序图如图 10-5 所示。

（3）WAVE DRIVE MODE：A LOW LEVEL ON THE HALF/FULL INPUT，其时序图如图 10-6 所示。

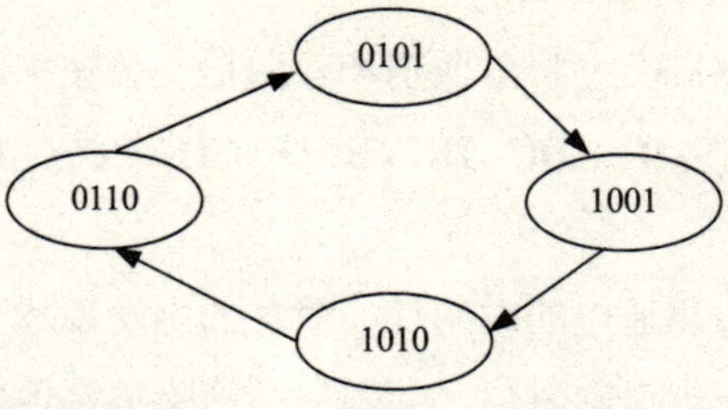

图10-5　NORMAL DRIVE MODE

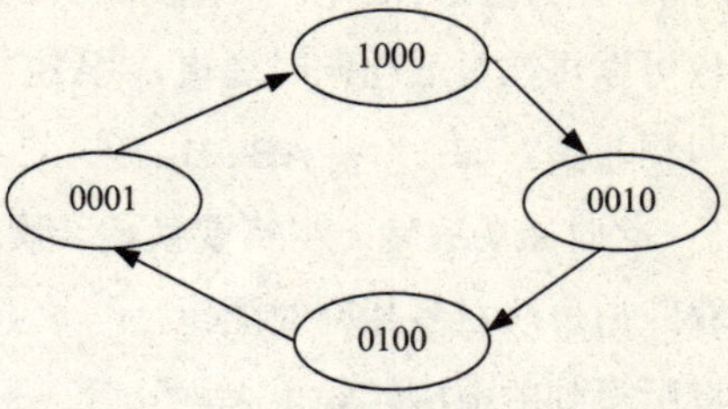

图10-6　WAVE DRIVE MODE

10.3.2　电动机的选择

方案一：采用直流电动机。直流电动机具有最优越的调速性能，主要表现在调速方便（可无级调速）、调速范围宽、低速性能好（起动转矩大、起动电流小）、运行平稳、噪声低、效率高等方面。

方案二：采用步进电动机。步进电动机具有控制简单、定位精确、无积累误差等优点。但它在运行时噪声大、高速扭矩小、启动频率低、价格较高。步进电动机是一种将电脉冲转化为角位移的数字控制执行机构。它将电脉冲信号转变成角位移，即给一个脉冲信号，步进电动机就转动一个角度，因此非常适合于单片机控制。

1. 步进电动机的特点

步进电动机的角位移与输入脉冲数严格成正比，因此，当它转动一周后，没有累计误差，具有良好的跟随性；由步进电动机与驱动电路组成的开环数控系统，既非常简单、廉价，又非常可靠。同时，它也可以与角度反馈环节组成高性能的闭环数控系统；步进电动机的动态响应快，易于起停、正反转及变速；速度可在相当宽的范围内平滑调节，低速下仍能保证获得大转矩，因此，一般可以不用减速器而直接驱动负载;步进电动机只能通过脉冲电源供电才能运行，它不能直接使用交流电源和直流电源。步进电动机存在振荡和失步现象，必须对控制系统和机械负载采取相应的措施。步进电动机自身的噪声和振动较大，带惯性负载的能力较差。

2. 步进电动机的分类

步进电动机可分为反应式步进电动机（VR）、永磁式步进电动机（PM）、混合式步进电动机（HB）3 类。其中永磁式步进电动机一般为两相，转矩和体积较小，步进角一般为 7.5°或 15°；反应式步进电动机一般为三相，可实现大转矩输出，步进角一般为 1.5°，但噪声和振动都很大，在欧美等发达国家 20 世纪 80 年代已被淘汰。

混合式步进电动机是指混合了永磁式和反应式的优点。它又分为两相和五相：两相步进角一般为 1.8°而五相步进角一般为 0.72°。这种步进电动机的应用很广泛。

3. 步进电动机的工作方式

下面以四相步进电动机25BY48H01为例，说明步进电动机的工作方式:25BY48H01 有四相ABCD，如果对各个相依次单独通电，“A– B– C– D”，磁场旋转一周需要换相4次，则称为四相单四拍；如果每次对两相同时通电，“AB– BC– CD– DA”，则称为四相双四拍。

也可以每次对三相同时通电，“ABC– BCD– CDA– DAB”；将单四拍和双四拍交替使用，就称为四相八拍，如：“A– AB– B– BC– C– CD– D– DA”、“AB– ABC– BC– BCD– CD– CDA– DA– DAB”，此时磁场旋转一周需要换相8次。

双四拍每次对多相同时通电，与单四拍比较起来，每相通电的时间长，消耗的电功率增大，电动机所得到的电磁转矩也大。同时，采用多相励磁会产生电磁阻尼，会削弱或消除振荡现象，使得电动机不易产生失步。

四相八拍与四相四拍相比较，步距角减小了一倍，有利于削弱振荡，提高电动机的带负载能力。一般说来，步进电动机控制系统需要以下部分:脉冲发生器用于产生频率变化的脉冲信号；脉冲分配器根据方向控制信号将脉冲信号转换成有一定逻辑关系的环形脉冲；功率放大器将脉冲分配器输出的环形脉冲放大，用于控制步进电动机的运转，这些部分都可以由专门的电路来实现。如果用单片机加上专门的驱动芯片来控制步进电动机，可以简化电路，提高可靠性。

型号：25BY48H01。

技术指标如表10-1所示。图10-7为其接线图。

主要用途：读卡机、打字机、教学仪器、医疗仪器。

绝缘电阻：500V DC，100 MΩ。

使用温度：-10 ~+55℃。

表10-1　25BY48H01 步进电动机技术指标

型 号	步矩角 /（°）	相数	电 压 /V	电流/A	电 阻 /Ω	最大静转矩/N·cm	定位转矩 /N·cm	转子转动惯量 /N·cm²	质量/g
25BY48H01	7.5	4	5	0.5	10	100	45	1.0	35

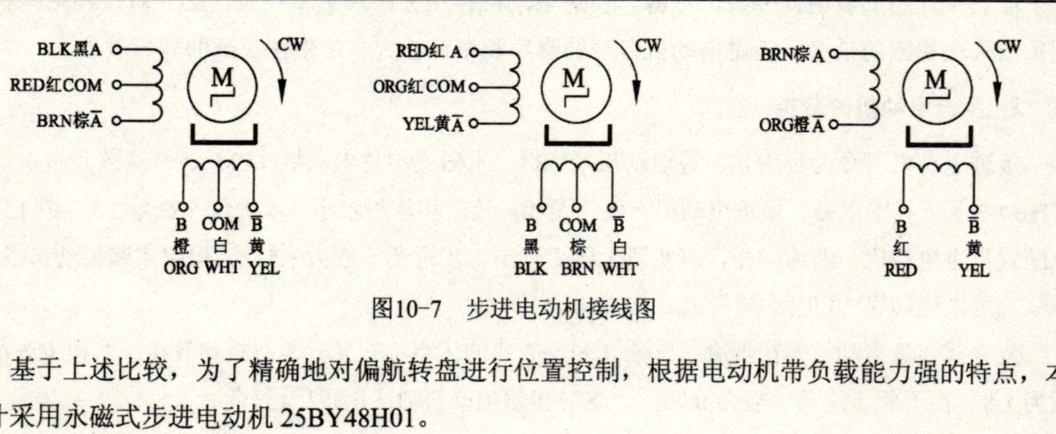

图10-7　步进电动机接线图

基于上述比较，为了精确地对偏航转盘进行位置控制，根据电动机带负载能力强的特点，本设计采用永磁式步进电动机25BY48H01。

10.3.3 驱动及调速方案

方案一：采用继电器对电动机的开和关进行控制，通过开关的切换对电动机的速度进行调整。这个方案的优点是电路较为简单，实现容易；缺点是继电器的响应速度慢、机械结构易损坏、寿命较短。

方案二：采用内集成有达林顿晶体管组成的H形的功率变换桥电路的恒压恒流桥式2 A驱动芯片。用单片机输出PWM信号控制使之工作在占空比可调的开关状态，通过程序调节占空比，精确调整电动机转速。这种电路由于工作在晶体管的饱和截止模式下，效率非常高；H形电路保证了可以简单实现转速和方向的控制；电子开关的速度很快，稳定性也极强，是一种广泛采用的PWM调速技术。

方案三：采用DSP芯片，配以电动机控制所需要的外围功能电路，通过数控电压源调节电动机运行速度，从而控制物体的运动轨迹。该方案的优点是体积小、结构紧凑、使用便捷、可靠性高。但系统软硬件复杂、成本高。

基于上述理论分析和实际情况，本设计最终使用 L297、L298 组成的典型驱动电路。该电路具有容易实现，输入电压低，输出功率大的特点，满足本设计要求。

10.3.4 偏差角度（位置）采集方案

方案一：采用霍尔集成片。该器件内部由3片霍尔金属板组成，当磁铁正对金属板时，由于霍尔效应，金属板发生横向导通，因此可以在电动机上安装磁片，而将霍尔集成片安装在固定轴上，通过对脉冲的计数进行电动机速度的检测。

方案二：采用对射式光电传感器。其检测方式为：发射器和接收器相互对射安装，发射器的光直接对准接收器，当被测物挡住光束时，传感器输出产生变化以指示被测物被检测到。通过脉冲计数，对速度进行测量。由于电动机的收线轮直径较小，将传感器安在电动机上容易产生测量误差，将传感器安在滑轮上可以减少收线引起的误差。

方案三：采用电位器式传感器间接测量方式。通过杠杆机构将线位移转化为电阻值的变化，再根据电阻与速度之间的关系实现速度的检测。

以上3种方案都是比较可行的方案。尤其是霍尔元件，应用得很广泛。方案一和方案二的精度都会有一定的限制。要达到本设计的要求会给制作带来难度；鉴于此情况，选择多圈电位器更好，它大大满足本设计的精度要求。

10.3.5 抗干扰电路

此系统输出为大功率执行电动机，对单片机有较大的干扰，为了尽可能地减少干扰。本系统采用TLP251-4光隔离芯片隔离控制器输出的信号，经过光耦合器驱动电路控制电动机的正反转、转动角度控制。最终通过传动机构保持风力发电动机叶轮迎风面始终垂直于风向。

10.3.6 机械传动机构和执行元件

在实际偏航控制系统中机械传动机构由偏航轴承、齿轮箱、蜗轮蜗杆机构组成， 因为机舱转动惯量较大，为了减小机舱旋转时产生大的陀螺力矩，机舱调向时要求大的传动比。通过这些传动机构，将偏航电动机的转速降低， 实现平稳偏航。采用直流伺服电动机作为控制器的执行元件， 当由于风向改变导致风力机输出的功率变化时，控制器发出偏航指令， 通过开关元件的动作，偏航电动机执行开起和调向。在本设计中利用从废品店买到的弹子转盘和自制转盘组成机械传动机构。

10.4 系统硬件设计

本节主要从系统电路连接及硬件资源分配和系统各模块单元电路设计来介绍系统的硬件电路设计及实现。

10.4.1 系统电路连接及硬件资源分配

采用 AT89C52 单片机作为核心器件，电位器为转盘位置采集器件，通过 ADC0804 转换为数字信号送入单片机处理，L297 作为步进电动机的分配器，L298 作为步进电动机的驱动模块，以 HD7279 驱动的 LED 显示和 4×4 键盘作为人机接口。

10.4.2 系统各模块单元电路设计

1. 单片机小系统

考虑系统的设计要求，本系统的控制采用 AT89C52 作为控制器。由于 Atmel 公司生产的此型号单片机是一种低功耗、高性能的 8 位 CMOS 微处理器芯片。片内带有 8 KB 的闪烁可编程及可擦除只读存储器，与工业标准的 80C51 指令集与引脚分布相兼容。片上的 PROM 允许在线对程序存储器重新编程，也可用常规的非易挥发存储芯片编程器编程。它的特点可归纳如下：

- 与 MCS-51 产品兼容；
- 8 KB 在线可重复编程闪烁存储器；
- 寿命：1000 次写/擦除周期；
- 数据保存周期：10 年；
- 宽工作电压范围：$V_{cç}$～V；
- 全静态工作方式：0 Hz～24 MHz；
- 3 级序存储器锁定；
- 256×8 位内部 RAM；
- 32 条可编程 I/O 口线；
- 3 个 16 位定时/计数器；
- 8 个中断源；
- 可编程串行口中断；
- 低功耗的闲置断电模式。

2. 部分电路设计

本系统中使用了常州宝来电器有限公司生产的 25BY48H01 步进电动机，其额定工作电压为

5 V，单片机额定工作电压为 5 V，L297 额定工作电压为 5 V，L298 工作电压可以为 2～46 V。本系统为实验演示，为使电源方便设计，其工作电压为 5 V。所以电路中采用了 7805 和 7812 作为稳压模块，其最大输出电流为 1.5 A，满足系统电动机驱动电流的要求，其电路如图 10-8 所示。

（光盘\原理图\10_8.SchDoc）

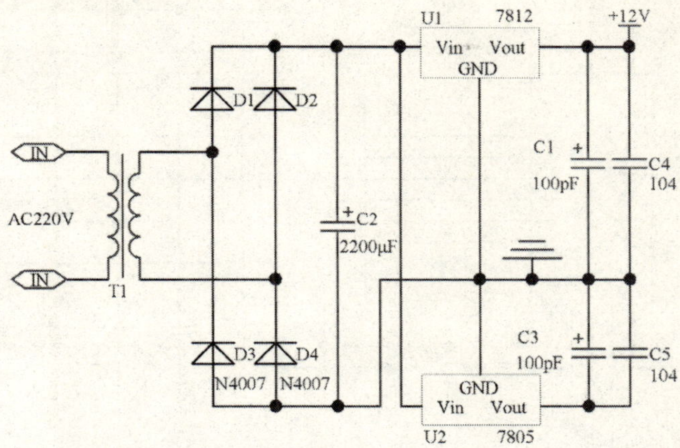

图10-8　电源设计模块

其中，7805 稳压管和 7812 稳压管的性能指标如下：

7805 稳压管：

- 输出电流 1000 mA；
- 最大输入电压 26 V；
- Dropout 电压 0.5 V；
- 静态电流 10 mA。

7812 稳压管：

- 输出电压 U_O=11.5～12.5 V，　I_O max=1.5 A；
- 最小输入电压 U_I min=14 V；
- 最大输入电压 U_I max=35 V，均能满足电路要求；
- LM7812 输入/输出电压差为 2 V。

3. 驱动模块设计

图 10-9 为该系统的电动机驱动模块。L297 单片步进电动机控制器集成电路适用于双极性两相步进电动机或单极性四相步进电动机的控制。用 L297 输出信号可控制 L298 双 H 桥驱动集成电路从而减轻微处理机和程序设计的负担。此芯片是具有 20 个引脚的双列直插式塑胶封装的器件，采用固定斩波频率的 PWM 恒流斩波方式工作。L297 主要由译码器、两个固定斩波频率的 PWM 门、恒流斩波器以及输出逻辑控制组成，工作原理如下：L297 的核心是脉冲分配器，它产生 3 种相序信号，对应于 3 种不同的工作方式：即半步方式（HALFSTEP）；基本步距（FULLSTEP，整步）一相激励方式；基本步距两相激励方式。脉冲分配器内部是一个 3 位可逆计数器，加上一些组合逻辑，产生每周期 8 步格雷码时序信号，这也就是半步工作方式的时序信号。此时 HALF/FULL

信号为高电平。若 HALF/FULL 取低电平， 得到基本步距工作方式，即 4 步工作方式。

（光盘\原理图\10_9.SchDoc）

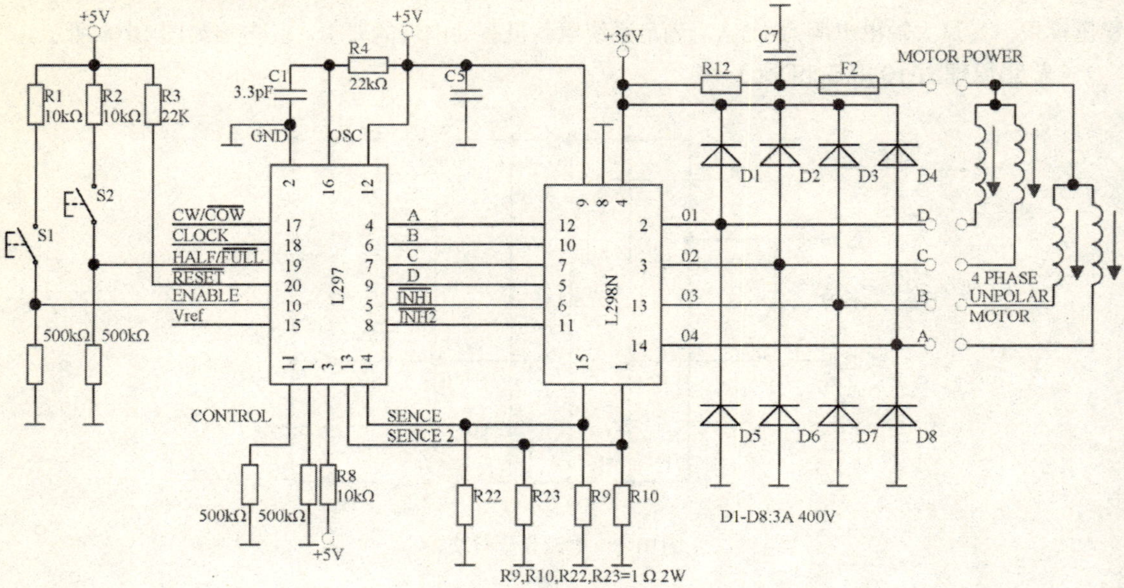

图10-9 电动机驱动模块

L297 的另一个重要组成是由两个 PWM 斩波器来控制相绕组电流，实现恒流斩波控制以获得良好的转矩—频率特性。每个斩波器由一个比较器、一个 RS 触发器和外接采样电阻组成，并设有一个公用振荡器，向两个斩波器提供触发脉冲信号。 频率 f 是由外接 16 脚的 RC 网络决定的，当 R>10 kΩ 时，f=1/0.69 RC。当时钟振荡器脉冲使触发器置 1，电动机绕组相电流上升，采样电阻（Rs）的电压上升到基准电压 V_{ref} 时，比较器翻转使触发器复位，功率晶体管关断，电流下降，等待下一个振荡脉冲的到来。这样，触发器输出的是恒频 PWM 信号，调制 L297 的输出信号，绕组相电流峰值由 V_{ref} 整定单片机将 P0 口作为输出控制使能端，L298 的两个控制端（A、B）的工作情况由表 10-2 列出（Ven 为使能端）。

表10-2 L298控制表

输 入		功 能
Ven=H	A=H；B=L	正转
	A=L；B=H	反转
	A=B	制动
Ven=L	A=×；B=×	停止

4．速度采集设计

上面在方案论证中已经提出电动机速度的数据采集是通过检测滑轮上的转速来得到电动机的速度。如图 10-10 所示，速度采集系统中使用多圈电位器即图中 W1、W2 进行检测，然后通过 ADC0804 进行转换。

ADC0804 是用 CMOS 集成工艺制成的逐次比较型模数转换芯片。分辨率 8 位，转换时间 100 μs，输入电压范围为 0～5 V，增加某些外部电路后，输入模拟电压可为 5 V。该芯片内有输出数据锁存器，当与计算机连接时，转换电路的输出可以直接连接在 CPU 数据总线上，无须附加逻辑接口电路。以程序查询为例，说明 ADC0804 在数据采集系统中的应用。采集数据时，首先微处理器执行一条传送指令，在该指令执行过程中，微处理器在控制总线的同时产生 C 低电平信号，启动 A/D 转换器工作，ADC0804 经 100μs 后将输入的模拟信号转换为数字信号存于输出锁存器，并在 INTR 端产生低电平表示转换结束，同时通知微处理器可来取数。当微处理器通过总线查询到 INTR 为低电平时，立即执行输入指令，以产生 CS 低电平信号到 ADC0804 相应引脚，将数据取出并存入存储器中。整个数据采集过程中，由微处理器有序地执行若干指令，直至完成。

ADC0804 是一个 8 位双通道 A/D 转换器件。选用的多圈电位器为 2 圈、10 kΩ，动滑轮直径为 5 cm，则旋转 1 圈的线长为：L=5π（由 ADC0804 的分辨率得出），采集到最小线位移为：l=L/28。当电动机开始运行时，拖动滑轮转动，多圈电位器和滑轮同步转动，从而改变多圈电位器的输出电压，A/D 转换器将多圈电位器的输出电压转换成数字信号送给单片机处理，从而实现对滑轮运转情况的精确采集。单片机的 P1 口为数据输入接口，ADC0804 的 RD、WR 和单片机的 P3.6、P3.7 接口相连。

（光盘\原理图\10_10.SchDoc）

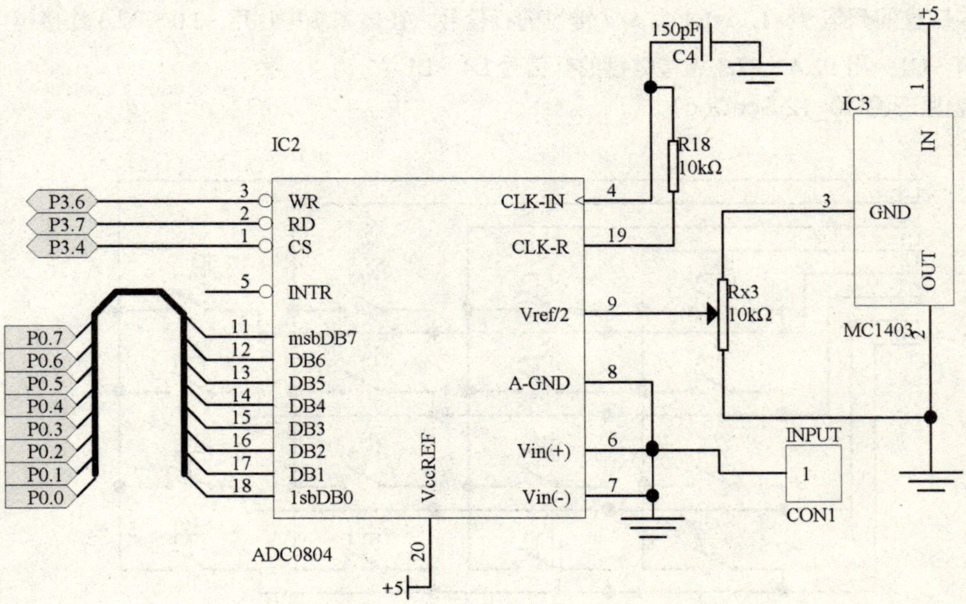

图10-10　数据采集模块

5. 显示模块设计

显示部分电路由 MAX7219、数码管组成。采用 8 个 LED 进行 X 轴坐标显示、Y 轴坐标显示。其电路图如图 10-11 所示。

（光盘\原理图\10_11.SchDoc）

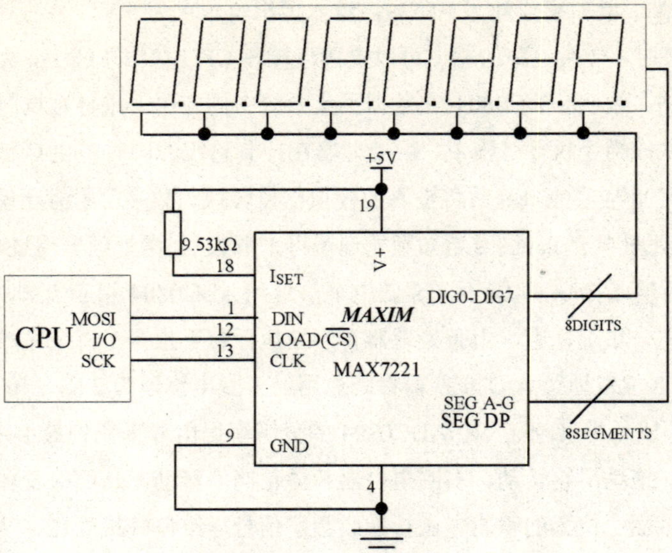

图10-11　显示模块

6. 键盘模块电路设计

根据设计需求，本系统中使用了标准的 4×4 键盘，其电路原理图如图 10-12 所示。图中 C1～C4 为 4×4 键盘的列信号，L1～L4 为 4×4 键盘的行信号。在本系统中，用 P2.0～P2.3 连接键盘的列信号 C4～C1；用 P2.4～P2.7 连接键盘的行信号 L4～L1。

（光盘\原理图\10_12.SchDoc）

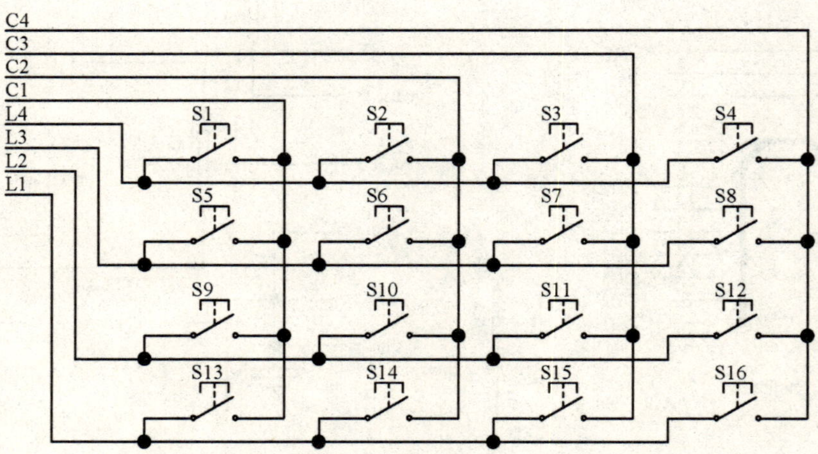

图10-12　4×4键盘电路原理图

在本系统中，S1～S3、S5～S7、S9～S11、S13 为数字键，S4、S8、S12、S14～S16 为功能键，S4、S8、S12、S16 为双功能键。主要功能如表 10-3 所示。

表10-3　4×4键盘功能图

1	2↑	3	方　式
4 ←	5	6 →	X
7	8↓	9	Y
0	设置	启动	确认

设置键：手动对位或任意设定坐标点参数键，按下后用上、下、左、右键可进行手动对位控制，然后按确认键确认，如图 10-13 所示。

7.光电隔离电路

图 10-14 所示为本设计的光电隔离电路。

（光盘\原理图\10_14.SchDoc）

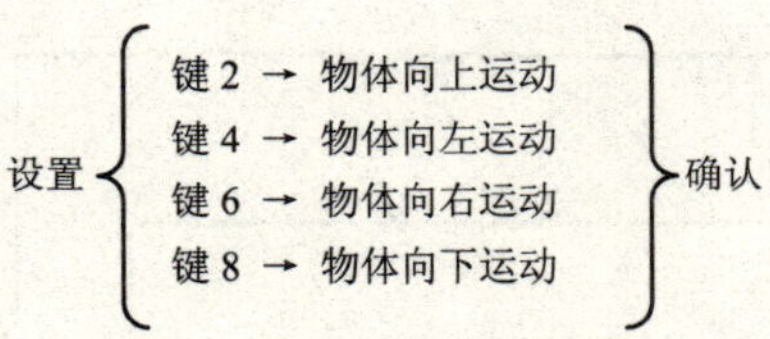

图10-13　键盘设置模块

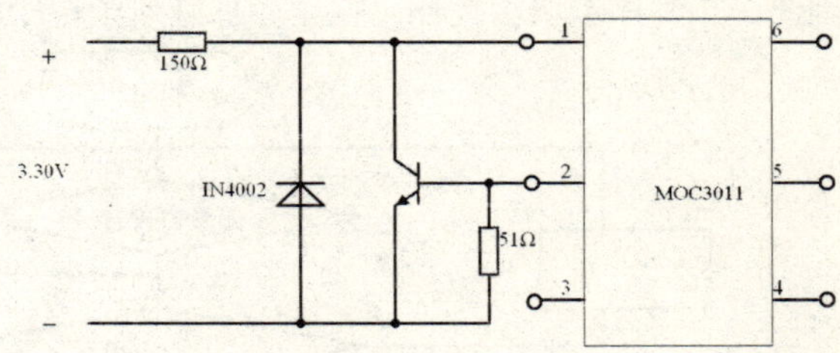

图10-14　光电隔离电路

10.5　系统软件设计

本节主要从系统的理论分析与计算和源程序来介绍系统的软件设计。

10.5.1　理论分析与计算

步进电动机细分驱动控制的软件主要由主控程序、细分驱动程序、键处理程序、显示驱动程序、监控程序等部分组成。细分驱动主控制程序控制整个程序的流程，主要完成驱动的初始化、中断方式的设置、计数器工作方式的设计及相关子程序的调用等。初始化包括 7279 寄存器、7279 的显示 RAM、AT89C52 的中断系统及内部 RAM 等。

在该电路中，将 P1.0 口设为电动机开始按钮，P1.1、P1.2、P1.3 为速度选择按钮，速度由低到高，P3.4 为电动机停止按钮，并设三挡速度的最高速度依次为 500 pps、1000 pps、2000 pps。RXD、TXD 已由 MAX232 电平转换接出串口。此外，步进电动机启动，停止的频率较低，一般在 100～250Hz，而最高运行频率要求较高，通常为 1～3 kHz，为使其在启动、运行和停止整个过程中，既不会失步，又能够尽快精确地达到目标位置，运行速度都要有一个加速—恒速—减速的过程。这里采用离散办法来逼近理想的近似梯形的升降速曲线，如图 10-15 所示。

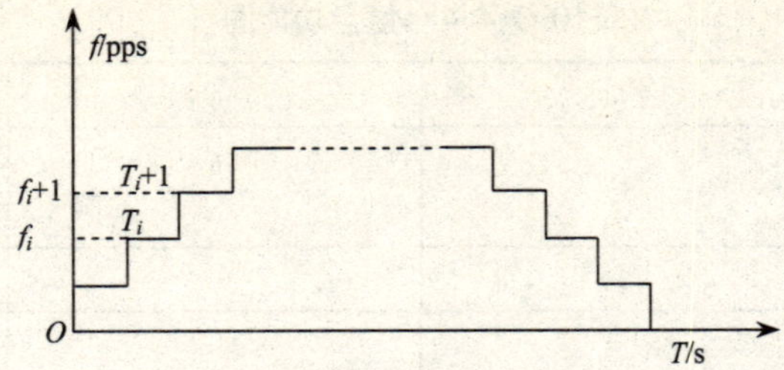

图10-15　升降曲线图

即利用定时器中断方式来不断改变定时器装载值的大小。本例中，为计算方便，把各离散点的速度所需的装载值用公式转化为各自所需的定时时间固化在系统的 ROM 中，这里用 TH0=(65536-time)/256，TL0= (65536-time)%256 来计算装载值，time 表示各阶梯所需定时时间。系统在运行中用查表法查出所需的时间， 从而大幅度减少占用 CPU 的时间，提高系统的相应速度。因此，该程序主要由控制主程序、加减速子程序组成，主程序框图如图 10-16 所示。

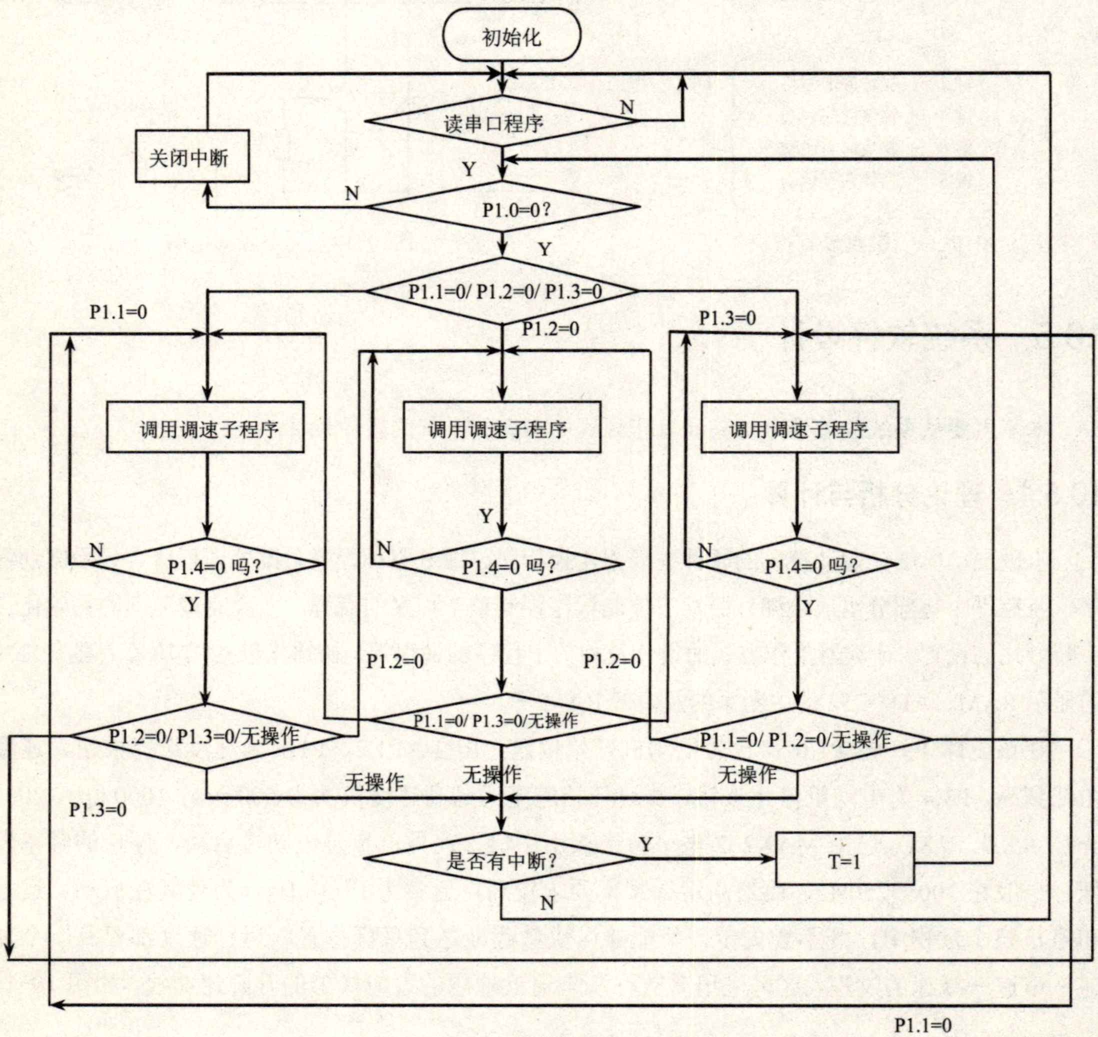

图10-16　主程序流程图

10.5.2　源程序

系统的源程序如下：

（光盘\程序\10_1. c）

```
#include <reg51.h>
```

函数定义，代码如下：

```
void long_delay(void);                              //长延时
void short_delay(void);                             //短延时
void delay10ms(int);                                //延时 10 ms
void delay(void);
void delays(void);
void write7279(unsigned char, unsigned char);       //写入到 HD7279
unsigned char read7279(unsigned char);              //从 HD7279 读出
void send_byte(unsigned char);                      //发送一个字节
unsigned char receive_byte(void);                   //接收一个字节
void da5615(unsigned int out_data);
unsigned int adc(void);
#define uchar unsigned char
#define uint unsigned int
```

变量及 I/O 口定义 ，代码如下：

```
unsigned char digit[5];
unsigned char key_number, j, k;
unsigned int tmr;
unsigned long wait_cnter;
unsigned int p=0,q=0,l=0,f=0,out_data1;
unsigned int u1=0,u=0;
int out,out1;
sbit cs=P2^3;           //7279
sbit clk=P2^2;          //7279
sbit dat=P2^0;          //7279
sbit key=P2^1;          //7279
sbit SPI_CLK=P0^5;      //da
sbit SPI_DATA=P0^3;     //da
sbit CS_DA=P0^4;        //da
sbit  ad_clk = P0^2;    //ad
sbit  ad_cs= P0^0;      //ad
sbit  ad_dout= P0^1;    //ad
```

HD7279A 指令，代码如下：

```
#define CMD_RESET 0xa4
#define CMD_TEST 0xbf
#define DECODE0 0x80
#define DECODE1 0xc8
```

```
#define CMD_READ 0x15
#define UNDECODE 0x90
#define RTL_CYCLE 0xa3
#define RTR_CYCLE 0xa2
#define RTL_UNCYL 0xa1
#define RTR_UNCYL 0xa0
#define ACTCTL 0x98
#define SEGON 0xe0
#define SEGOFF 0xc0
#define BLINKCTL 0x88
#define upkey    0x3f
#define downkey   0x27
#define leftkey    0x37
```

主程序代码如下：

```
main()
{
  while(1)
  {
    if(!key)
    key_number=read7279(CMD_READ);                //读出键码
    if(key_number==leftkey)
    {
      out=0;
      out=out+0x0004;
      key_number=0;
    }
    if(key_number==downkey)
    {
      out=out-0x0004;
      key_number=0;
    }
    delay10ms(10);
    out=out&&0x0fff;
    out1=1000*out*4/1024;
    write7279(DECODE0,out1%10);
    write7279(DECODE0+1,out1/10+128);
    out_data1=out<<4;
    da5615(out_data1);
  }
}
```

7279 模块代码如下：

```
void write7279(unsigned char cmd, unsigned char dta)   //写 7279
{
   send_byte(cmd);
```

```
    send_byte(dta);
    cs=1;
}
unsigned char read7279(unsigned char command)         //读 7279
{
    send_byte(command);
    return(receive_byte());
}
void send_byte( unsigned char out_byte)               //发送一个命令字
{
    unsigned char i;
    clk=0;
    cs=0;
    short_delay();
    for(i=0;i<8;i++)
    {
      clk=0;
      if(out_byte&0x80){dat=1;}
      else {dat=0;}
      clk=1;
      short_delay();
      out_byte=out_byte*2;
    }
    dat=1;
}
unsigned char receive_byte(void)                      //接收一个命令字
{
    unsigned char i, in_byte;
    cs=0;
    clk=0;
    dat=1; //设为输入状态
    short_delay();
    for(i=0;i<8;i++)
    {
      clk=0;
      in_byte=in_byte*2;
      clk=1;
      if (dat==1)
      {
        in_byte=in_byte|0x01;
      }
    }
    dat=1;
    //cs=1;
    return (in_byte);
}
```

```
/************ 延时**************/
void long_delay(void)                                    //长延时
{
   unsigned char i;
   for(i=0;i<0x30;i++);
}
void short_delay(void)                                   //短延时
{
   unsigned char i;
   for (i=0;i<8;i++);
}
void delay(void)       /*delay time program*/
{
   unsigned char us;
   while(us--);
}
void delay10ms(int time)//n*10 ms
{
   unsigned char i;
   unsigned int j;
   for(i=0;i<time;i++)
   {
     for(j=0;j<0x390;j++);
   }
}
/*********A/D Change program*******///单片机接受ad0804来的数字信号用U来存储
uint adc(void)
{
  uchar i;
  ad_cs=0;
  ad_clk=0;
  ad_dout=1;
  u=0;
  for(i=0;i<10;i++)       /*read data */
  {
    ad_clk=0;
    short_delay();
    u=u*2;
    if(ad_dout==1)
    {
      u++ ;
    }
    ad_clk=1 ;                              //上升沿接受数据
    short_delay();
  }
  ad_dout=1;
```

```
    ad_cs=1;
    return(u);          /*return ad data */
}
```

步进电动机模块程序，代码如下：

```
#include<msp430x14x.h>
#define uchar unsigned char
uchar step[8];
//uchar step_z[8]={0x01,0x03,0x02,0x06,0x04,0x0c,0x08,0x09};
uchar step_z2[8]={0x0e,0x0c,0x0d,0x09,0x0b,0x03,0x07,0x06};
uchar kk;
int step1;
uchar ttt;
unsigned int count;
unsigned int test;
unsigned int speed[10];
void init_TA(void)
{
    TACTL="TASSEL"_1+MC_0+TACLR;
    CCTL0|=CCIE;
    CCR1=32768;
    CCTL1|=CCIE;
    CCR0=69;
    TACTL|=MC_2;
}
void init_IO(void)
{
    P4DIR=0X0F;
    P4SEL=0;
    P2SEL=0;
    P2DIR=0;
    P2IES|=BIT0;
    P2IE|=BIT0;
    P1SEL=0;
    P1DIR=0;
    P1IES=BIT0+BIT1+BIT2+BIT3;
    P1IE=BIT0+BIT1+BIT2+BIT3;
}
void init_step(void)
{
    uchar i;
    kk="0";
    step1=69;
    test="0";
    ttt="0";
    init_IO();
```

```
  init_TA();
  for(i=0;i<8;i++)
  {
     step[i]=step_z2[i];
  }
}
void main(void)
{
  WDTCTL="WDTHOLD"+WDTPW;
  init_step();
  _EINT();
  while(1)
  {
    LPM0;
  }
}
#pragma vector="PORT2"_VECTOR
__interrupt void countup(void)
{
   switch(P2IFG&BIT0)
   {
      case BIT0:
      {
        count++;
        P2IFG=0;
      }
      default:P2IFG=0; break;
   }
}
#pragma vector="TIMERA1"_VECTOR
__interrupt void one_s(void)
{
   switch(TAIV)
   {
     case 2:
     {
       CCR1=CCR1+32767;
       speed[ttt]=count;
       count="0";
       ttt++;
       if(ttt==10)ttt=0;
       break;
     }
     case 4:break;
     case 10:break;
     default :break;
```

```
    }
}
#pragma vector="TIMERA0"_VECTOR
__interrupt void one_step(void)
{
   P4OUT=step[kk];
   CCR0+=step1;
   kk++;
    if(kk==8)kk=0;
}
#pragma vector =PORT1_VECTOR
__interrupt void change(void)
{
    switch(P1IFG&0x0f)
    {
       case BIT0:
       {
          uchar i;
          for(i=0;i<8;i++)
          {
             step[i]=step_z2[7-i];
          }
          P1IFG=0;
          break;
       }
       case BIT1:
       {
          uchar i;
          for(i=0;i<8;i++)
          {
             step[i]=0x0f;
          }
          P1IFG=0;
          break;
       }
       case BIT2:
       {
          step1=step1+1;
          P1IFG=0;
          break;
       }
       case BIT3:
       {
          step1=step1-1;
          P1IFG=0;
          break;
       }
       default:P1IFG=0;break;
    }
}
```

第 11 章　家电遥控器系统

随着技术的进步，家电质量和性能的提高从没有停止过。然而人们对家电的要求并不仅限于此，简单方便易操作是人们追求的另一目标。因此为了使用方便，这些家电在销售时通常会附带有相应的遥控器。而红外线遥控是目前使用最广泛的一种家电遥控手段。

遥控技术有着悠久的历史，但它的迅速发展却是近几十年的事，随着集成电路技术的发展，各类遥控专用集成电路的不断问世，使得各类遥控设备的性能也更加优越可靠；功能更加完善，使得它的应用范围更为广阔，各行各业以及人们的日常生活中都广泛应用着无线电遥控技术。

本文介绍了由单片机 AT89C51 编程实现的遥控器，能够用于控制家用电器。

11.1　遥控系统概述

红外线遥控是目前使用最广泛的一种通信和遥控手段。由于红外线遥控装置具有体积小、功耗低、功能强、成本低等特点，结合红外遥控的特点，本章设计了一套基于单片机的家电遥控系统。

11.1.1　红外通信的原理

红外通信的基本原理是发送端将基带二进制信号调制为一系列的脉冲串信号，通过红外发射管发射红外信号。常用的有通过脉冲宽度来实现信号调制的脉宽调制（PWM）和通过脉冲串之间的时间间隔来实现信号调制的脉时调制（PPM）两种方法。

红外遥控常用的载波频率为 38 kHz，这是由发射端编码芯片所使用的 455 kHz 晶振来决定的。在发射端要对晶振进行整数分频，分频系数一般取 12，所以 455 kHz÷12≈37.9 kHz≈38 kHz。也有一些遥控系统采用 36 kHz、40 kHz、56 kHz 等。红外遥控的特点是不影响周边环境、不干扰其他电器设备。由于其无法穿透墙壁，故不同房间的家用电器可使用通用的遥控器而不会产生相互干扰；电路调试简单，只要按给定电路连接无误，一般无须任何调试即可投入工作；编解码容易，可进行多路遥控。

11.1.2　红外遥控系统的构成

红外遥控系统一般都是由发射部分和接收部分组成。发射部分的主要元件为红外发光二极管。它实际上是一只特殊的发光二极管，由于其内部材料不同于普通发光二极管，因而在其两端施加一定电压时，它发出的便是红外线而不是可见光。目前大量使用的红外发光二极管发出的红外线波长为 940 nm 左右，外形与普通 Φ5 发光二极管相同，只是颜色不同。接收部分主要元件是红外接收管，它是一种光电二极管（实际上是晶体管，基极为感光部分）。在实际应用中要给红外接收二极管加反向偏压，它才能正常工作，亦即红外接收二极管在电路中应用时是反向运用，这样才能获得较高的灵敏度。

11.2　系统设计

这款由单片机 AT89C51 编程实现的遥控开关主要用于控制家用电器，它具有遥控开启和关闭家用电器，并具有显示状态的功能。通用红外遥控系统由发射和接收两大部分组成，应用编/解码专用集成电路芯片来进行控制操作，如图 11-1 所示。发射部分包括键盘矩阵、编码调制、LED 红外发送器；接收部分包括光、电转换放大器、解调、解码电路。

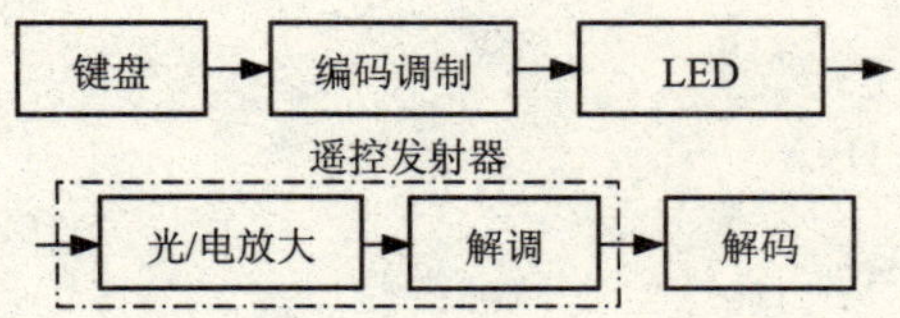

图11-1　红外遥控系统框图

本文的遥控器是在通用红外遥控系统的基础上加以改进后实现的。实质就是将红外遥控接收部分采用单片机 AT89C51 来控制。即当红外接收器接收到红外遥控信号后，将光信号转变成电信号，经放大、解调、滤波后，将原编码信号送入单片机 AT89C51 中进行信号识别、解码，然后进行相应的处理，达到控制电器的目的。图 11-2 所示为遥控器的系统原理图。

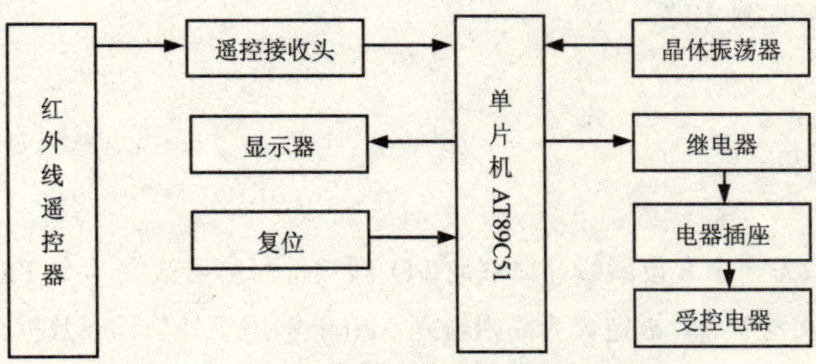

图11-2　红外遥控系统原理图

11.3　部分元器件介绍

其中部分元器件包括：AT89C51 微处理器，SM0038 一体化红外遥控接收器。AT89C51 微处理器是本系统中的控制芯片，下面将详细介绍具体的元器件。

11.3.1　AT89C51 简介

AT89C51 是一种带 4 KB 闪烁可编程可擦除只读存储器（falsh programmable and erasable read only memory，FPEROM）的低电压，高性能 CMOS 8 位微处理器，俗称单片机。AT89C2051 是

一种带 2 KB 闪烁可编程可擦除只读存储器的单片机。单片机的可擦除只读存储器可以反复擦除 1000 次。该器件采用 Atmel 高密度非易失存储器制造技术制造，与工业标准的 MCS-51 指令集和输出引脚相兼容。由于将多功能 8 位 CPU 和闪烁存储器组合在单个芯片中，Atmel 的 AT89C51 是一种高效微控制器，如图 11-3 所示。AT89C2051 是它的一种精简版本。AT89C51 单片机为很多嵌入式控制系统提供了一种灵活性高且价廉的方案。

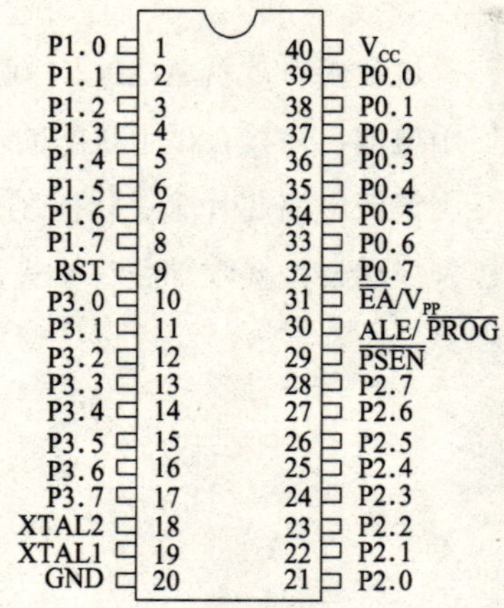

图11-3　芯片AT89C51

1. 主要特性

- 与 MCS-51 兼容。
- 4 KB 可编程闪烁只读存储器。
- 寿命：1000 次写/擦循环。
- 数据保留时间：10 年。
- 全静态工作：0～24 Hz。
- 三级程序存储器锁定。
- 128×8 位内部 RAM。
- 32 位可编程 I/O 线。
- 两个 16 位定时/计数器。
- 5 个中断源。
- 可编程串行通道。
- 低功耗的闲置和掉电模式。
- 片内振荡器和时钟电路。

2. 引脚说明

- Vcc：供电电压。
- GND：接地。
- P0 口：P0 口为一个 8 位漏级开路双向 I/O 接口，每脚可吸收 8 个 TTL 门电流。当 P1 口的引脚第一次写 1 时，被定义为高阻输入。P0 能够用于外部程序数据存储器，它可以被定义为数据/地址的第 8 位。在 flash 存储器编程时，P0 口作为原码输入口，当 flash 存储器进行检验时，P0 输出原码，此时 P0 外部必须被拉高。
- P1 口：P1 口是一个内部提供上拉电阻的 8 位双向 I/O 接口，P1 口缓冲器能接收输出 4 个 TTL 门电流。P1 口引脚写入 1 后，被内部上拉为高，可用做输入，P1 口被外部下拉为低电平时，将输出电流，这是由于内部上拉的缘故。在 flash 存储器编程和检验时，P1 口作为第 8 位地址接收。
- P2 口：P2 口为一个内部上拉电阻的 8 位双向 I/O 接口，P2 口缓冲器可接收、输出 4 个 TTL 门电流，当 P2 口被写“1”时，其引脚被内部上拉电阻拉高，且作为输入。并因此作为输入时，P2 口的管脚被外部拉低，将输出电流。这是由于内部上拉的缘故。P2 口当用于外部程序存储器或 16 位地址外部数据存储器进行存取时，P2 口输出地址的高

8 位。在给出地址“1”时，它利用内部上拉优势，当对外部 8 位地址数据存储器进行读/写时，P2 口输出其特殊功能寄存器的内容。P2 口在 flash 存储器编程和检验时接收高 8 位地址信号和控制信号。

- P3 口：P3 口引脚是 8 个带内部上拉电阻的双向 I/O 接口，可接收输出 4 个 TTL 门电流。当 P3 口写入“1”后，它们被内部上拉为高电平，并用做输入。作为输入，由于外部下拉为低电平，P3 口将输出电流（ILL），这是由于上拉的缘故。
- RST：复位输入。当振荡器复位器件时，要保持 RST 脚两个机器周期的高电平时间。
- ALE/$\overline{\text{PROG}}$：当访问外部存储器时，地址锁存允许的输出电平用于锁存地址的低位字节。在 flash 存储器编程期间，此引脚用于输入编程脉冲。在平时，ALE 端以不变的频率周期输出正脉冲信号，此频率为振荡器频率的 1/6。因此它可用做对外部输出的脉冲或用于定时目的。然而要注意的是：每当用做外部数据存储器时，将跳过一个 ALE 脉冲。如想禁止 ALE 的输出可在 SFR8EH 地址上置 0。此时，ALE 只有在执行 MOVX，MOVC 指令时才起作用。另外，该引脚被略微拉高。如果微处理器在外部执行状态 ALE 禁止，置位无效。
- $\overline{\text{PSEN}}$：外部程序存储器的选通信号。在由外部程序存储器取指期间，每个机器周期两次 $\overline{\text{PSEN}}$ 有效。但在访问外部数据存储器时，这两次有效的 $\overline{\text{PSEN}}$ 信号将不出现。
- $\overline{\text{EA}}$/VPP：当 $\overline{\text{EA}}$ 保持低电平时，则在此期间访问外部程序存储器（0000H～FFFFH），不管是否有内部程序存储器。注意加密方式 1 时，$\overline{\text{EA}}$ 将内部锁定为 RESET；当 $\overline{\text{EA}}$ 端保持高电平时，则在此访问外部存储器。在 flash 存储器编程期间，此引脚也用于施加 12 V 编程电源（V_{PP}）。
- XTAL1：反向振荡放大器的输入及内部时钟工作电路的输入。
- XTAL2：来自反向振荡器的输出。

振荡器特性：

XTAL1 和 XTAL2 分别为反向放大器的输入和输出。该反向放大器可以配置为片内振荡器。石晶振荡和陶瓷振荡均可采用。如采用外部时钟源驱动器件，XTAL2 应不接。由于输入至内部时钟信号要通过一个二分频触发器，因此对外部时钟信号的脉宽无任何要求，但必须保证脉冲的高低电平要求的宽度。

芯片擦除：整个 FPEROM 阵列和 3 个锁定位的电擦除可通过正确的控制信号组合，并保持 ALE 引脚处于低电平 10 ms 来完成。在芯片擦操作中，代码阵列全被写“1”且在任何非空存储字节被重复编程以前，该操作必须被执行。

此外，AT89C51 设有稳态逻辑，可以在低到零频率的条件下静态逻辑，支持两种软件可选的断电模式。在闲置模式下，CPU 停止工作。但 RAM、定时器、计数器、串口和中断系统仍在工作。在断电模式下，保存 RAM 的内容并且冻结振荡器，禁止所用其他芯片功能，直到下一个硬件复位为止。

11.3.2 SM0038 简介

红外遥控接收器采用一体化红外遥控接收器 SM0038，它包括：红外光电（光敏）二极管、谐振电路、放大电路、解码器、滤波器等，只要加上+5 V 电源，输出引脚直接输出不带负载波的负极性 RC-5 信号。具有电路简单，灵敏度高，抗干扰性好等优点。接收器对外只有 3 个引脚：Out、GND、Vcc 与单片机接口非常方便，如图 11-4 所示。

其中各引脚功能：

- ➢ Out 脉冲信号输出，接单片机的 I/O 接口；
- ➢ GND 接系统的地线（0V）；
- ➢ Vcc 接系统的电源正极（+5 V）。

图11-4 SM0038引脚

11.4 遥控器硬件设计

本节主要从遥控发射器的编码、遥控发射器电路的设计和遥控接收器设计 3 部分来介绍遥控器硬件设计。

11.4.1 遥控发射器的编码

当发射器按键按下后，即有遥控码发出，所按的键不同遥控编码也不同。这种遥控码具有以下特征：采用脉宽调制的串行码，以脉宽为 0.565 ms、间隔 0.56 ms、周期为 1.125 ms 的组合表示二进制的“0”；以脉宽为 0.565 ms、间隔 1.685 ms、周期为 2.25 ms 的组合表示二进制的“1”，其波形如图 11-5 所示。

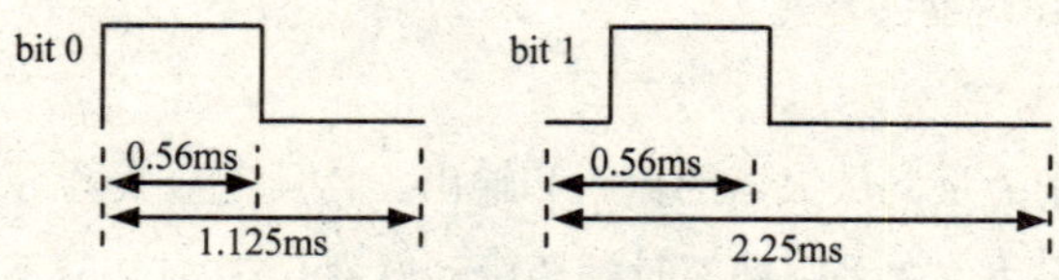

图11-5 遥控的“0”和“1”

上述“0”和“1”组成的 32 位二进制码经 38 kHz 的载频进行二次调制以提高发射效率，达到降低电源功耗的目的。然后再通过红外发射二极管产生红外线向空间发射，如图 11-6 所示。

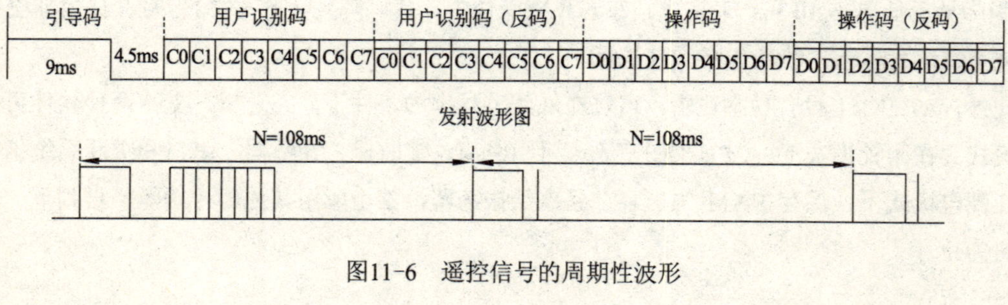

图11-6 遥控信号的周期性波形

遥控器在按键按下后，周期性地发出同一种 32 位二进制码，周期约为 108 ms。一组码本身的持续时间随它包含的二进制“0”和“1”的个数不同而不同，大约在 45～63 ms 之间，见图 11-6 中的发射波形图。当一个键按下超过 36 ms，振荡器使芯片激活，将发射一组 108 ms 的编码脉冲，这 108 ms 发射代码由一个起始码（9 ms），一个结果码（4.5 ms），低 8 位地址码（9～18 ms），高 8 位地址码（9～18 ms），8 位数据码（9～18 ms）和这 8 位数据的反码（9～18 ms）组成。如果键按下超过 108 ms 仍未松开，接下来发射的代码（连发代码）将仅由起始码（9 ms）和结束码（2.5 ms）组成。

11.4.2　遥控发射器电路的设计

红外线遥控发射器由键盘、指令编码器和红外发光二极管（LED）等部分组成。当按下键盘不同的按键时，通过编码器产生与之相应的特定的二进制脉冲码信号。将这个二进制脉冲码信号先调制在 38 kHz 的载波上，经过放大后，激发红外发光二极管（LED）转变成以波长 940 nm 的红外光传播出去。图 11-7 所示为红外发射器的电路原理图。

（光盘\原理图\11_7.SchDoc）

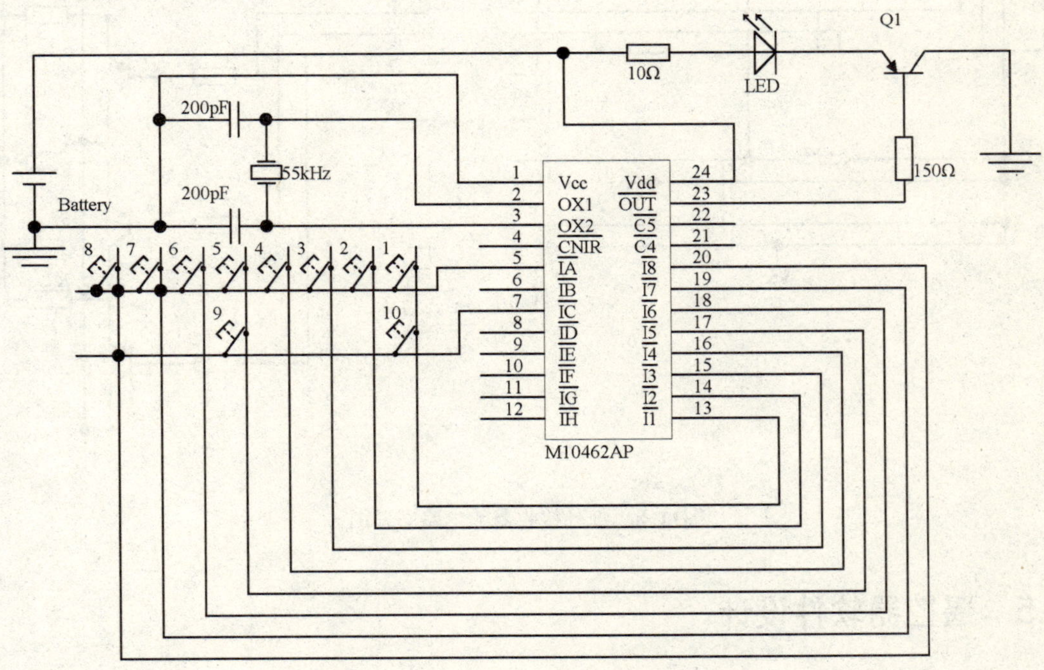

图11-7　红外发射器的电路原理图

11.4.3　遥控接收器设计

遥控接收器由红外线接收器、微处理器、接口电路等部分组成，光电二极管将接收到的红外线信号转变成电信号，经检波放大，滤除 38 kHz 的载波信号，恢复原来的指令脉冲，然后接入为处理器进行识别编码，解译出遥控信号的内容，并根据控制功能输出相应的控制信号，送往接口电路做相应的处理。图 11-8 所示为红外接收器的电路原理图。

（光盘\原理图\11_8.SchDoc）

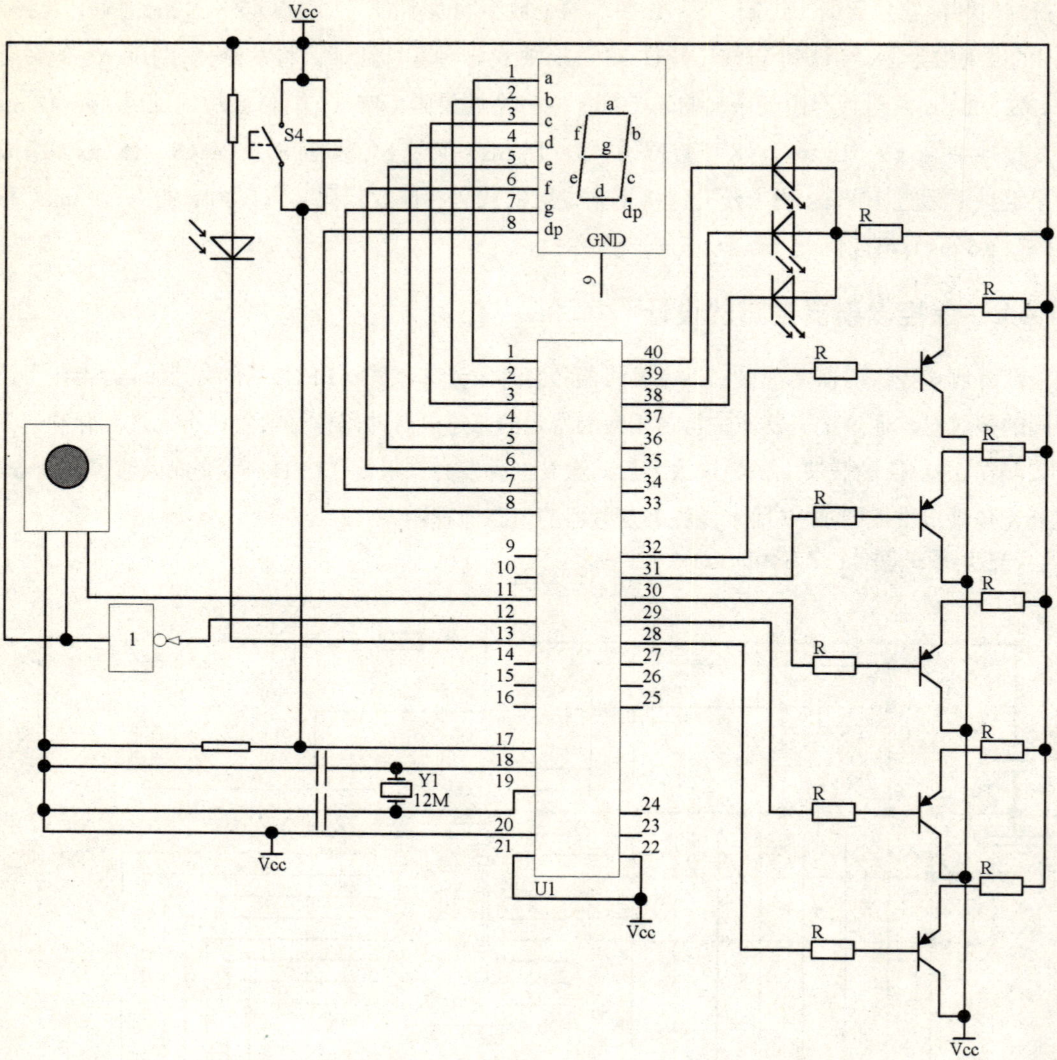

图11-8　红外接收器的电路原理图

11.5　遥控器软件设计

本节主要从系统程序流程图、按键说明介绍遥控器的软件设计。

11.5.1　程序流程图

系统程序流程图如图 11-9 所示。

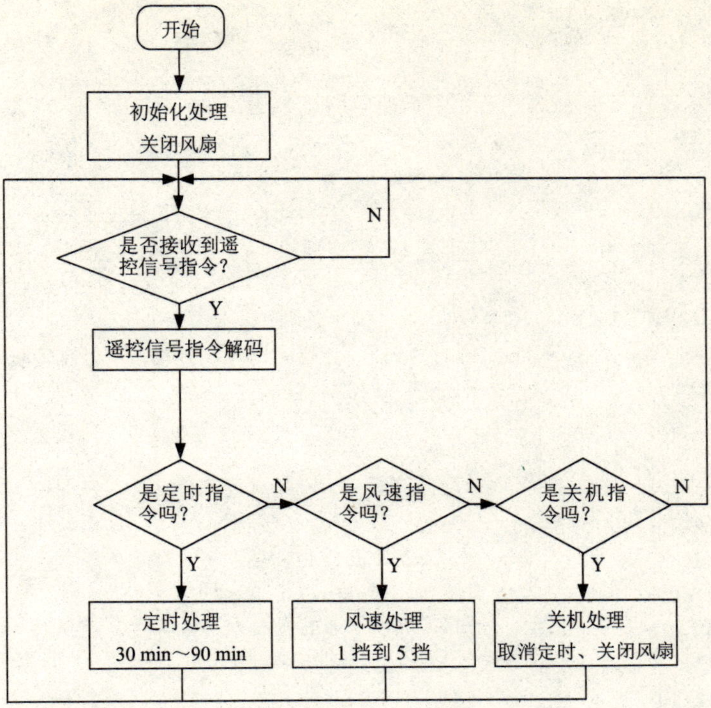

图11-9 程序流程图

11.5.2　按键说明

（1）显示状态。P1（P1.0～P1.7）接 LED 显示器，用于显示受控电器的状态。

（2）按键功能设置。在设计中，总共定义了 10 个按键，其中 1～5 号按键用于控制电风扇的 5 个挡位，9 号按键用于控制定时，10 号按键用于控制电风扇的开启和关闭。

（3）定时设置。本设计中一共设计了 5 种时间，即 15 min、30 min、45 min、60 min、90 min。直接按定时键即可，具体定义如下：

- 按下第一次：表示定时 15 min，LED1 点亮；
- 按下第二次：表示定时 30 min，LED2 点亮；
- 按下第三次：表示定时 45 min，LED3 点亮；
- 按下第四次：表示定时 60 min，LED1 和 LED3 点亮；
- 按下第五次：表示定时 90 min，LED1、LED2、LED3 全亮；
- 按下第六次：表示定时取消， LED1、LED2、LED3 全灭；之后又可以重复上一过程。

11.5.3　源程序

系统的源程序如下：

（光盘\程序\11_1. txt）

```
ORG 0000H
LJMP KKP
```

```
ORG 0003H
    LJMP LOOP
 KKP:
    MOV P2,#0ffH                    ;主程序开放中断
    SETB EA
    SETB EX0                        ;开放外部中断 0
    SETB IT0                        ;外部中断 0 下降沿触发有效
    MOV 50H,#00H
    MOV 51H,#00H
    MOV R1,#0AH
  RP:CPL P3.5                       ;让蜂鸣器响一会儿指示已经接通电源
    LCALL D3S
    DJNZ R1,RP
    CLR P3.5
LP2: MOV A,50H                      ;定时初始化
    CJNE A,#00H,LP
    SJMP LP2
 LP: LCALL D60S                     ;调用 1 min 程序
    DJNZ 50H,LP                     ;判断定时到了没有
    MOV A,51H
    CJNE A,#00H,RP2
    SJMP LP2
 RP2:MOV R1,#08H
 RP1:CLR P3.3                       ;定时结束
    CLR P3.5                        ;发光二极管闪烁 8 次
    LCALL D3S
    SETB P3.3                       ;蜂鸣器响 8 次
    SETB P3.5
    LCALL D3S
    LCALL D3S
    DJNZ R1,RP1
    MOV P2,#0FFH                    ;关闭电风扇电源
    MOV 50H,#00H                    ;定时清零
    MOV P1,#0FFH                    ;关闭挡位显示，数码管不显示
    MOV P0,#0FFH                    ;关闭定时指示灯
    CLR P3.5
    SJMP LP2
LOOP:CLR EX0                        ;中断子程序，关闭外部中断
    MOV R0,#30H
    MOV R3,#00H                     ;8 位计数清零
    LCALL IRIN                      ;调用红外判断程序
    SETB EX0                        ;开放中断
    RETI                            ;中断返回
IRIN:JNB P3.2,ILL2                  ;等待红外信号出现
    RET
ILL2:JB P3.2,IRIN
    LCALL DEL                       ;延迟一次
```

```
    JB P3.2,IRIN
ILL:JB P3.2,I5                    ;确认红外信号出现
    SJMP ILL
 I5:MOV R2,#00H                   ;脉冲宽度计数
 L1:LCALL DEL                     ;0.1 ms 计数
    JNB P3.2,L3                   ;等待红外信号变为高电平
    INC R2
    CJNE R2,#1DH,L1
    RET
 L3:MOV A,#13                     ;判断 0 和 1 装入数据
    CLR C
    SUBB A,R2                     ;判断高低位
    MOV A,@R0
    RRC A
    MOV @R0,A
    INC R3
    CJNE R3,#8,ILL                ;8 位用户码接收完了吗
    MOV R3,#00H
    INC R0
 ILL1:JB P3.2,I51                 ;接收 8 位功能码
    SJMP ILL1
 I51:MOV R2,#00H
 L11:LCALL DEL                    ;调用 0.1ms 延时程序
    JNB P3.2,L31
    INC R2
    CJNE R2,#1DH,L11
 KP:RET
L31:MOV A,#13                     ;判断 0 和 1 装入数据
    CLR C
    SUBB A,R2
    MOV A,@R0
    RRC A
    MOV @R0,A
    INC R3
    CJNE R3,#8,ILL1               ;8 位功能码是否接收完
    MOV A,30H                     ;判断用户码是否等于 47H
    CJNE A,#47H,KP
    CLR P3.3                      ;蜂鸣器响一下
    LCALL D3S
    SETB P3.3
    MOV A,31H                     ;将 31H 的功能码送入 A
    CJNE A,#00H,KP1               ;判断功能码进入相应的子程序
    MOV P2,#0FEH                  ;1 挡(最慢)
    MOV P1,#0F9H                  ;数码管显示 1
    SETB P3.5
    LCALL D3S
    RET
```

```
KP1:CJNE A,#08H,KP2                 ;2 挡
    MOV P2,#0FDH
    MOV P1,#0a4h                    ;数码管显示 2
    SETB P3.5
    LCALL D3S
    RET
  KP2:CJNE A,#10H,KP3               ;3 挡
     MOV P2,#0FBH
     MOV P1,#0B0H                   ;数码管显示 3
     SETB P3.5
     LCALL D3S
     RET
KP3:CJNE A,#18H,KP4                 ;4 挡
    MOV P2,#0F7H
    MOV P1,#99h                     ;数码管显示 4
    SETB P3.5
    LCALL D3S
   RET
KP4:CJNE A,#20H,KP5                 ;5 挡(最快)
     MOV P2,#0EFH
    MOV P1,#92H                     ;数码管显示 5
    SETB P3.5
    LCALL D3S
    RET
KP5:CJNE A,#22H,KP6                 ;定时判断
    MOV A,51H
    CJNE A,#01H,OP6
    MOV P0,#0FDH                    ;音量增大键第二次按下定时 30 min
    mov 50h,#30
    MOV 51H,#02H
    lcall D3S
    RET
OP6:JC OP7
    CJNE A,#02H,OP8                 ;音量增大键第三次按下定时 45 min
    MOV P0,#0FBH
    MOV 50H,#45
    MOV 51H,#03H
    LCALL D3S
    RET
OP7:MOV P0,#0FEH                    ;音量增大键第一次按下定时 15 min
   MOV 50H,#15
   MOV 51H,#01H
   LCALL D3S
   RET
OP8:CJNE A,#03H,OP9                 ;音量增大键第四次按下定时 60 min
   MOV P0,#0FAH
   MOV 50H,#60
```

```
    MOV 51H,#04H
    LCALL D3S
    RET
OP9:CJNE A,#04H,OP10                    ;音量增大键第五次按下定时 90min
    MOV P0,#0F8H
    MOV 50H,#90
    MOV 51H,#05H
    LCALL D3S
    RET
OP10:MOV P0,#0FFH                       ;音量增大键第六次按下取消定时
     MOV 50H,#01H
     mov 51H,#00H
     LCALL D3S
     RET
KP6:CJNE A,#02H,KP8                     ;红色关机键按下时关机
    MOV P1,#0FFH
    MOV P2,#0FFH
    CLR P3.5
    MOV P0,#0FFH
    MOV 50H,#01H
    MOV 51H,#00H
    LCALL D3S
    RET
KP8:RET
DEL:MOV R5,#01H                         ;时间 1ms
DELAY1:MOV R6,#02H
E1:MOV R7,#11H
E2:DJNZ R7,E2
   DJNZ R6,E1
   DJNZ R5,DELAY1
   RET
D3S:MOV R4,#01H                         ;时间 260ms
TP14: MOV R6,#0FFH
TP12: MOV R5,#0FFH
TP11: NOP
     NOP
     DJNZ R5,TP11
     DJNZ R6,TP12
     DJNZ R4,TP14
     RET
D60S:MOV R4,#0C0H                       ;1min
QP3:MOV R6,#0ECH
QP2:MOV R5,#0FDH
QP1: NOP
     NOP
     NOP
     DJNZ R5,QP1
```

```
    DJNZ R6,QP2
    DJNZ R4,QP3
    RET
```

11.6 系统调试

由于电子电路设计要考虑的因素很多，加之元器件性能的分散性，以及许多人为因素的影响，一个组装好的电子电路不可能不经过调试即可满足设计的要求。任何电子电路都必须经过认真细致的调试，才能获得满意的性能要求。

11.6.1 调试方法

调试方法主要分为：分块调试法和整体调试法。

1. 分块调试法

分块调试是把总体电路按照功能分成若干个模块，对每个模块分别进行调试。模块的调试最好是按照信号的流向，一块一块地进行，逐步扩大调试范围，最后完成总调，实施分块调试有两种方式，一种是边安装边调试，即按信号流向组装一模块就调试一模块，然后再继续组装其他模块。另一种是总体电路一次组装完毕后，再分块调试。分块调试的优点是：问题出现的范围小，可及时发现，易于解决。所以，此种方法适合于设计新电路和课程设计。

2. 整体调试法

此种方法是把整个电路组装完毕后，不进行分块调试，实行一次性总调。显然，它只适合于定型产品或某些需要相互配合、不能分块调试的产品。不论是分块调试还是整体调试，调试的内容应包括静态调试与动态调试两部分。静态调试一般是指在没有外加输入信号的条件下，测试电路各点的电位，比如测试模拟电路的静态工作点，数字电路各输入和输出的高低电平和逻辑关系等。动态调试包括调试信号幅值、波形、相位频率、放大倍数及时序逻辑关系等。如果一个电路中包括模拟电路、数字电路和微机系统等 3 个部分，由于它们对输入信号的要求各不相同，故一般不允许直接连调和总调，而应分 3 部分分别进行调试后，再进行整机连调。

11.6.2 调试仪器

1. 万用表

万用表可以测量交、直流电压，交、直流电流，电阻及 β 值，还常用于判断二极管、稳压电源、晶体管和电容的好坏。万用表有数字式和指针式两种。数字式万用表比指针式万用表贵，但测量精度和输入阻抗比指针式高。

2. 示波器

用于观察与测量电路各点波形幅度、宽度、频率及相位等动态参数，是调试中不可缺少的仪器。示波器的主要特点是灵敏度高，交流输入阻抗高，但测量精度一般较低。在电子电路调试中，最好选用双踪示波器，便于对两个信号进行波形和相位比较。所选用的示波器频带必须大于被测信号的频率，否则，被观察的波形会严重失真。

在通电调试前，必须认真检查电路连线是否有误。检查的方法是对照电路图，按一定的顺序逐级对应检查。特别要注意电源是否接错，电源与地是否有短接，二极管方向和电解电容极性是否接反，集成电路和晶体管的引脚是否接错，轻轻拨一拨元器件，观察焊点是否牢固等。

3. 信号发生器

调试中常需要外加一定的波形信号，如正弦波、三角波、方波及单脉冲波等，以测试电路的工作情况。因此，需要产生这些波形的信号发生器，如多功能信号发生器、函数发生器或自制简易的信号发生器等。

11.6.3 调试步骤

不论是分块调试还是整体调试，其调试步骤如下：

（1）调试准备——检查电路。任何组装好的电子电路，通电观察一定要调试好所需要的电源电压数值，然后才能给电路接通电源。电源一经接通，不要急于用仪器观察数据和波形，而是要观察是否有异常现象，如冒烟、异常气味，放电的声光、元器件发烫等。如果有，不要惊慌失措，而应立即关断电源，待排除故障后方可重新接通电源。然后再测量每个模块的电源引脚电压是否正常，以确定集成电路是否已经通电工作。

（2）静态调试。先不加输入信号，测量此时电路有关点的电位是否正常。对于模拟电路应测量静态工作故障点与故障原因，以及解决故障的措施。首先应特别注意管子与集成电路是否正常工作。其次是所使用的电路元件参数是否有错，以及电路线是否有错等。

（3）动态测试。加上输入信号，观测电路输出信号是否符合要求。若输入信号为周期性的变化信号，可用示波器观测输出信号。对于模拟电路，则观测输出波形是否符合要求；对于数字电路，则观测输出信号波形、幅值、脉冲宽度、相位及动态逻辑关系是否符合要求。在数字电路调试中，常常希望让电路状态发生一次性变化，而不是周期性变化。因此，输入信号应为单阶跃信号，从而观察电路状态变化的逻辑关系。当采用分块调试方法时，除输入级采用外加输入信号外，其他各级的输入信号应采用前一级的输出信号。

（4）指标测试。电路经静态调试和动态调试正常之后，即可对课题要求的技术指标进行测试。应认真测量和记录测试数据，并对测试数据进行分析，最后做出测试结论，确定电路的技术指标是否符合设计要求。如不符合，则应仔细检查问题所在，一般是对某些元件参数加以调整和改变，若仍然达不到要求，则应对某部分电路进行修改，甚至要对整个电路进行修改，或推倒重来。

（5）调试中的注意事项。采用分块调试方法时，对那些非信号流向上的电路应首先单独进行调试，之后才能按信号流向顺序进行分块调试。调试前，应熟悉各仪器的使用方法，调试时应注意仪器的地线与被测试电路的地线是否接好，以避免因为仪器使用不当而做出错误的判断。在调试过程中，不论是更换元器件，或是更改连线，一定要先关断电源，待更换完毕检验无误后方可再通电。调试过程中，不但要仔细观察，还要勤于做记录。试验记录是十分重要的技术文件，它是调试过程科学分析的依据，又是电路技术性能的科学证据。记录的内容包括：故障现象、故障原因分析、解决措施、措施效果等。

11.7 调试中常见故障与处理

电路是由电子元器件与连线按给定的电路图组装起来的，因此，元器件、连线以及组装中存在的问题都会导致电路工作不正常，甚至会造成重大事故。当今电子电路越来越复杂，使用的电子元器件非常多，即使是一个比较成熟的电路，长时间运行也很难说不出故障，何况是一个新组装的电路，出现故障时力求尽快排除。

11.7.1 故障诊断法

查找模块内部的故障点，其步骤是：

（1）检查元器件引脚电源电压。确定电源是否已接到片子上以及电源电压值是否正常。

（2）检查电路关键点上电压波形和数值是否合乎要求。

（3）断开故障模块的负载，判断故障来自模块本身还是负载。

（4）对照电路图，仔细检查故障模块内电路是否有错。

（5）检查故障处元器件是否已损坏。

（6）检查用于检测的仪器是否存在问题及使用得当。

（7）重新分析电路原理图是否有问题。

11.7.2 常见故障原因

造成故障的原因是多种多样的，但不外乎是电路结构、元器件和连线存在各种各样的问题。一些常见故障原因如下：

- 元器件引脚接错。
- 集成电路引脚插反，未安装引脚标记插片。
- 用错集成电路芯片。
- 元器件已坏或质量低劣。电路组装前，集成电路和半导体管未经测试和筛选，导致坏的元器件和质量低劣的元件被用上。
- 二极管和稳压管极性接反。
- 电源极性接反或电源线断路。
- 电解电容极性接反。
- 连线接错、开路、短路。
- 接插件接触不良。
- 焊点虚焊，焊点碰接。元器件参数不正确或不合理。

第 12 章　智能时钟系统

时钟是人们生活中的基本设备，构成时钟电路的方法很多，本设计以单片机为主控器构成一个功能强的智能时钟。提出采用单片机内部的定时/计数器来实现电子时钟的方法，介绍了以单片机 AT89C51 为主要功能模块，采用数码管输出显示时间，用按钮做开关，软件计时、调时，辅以必要的电路，实现高效、准确的电子时钟系统，并给出了其电路原理和软件设计方法。系统制造成本较低，维护方便，具有广泛的市场前景。

12.1　系统概述

本节通过对传统时钟、传统时钟瓶颈的解决办法、单片机电子时钟的内容、单片机电子时钟的特点和单片机电子时钟的工作原理介绍了设计智能时钟的必要性。

1. 传统时钟

传统时钟主要是机械式传动，由指针显示时间。但是，随着对时钟要求的提高，传统时钟出现了瓶颈，主要表现在：

- 有较大的计时误差，不能满足人们对时间计量越来越高的精度要求。
- 无法适应高科技领域的要求，比如说计算机系统。

2. 传统时钟瓶颈的解决办法——电子时钟

那么，怎么解决这个瓶颈呢，可以看到，如果能够将现代电子技术应用到时钟领域，那么这些制约条件也就不存在了。单片机就是在半导体硅片上集成了 CPU、存储器和各种接口，这样一块集成电路芯片具有一台计算机的属性，主要应用于测控领域。电子时钟是现代电子技术在时钟领域的具体实现方式。

3. 单片机电子时钟的内容

本文研究的单片机电子时钟是时钟领域中很基础的一部分，是进一步改进与扩展时钟功能的基石，从实现上来说，时钟电路主要有两种方法：

- 用软件实现，即用单片机内部的可编程定时/计数器来实现，主要用在对时间精度要求不高的场合。
- 用专门的时钟芯片实现，典型的时钟芯片有 DS1302、DS12887、X1203 等。

4. 单片机电子时钟的特点

单片机自 20 世纪 70 年代问世以来，以其极高的性能价格比，受到人们的重视和关注，应用很广、发展很快。单片机体积小、重量轻、抗干扰能力强、环境要求不高、价格低廉、可靠性高、灵活性好、开发较为容易。由于具有上述优点，在我国，单片机已广泛地应用在工业自动化控制、自动检测、智能仪器仪表、家用电器、电力电子、机电一体化设备等各个方面，而51单片机是各单片机中最为典型和最有代表性的一种。本章以AT89S51芯片为核心，辅以必要的电路，设计了一个简易的电子时钟，它由4.5 V直流电源供电，通过数码管能够准确显示时间，调整时间，从而到达学习，设计，开发软、硬件的能力。

数字电子钟设计与制作可采用数字电路实现，也可以采用单片机来完成。若用数字电路完成，所设计的电路相当复杂，需要十几片数字集成块，其功能也主要依赖于数字电路的各功能模块的组合来实现，焊接的过程比较复杂，成本也非常高。若用单片机来设计制作完成，由于其功能的实现主要通过软件编程来完成，那么就降低了硬件电路的复杂性，而且其成本也有所降低，所以在该设计与制作中采用单片机AT89C51，它是低功耗、高性能的CMOS型8位单片机。片内带有4 KB的flash存储器，且允许在系统内改写或用编程器编程。此外，AT89C51的指令系统和引脚与8051完全兼容，片内有128 B的RAM、32条I/O口线、2个16位定时/计数器、5个中断源、一个全双工串行口等。

随着科学技术的不断发展，人们对时间计量的精度要求越来越高。高精度的计时工具大多数都使用了石英晶体振荡器，由于电子钟、石晶表、石英钟都采用了石英技术，因此走时精度高，稳定性好，使用方便，不需要经常调校。数字式电子钟用集成电路计时时，译码代替机械式传动，用LED显示器代替指针显示进而显示时间，减小了计时误差，这种表具有时、分、秒显示时间的功能，还可以进行时和分的校对。

5. 单片机电子时钟的工作原理

工作原理：首先由振荡器产生稳定的分频脉冲信号，作为数字钟的时间基准，然后经过分频器输出标准秒脉冲。秒计数器满60向分计数器进位，分计数器满60后向小时计数器进位，小时计数器按照“24翻1”规律计数。计数器的输出分别由译码器送显示器显示。计时出现误差时，可以用校时电路校时、校分。

12.2 系统总体方案

图12-1所示为系统总体框图。本设计使用AT89C51单片机作为控制器，数码管输出显示时间，用按钮作开关。按键输入修改值，再加上软件支持，这样就可实现本设计的要求。这些按键的作用是：

调节功能键：选择需要调节的时间位；

确定功能键：开始继续计时；

加一功能键：对选择位加一；

减一功能键：对选择位减一。

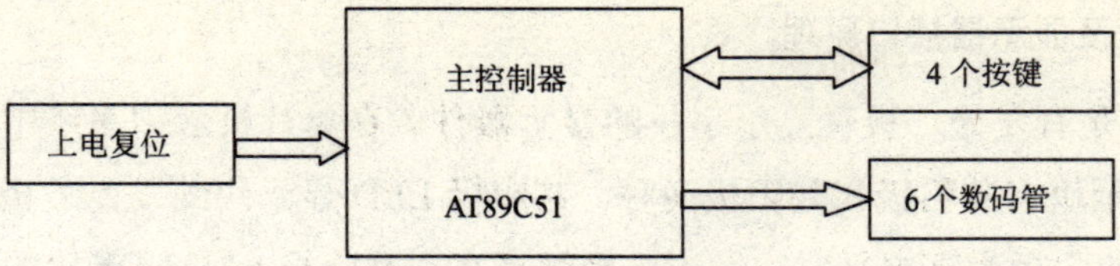

图12-1　系统总体框图

12.3　主要器件介绍及功能实现

12.3.1　Atmel 公司的 AT89C51 单片机

考虑到智能时钟的功能，结合 AT89C51 的特点，故选用了 AT89C51 单片机。由于将多功能 8 位 CPU 和 flash 存储器组合在单个芯片中，Atmel 的 AT89C51 是一种高效微控制器。

MCS-51 系列单片机是 Intel 公司 1980 年推出的高性能 8 位单片微型计算机，主要有 8031、8051、8751 这 3 种机型，它们的指令系统与芯片引脚完全兼容，仅片内 ROM 有所不同。主要功能为：

- 8 位 CPU；
- 片内带振荡器，振荡频率 f 的范围为 1.2～12 MHz，可有时钟输出；
- 128B 片内数据存储器；
- 4 KB 片内程序存储器（8031 无）；
- 程序存储器的寻址范围是 64 KB；
- 片外数据存储器的寻址范围是 64 KB；
- 21B 专用寄存器；
- 4 个 8 位并行 I/O 接口：P0、P1、P2、P3；
- 1 个全双工串行 I/O 接口，可多机通信；
- 2 个 16 位定时/计数器；
- 中断系统有 5 个中断源，可编程为两个优先级；
- 111 条指令，含乘法指令和除法指令；
- 有强的位寻址、位处理能力；
- 片内采用单总线结构；
- +5 V 电源。

12.3.2　LED 显示及显示器接口

本系统的输出设备为 6 位数码管组成的时间显示器，为了节省口线，也可利用 AT89C51 的 P0 口，经锁存器 74LS373 送出显示器的段控制信号，也可不用锁存器，其位控制信号分别由 P2 输出。

1. LED 显示及显示器接口原理

LED 显示块是有发光二极管显示字段的显示器件。在单片机应用系统中通常使用的是 7 段 LED。这种显示块有共阴极和共阳极两种。共阴极 LED 显示块的发光二极管阴极共地，当某个发光二极管的阳极为高电平时，发光二极管点亮。共阳极 LED 显示块的发光二极管阳极并接。

7 段显示块非常容易与单片机接口。只要将一个 8 位并行输出口与显示块的发光二极管引脚相连即可。8 位并行输出口输出不同的字节数据即可得到不同的数字或字符，如表 12-1 所示。通常将控制发光二极管的 8 位字节数据称为段选码，共阳极与共阴极的段选码互为补数。

表12-1　7段LED的段选码

显示字符	共阴极段选码	共阳极段选码	显示字符	共阴极段选码	共阳极段选码
0	3FH	C0H	B	7CH	83H
1	06H	F9H	C	39H	C6H
2	5BH	A4H	D	5EH	AH
3	4FH	B0H	E	79H	86H
4	06H	99H	F	71H	8EH
5	6DH	92H	P	73H	8CH
6	7DH	82H	U	3EH	C1H
7	07H	F8H	T	31H	CEH
8	7FH	80H	y	6EH	91H
9	6FH	90H	8.	FFH	00H
A	77H	88H	“灭”	00H	FFH

2. LED 显示器与显示方式

在单片机应用系统中使用 LED 显示块构成 *N* 位 LED 显示器。*N* 位 LED 显示器有 *N* 根位选线和 8×*N* 根段选线。根据显示方式不同，位选线和段选线的连接方法不同。段选线控制字符选择，位选线控制显示位的亮、暗。

LED 显示器有静态显示和动态显示两种方式。

(1) LED 静态显示方式。LED 显示器工作在静态显示方式下，共阴极或共阳极连接在一起接地或+5 V；每位的段选线（a～dp）与一个 8 位并行口相连。*N* 位静态显示器要求有 *N*×8 根 I/O 接口线，占用 I/O 资源较多，所以在位选数较多时往往采用动态显示方式。

(2) LED 动态显示方式。在多位 LED 显示时，为了简化电路，降低成本，将所有位的选线并联在一起，由一个 8 位 I/O 口控制，而共阴极点或共阳极点分别由相应的 I/O 接口线控制。

8 位 LED 动态显示电路只需要两个 8 位 I/O 接口。其中一个控制段选码，另一个控制位选。由于所有位的选码皆由一个 I/O 控制，因此，在每个瞬间，8 位 LED 只可能显示相同的字符，要想每位显示不同的字符，必须采用扫描显示方式。即在每一瞬间只使某一位显示相应字符。

在此瞬间，段选控制 I/O 在该显示位送入选通电平（共阴极送低电平、共阳极送高电平）以保证该位显示相应字符。如此轮流，使每位显示该位应显示字符，并保持延时一段时间，以造成视觉暂留效果。

（3）LED 显示器接口。从 LED 显示器的显示原理可知，为了显示字母数字，必须最终转换成相应段选码。这种转换可以通过硬件译码器或软件进行译码。

① 硬件译码显示器接口：BCD-7 段十六进制译码驱动显示接口。

单片机应用系统中，通常要求 LED 显示器能显示十六进制及十进制带小数点的数。因此，在选择译码器时，要能够完成 BCD 码至十六进制的锁存、译码，并具有驱动功能，否则就不采用软件译码接口。

② 软件译码显示接口。由于单片机本身有较强的逻辑控制能力，采用软件译码并不复杂。而且软件译码逻辑可随意编程设定，不受硬件译码逻辑限制，采用软件译码还能简化硬件电路结构。因此，在单片机应用系统中，使用最广的还是软件译码的显示器接口。

12.3.3　计时功能的实现

时钟信号的产生可利用 AT89C51 片内的定时器 0 产生定时中断，进行时、分、秒的计时，并将信号送到显示电路。

AT89C51 本身有两个计数器，分别为 T0、T1，它们可以分别使用，也可以组合使用，在分开用时可以作为 12 位定时器，也可以作为 16 位定时器。在此作为 16 位定时器。

作为定时器时，首先给其一个预定值，定时器由此值开始计数，当定时器值溢出是就会向系统申请中断，我们可以利用它的定时中断进行计时。

1.　定时方法概述

可供选择的定时方法有：

（1）软件定时。软件定时靠执行一个循环程序以进行时间延迟。特点是时间精确，且不需要外加硬件电路。但软件定时要占用 CPU 开销，因此软件定时的时间不宜太长。

（2）硬件定时。特点是（定时功能全部由硬件电路完成）不占 CPU 时间，但需通过改变电路的元件参数来调节定时时间，在使用上不够灵活方便。

（3）可编程定时器定时。这种定时方法是通过对系统时钟脉冲的计数来实现的。计数值通过程序设定，改变计数值，也就改变了定时时间，使用起来既灵活又方便。

MCS-51 单片机把定时电路集成在芯片中，称为定时/计数器。

2．定时/计数器的定时和计数功能

MCS-51 单片机内部有两个可编程的定时/计数器，分别称为定时/计数器 0 和定时/计数器 1。它们都是 16 位加法计数结构，分别由 TH0 和 TL0 及 TH1 和 TL1 两个 8 位计数器组成。其功能如下：

（1）计数功能。计数是指对外部事件进行计数。外部事件的发生以输入脉冲表示，因此计数功能的实质就是对外来脉冲进行计数。MCS-51 芯片有 T0（P3.4）和 T1（P3.5）两个信号引脚，分别是这两个计数器的输入端。外部输入的脉冲为负跳变时有效，进行计数器加 1。

单片机在每个机器周期的 S5P2 拍节对外部计数脉冲进行采样。如果前一个机器周期采样为高电平，后一个机器周期采样为低电平，即为一个有效脉冲。在下一个机器周期的 S3P1 进行计数。可见采样计数脉冲是在两个机器周期进行的。因此，计数脉冲的频率不能高于震荡脉冲频率的 1/24。外部输入脉冲高电平和低电平时间必须在一个机器周期以上。

（2）定时功能。定时功能也是通过定时/计数器的计数来实现的。不过此时的计数脉冲来自单片机内部，即每个机器周期产生一个计数脉冲，也就是每个机器周期计数器加 1。

由于一个机器周期等于 12 个振荡脉冲周期，因此计数频率为振荡频率的 1/12。这样不但可以根据计数值计算出定时时间，也可以反过来按定时时间的要求计算出计数器的初值。

12.4　系统硬件电路

图 12-2 所示为时钟电路的总体硬件电路图，为实现系统的功能，该硬件电路中主要包括上电复位电路，时钟系统电路，按键电路，定时系统电路和动态扫描电路 5 个部分。

1. 上电复位电路

该上电复位电路中用电容接一个+5 V 的电源，当电容开始充电，向单片机输入一个高电平；当电容充电结束开始放电，电容隔绝电源，此时单片机通过一个电阻与地相连，得到低电平，可见，由于电容的充电和放电，单片机得到的是一个交替出现的高电平和低电平，呈现一个方波状态。

其中 RST/V_{pd}是复位端。单片机的振荡器工作时，该引脚上出现持续两个机器周期的高电平就可以实现复位操作，使单片机回复到初始状态。加电时，考虑到振荡器有一定的起振时间，该引脚上高电平必须持续 10 ms 以上才能保证有效复位。V_{cc}断电期间，该引脚如接备用电源 V_{pd}（+5 V～±0.5 V），可用于保存片内 RAM 中的数据。当 V_{cc}下降到某规定值以下，V_{pd}便向片内 RAM 供电。

2. 时钟系统

利用芯片内部的振荡电路，在 XTAL1、XTAL2 引脚上外接定时元件，内部的振荡电路便产生自激振荡，用示波器可以观察到 XTAL2 输出的时钟信号。

最常用的内部时钟方式是采用外接晶体（在频率稳定性要求不高而希望尽可能廉价时，可选择陶瓷谐振器）和电容组成的并联谐振回路，不论是 HMOS 还是 CHMOS 型单片机其并联谐振回路及参数相同，如图 12-2 所示。

（光盘\原理图\12_2.SchDoc）

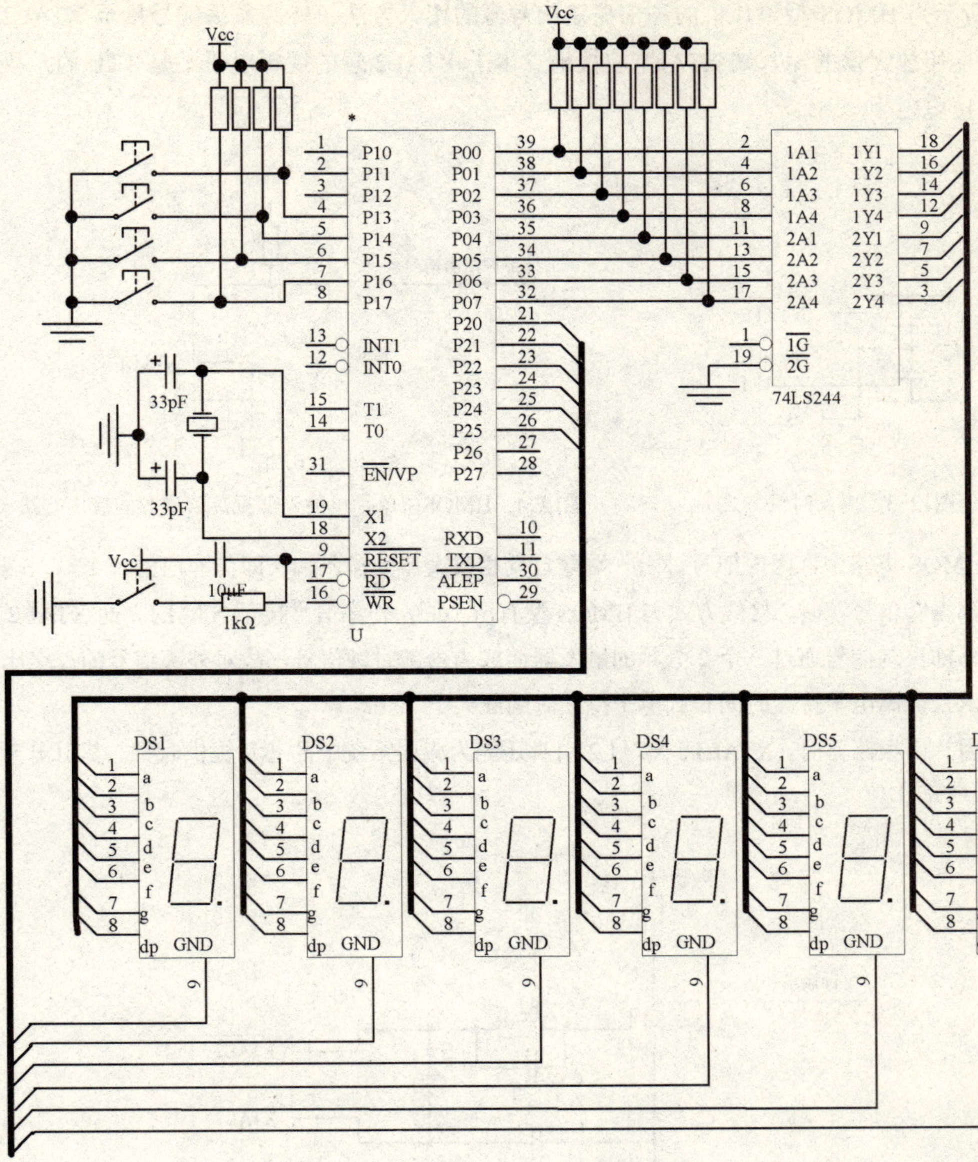

图12-2　时钟电路的总体硬件电路图

振荡晶体选择 12 MHz。电容值无严格要求，但电容取值对振荡频率输出的稳定性、大小、振荡电路起振速度有少许影响，C_{X1}、C_{X2} 可在 20～100 pF 取值，但在 60～70 pF 时振荡器有较高的频率稳定性。

在设计印制电路板时，晶体或陶瓷谐振器和电容应尽可能靠近单片机芯片安装，以减少寄生电容，更好地保证振荡器稳定、可靠地工作。

时钟系统还可以选择外部时钟方式。外部时钟方式是利用外部振荡信号源直接接入 XTAL1 或 XTAL2。由于 HMOS 和 CHMOS 单片机内部时钟进入的引脚不同（CHMOS 型单片机由 XTAL1 进入，HMOS 型单片机由 XTAL2 进入）其外部振荡信号源接入的方式也不同。

图 12-4 所示为 HMOS 型单片机的外部振荡信号源的接入方法。外部振荡信号接至 XTAL2，而内部的反相放大器的输入端 XTAL1 应接地。由于 XTAL2 端的逻辑电平不是 TTL 的，故外接一个上拉电阻。

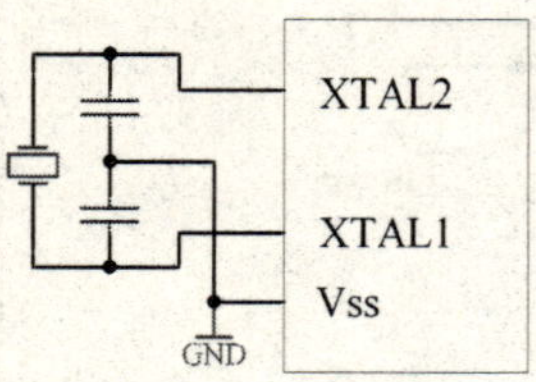

图12-3　内部时钟方式

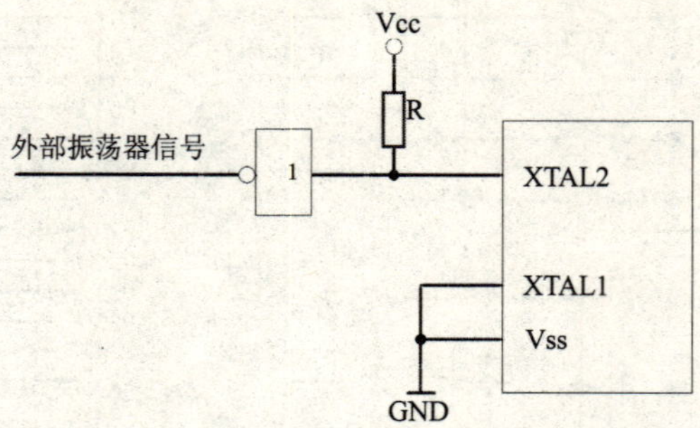

图12-4　HMOS型单片机的外部振荡信号源的接入方法

在 CHMOS 电路中，因内部时钟引入端取自反相放大器的输入端（即与非门的一个输入端），故采用外部振荡信号源时，接线方式与 HMOS 型有所不同，外部信号接至 XTAL1，而 XTAL2 可不接地。外部振荡信号通过一个 2 分频的触发器而成为内部时钟信号。故对外部信号的占空比没有什么要求，但高电平持续时间和低电平持续时间应大于 20 ns。

当使用片内振荡器时，XTAL1、XTAL2 引脚还能为应用系统中的芯片提供时钟。其引出方式如图 12-5 所示。

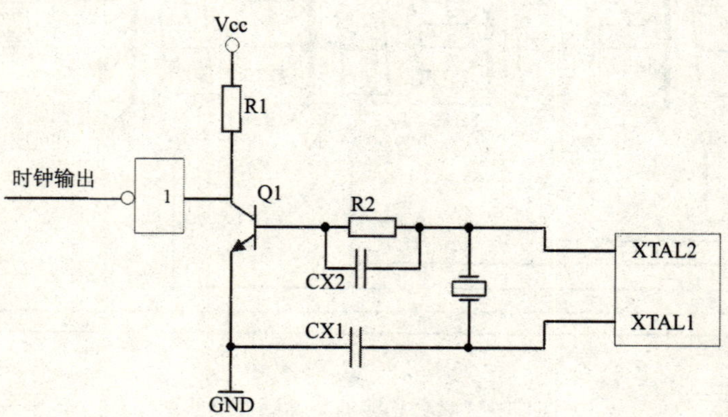

图12-5　信号输出电路

3. 按键电路

将 4 个按键分别接地和接一个上拉电阻。按键没有按下时，产生的是一个高电平，而按键按下时，产生的是低电平。4 个按键中，一个控制位选，一个控制增 1，一个控制减 1，另一个为确定按键。可以对 4 个按键进行控制，例如：按下位选控制键，选 6 位数码管显示的时、分、秒，在我的线路板上是用数码管的小数点来表示的；然后按下确定键来确定位选，接着控制增 1 或者减 1 来对时间进行调整，再按下确定键，如此循环。

4．定时系统电路

定时是由按键输入时间起点，由给定的数据作时间间隔，在时间到达时发停止信号。定时器用来产生精确计时，每 10 ms 进入一次中断，累计一秒之后改变一次显示的值。

5．动态扫描电路

点亮时从右向左依次点亮数码管，6 个数码管的显示时间为一帧，每一帧点亮的时间不超过 25 ms，即每一个数码管点亮时间不超过 4 ms，这样看起来不会闪烁。单片机 P2 口输出位选信号，通过一片锁存器 74LS373，依次选定数码管的每一位，位选以两个数码管为一个单位，从而使 6 个数码管分别显示时、分、秒，选定由数码管的小数点表示。单片机 P0 口输出段选信号，具体控制数码管的某一位，锁存器 74LS373 起驱动作用，增大电流，让数码管的显示更加明亮。在每扫描完一场之后都要读键盘，如果有键盘按下，则进入键盘设置，若有确认键按下，则开始计时。

12.5　系统软件设计

软件设计即程序设计，可分为三大块编制：

（1）系统的总控制程序；

（2）数字处理及显示程序；

（3）系统的按键查询及处理程序。

一般说来，编制一个汇编语言的程序步骤如下：

（1）分析题意，确定算法。应仔细分析和理解题意，找出合理的算法和数据结构。

（2）根据算法画出程序框图，可以从粗到细把算法逐步具体化。

（3）根据框图编写程序。

（4）上机调试程序。

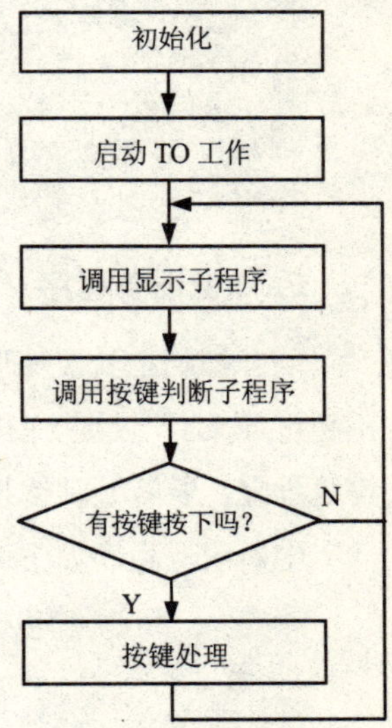

图12-6　程序流程图

12.5.1　程序流程图

图 12-6 所示为该系统程序流程框图。

12.5.2　程序设计

程序分为 3 部分：主控制程序、显示程序、按键及处理程序。

（光盘\程序\12_1. txt）

1.　主控制程序

主程序的起始地址为 0000H，但由于本系统用了定时器 T0 的中断，中断服务程序入口地址为 000BH，因此从 0000H 单元起存放一条跳转指令 AJMP START，使真正的主程序从 0300H 单元开始存放。

主程序完成两部分功能：动态显示和键盘扫描。主程序如下：

```
ORG    0000H
AJMP   START
ORG 000BH
AJMP    TIME
ORG 0300H
START:  MOV 20 H,#00H
MOV 21H,#00H
MOV 22H,#00H
MOV 23H,#00H
MOV IP,#02H               ;IP 初始化
MOV IE,#82H               ;IE 初始化
MOV TMOD,#01H             ;设定定时器工作方式 1
MOV TL0,#0B0H
MOV TH0,#3CH
SETB TR0                  ;启动定时 0
MOV SP,#40H               ;重设堆栈指针
NEXT: LCALL DISP          ;调用显示子程序
LCALL KEY                 ;调用按键检测子程序
JZ NEXT ;
LCALL ANKEY               ;调用按键处理子程序
SJMP NEXT                 ;重新循环
```

2. 中断服务程序

动态扫描主要要处理好场扫描时间，每扫描一场的时间不能超过 25 ms，每一位的显示时间不超过 4 ms，否则 LED 会有闪烁。在每扫描完一场之后都要读键盘，如果有键盘按下，则进入键盘设置，若有确认键按下，则开始计时，当有溢出时产生中断。

中断服务程序如下：

```
TIME:  PUSH ACC           ;保护现场
PUSH PSW
MOV TL0,#0B4H             ;赋定时初值
MOV TH0,#3CH
INC 20H ;
MOV A,20H
CJNE A,#20,RETI1
MOV 20H,#00H              ;1s 时间到
MOV A,21H
ADD A,#01H
DA A
MOV 21H,A
CJNE A,#60H,RETI1
MOV 21H,#00H              ;1min 时间到
MOV A,22H
ADD A,#01H
```

```
DA A
MOV 22H,A
CJNE A,#60H,RETI1
MOV 22H,#00H                ;1h 时间到
MOV A,23H
ADD A,#01H
DA A
MOV 23H,A
CJNE A,#24H,RETI1
MOV 23H,#00H                ;到时间达到 24h，清零
RETI1: POP PSW              ;恢复现场
POP ACC
RETI                        ;中断返回
```

3. 显示程序

定时器用来产生精确计时，每 10 ms 进入一次中断，累计 1 s 之后改变一次显示的值。显示程序如下：

```
DISP:   ANL 2FH,#10H        ;处理小数点
MOV A,21H                   ;处理秒 21H-->2DH,2EH
ANL A,#0FH
ORL A,2FH
MOV 2FH,A
MOV A,21H
ANL A,#0F0H
SWAP A
MOV 2EH,A
ANL 2DH,#10H
MOV A,22H                   ;处理分钟 22H-->2CH,2DH
ANL A,#0FH
ORL A,2DH
MOV 2DH,A
MOV A,22H
ANL A,#0F0H
SWAP A
MOV 2CH,A
ANL 2BH,#10H
MOV A,23H                   ;处理小时 23H-->2AH,2BH
ANL A,#0FH
ORL A,2BH
MOV 2BH,A
MOV A,23H
ANL A,#0F0H
SWAP A
MOV 2AH,A
MOV R0,#2FH                 ;显示偏移量
MOV R3,#06H
```

```
MOV DPTR,#TABLE
MOV A,#0BFH
LOOP1: MOV B,A ;
MOV P2,a
MOV A,@R0
MOVC A,@A+DPTR
MOV P0,a                    ;送显示
MOV R2,#80H                 ;延时
DJNZ R2,$
DEC R0
MOV A,B
RR A
DJNZ R3,LOOP1               ;循环显示
RET
TABLE: DB 3fh,06h,5bh,4fh,66h,6dh,7dh        ;不带小数点
DB 07h,7fh,6fh,00,00,00,00,00,00
DB 0BFH,86H,0DBH,0CFH,0E6H,0EDH,0FDH,87H     ;带小数点
DB FFH,EFH,00,00,00,00,00,00NOP
```

4. 按键判断与按键处理程序

按键按下时，会有机械抖动，如果不加处理，读键盘时会出错，可用软件延时等待抖动结束，消除抖动。

按键判断及消除抖动程序如下：

```
KEY:   MOV P1,#0FFH ;
       MOV A,P1
       CPL A
ANL A,#0F0H
JZ RETX                 ;无键按下则返回
LCALL DISP ;
LCALL DISP
MOV A,P1
CPL A
ANL A,#0F0H
JZ RETX                 ;键盘去抖动
MOV R6,A                ;将键值存入 R6
LOOP2: LCALL DISP ;
MOV A,P1
CPL A
ANL A,#0F0H
JNZ LOOP2               ;等待键释放
MOV A,R6
RETX: RET
```

按键处理子程序如下：

```
ANKEY: CLR EA           ;关中断
LX: MOV A,R6
JB ACC.2,L1             ;是功能键转 L1
JB ACC.3,L2             ;是确认键转 L2
JB ACC.4,L3             ;是减 1 键转 L3
JNB ACC.5,L12           ;不是增 1 键，转 L12
JB 2BH.4,L6             ;判断使哪一位（时、分、秒）的值加 1
JB 2DH.4,L8
JB 2FH.4,L9
L12: LCALL DISP
LCALL DISP
LCALL KEY               ;判断有无键按下
JZ L12
LJMP LX
L2: MOV 25H,#00H        ;确认键处理程序
CLR 2BH.4
CLR 2DH.4
CLR 2FH.4
SETB EA
RET
L3: JB 2BH.4,L61        ;增 1 键处理程序
JB 2DH.4,L81
JB 2FH.4,L91
AJMP L12
L1: MOV A,25H           ;功能键处理程序
JZ LB1
JB ACC.0,LB2
JB ACC.1,LB3
JNB ACC.2,L12
LB1: MOV 25H,#01H       ;25H 单元是标志位，(25H)=01H 调节时单元的值
SETB 2BH.4
CLR 2DH.4
CLR 2FH.4
AJMP L12
LB3: MOV 25H,#04H       ;25H 单元是标志位，(25H)=04H 调节秒单元的值
SETB 2FH.4
CLR 2DH.4
CLR 2BH.4
AJMP L12
LB2: MOV 25H,#02H       ;25H 单元是标志位，(25H)=02H 调节分单元的值
SETB 2DH.4
CLR 2BH.4
```

```
CLR 2FH.4
AJMP L12
L61: AJMP L611 ;
L81: AJMP L811 ;
L91: AJMP L911
L6: MOV A,23H          ;时加 1
ADD A,#01H
DA A
MOV 23H,A
CJNE A,#24H,L15
L15: JC L112
MOV 23H,#00H
L112: AJMP L12
L8: MOV A,22H          ;分加 1
ADD A,#01H
DA A
MOV 22H,A
CJNE A,#60H,L16
L16: JC L112
MOV 22H,#00H
AJMP L12
L9: MOV A,21H          ;秒加 1
ADD A,#01H
DA A
MOV 21H,A
CJNE A,#60H,L17
L17: JC L112
MOV 21H,#00H
AJMP L12
L611: MOV A,23H        ;时减 1
ADD A,#99H
DA A
MOV 23H,A
CJNE A,#99H,L112
MOV 23H,#23H
AJMP L12
L811: MOV A,22H        ;分减 1
ADD A,#99H
DA A
MOV 22H,A
CJNE A,#99H,L112
MOV 22H,#59H
AJMP L12
```

```
L911: MOV A,21H      ;秒减 1
ADD A,#99H
DA A
MOV 21H,A
CJNE A,#99H,L112
MOV 21H,#59H
AJMP L12
NOP
NOP
END
```

第 13 章　Proteus 开发环境的使用

对单片机应用系统进行软件仿真使用最为广泛的两个软件是 KEIL 公司推出的集成开发环境 KeiluVision 和 Proteus 软件。

其中 KeiluVision 这个开发环境主要是用来开发单片机 C 语言程序的，但也可以开发汇编语言程序，能够进行程序的仿真调试。甚至，它还可以和一些硬件仿真器相连接，直接对目标板进行调试，功能非常强大。

Proteus 与其他单片机仿真软件不同的是，它不仅能仿真单片机 CPU 的工作情况，也能仿真单片机外围电路或没有单片机参与的其他电路的工作情况。因此，在仿真和程序调试时，关心的不再是某些语句执行时单片机寄存器和存储器内容的改变，而是从工程的角度直接看程序运行和电路工作的过程和结果。对于这样的仿真实验，从某种意义上讲，弥补了实验和工程应用间脱节的矛盾和现象。本章主要通过 KeiluVision 和 Proteus 两个软件实现第 2 章所述例子，让读者学会掌握使用这两个软件的方法。

13.1　Proteus 的学习

本节主要介绍 Proteus 的基本操作，主要包括 Proteus 的安装、Proteus 界面简介及其操作简介。

13.1.1　Proteus 的安装

Proteus 的安装步骤如下：

（1）运行已下载好的软件中的 setup.exe 文件，如果 C 盘空间足够大的话，最好选择默认路径，因为这个软件比较特殊。若真的想安装在其他盘的话，请严格选择路径，如 D:\Program Files\Labcenter Electronics（盘可以改，但是后面两个文件夹请不要更改）。

（2）运行 patch.exe（这是补丁）一直单击 next 按钮，直到选择安装路径的那一步，然后选择 C:\Program Files\Labcenter Electronics\Proteus 7 Professional（若装在其他盘，请注意改“C:\”）。

（3）在开始菜单中打开 licence manager。然后单击 browse for key file，找到 MAXIM_LICENCE.lxk 并打开，单击 find all key files，再单击 install 按钮。Ptroteus 就安装成功了。

13.1.2　Proteus 界面简介

安装完 Proteus 后，运行 ISIS.exe，会出现图 13-1 所示的界面。

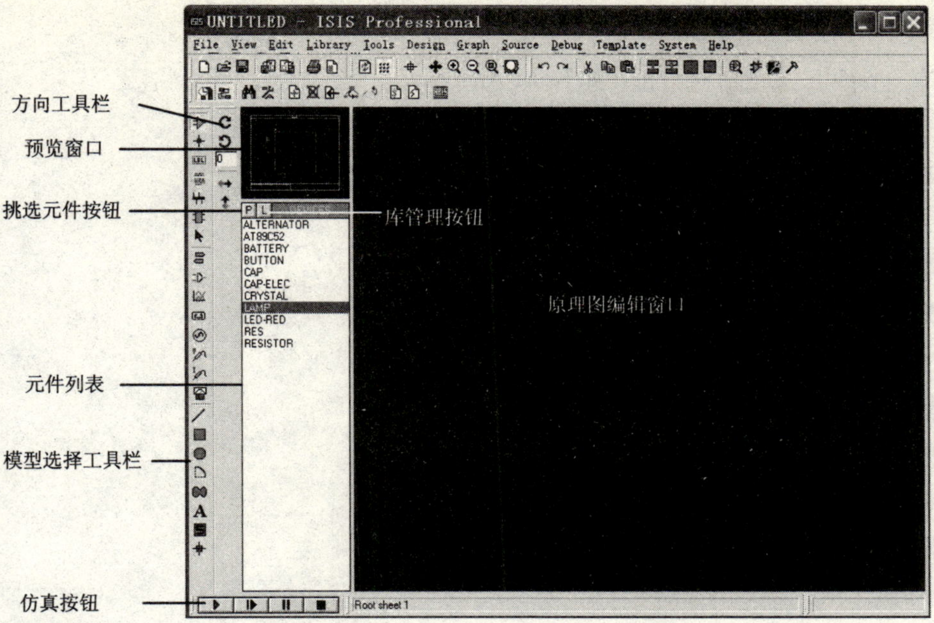

图13-1　Proteus 窗口界面

为了方便介绍，分别对窗口内各部分进行中文说明（见图 13-1）。下面简单介绍各部分的功能：

（1）原理图编辑窗口（the editing window）：顾名思义，它是用来绘制原理图的。蓝色方框内为可编辑区，元件要放到它里面。注意，这个窗口是没有滚动条的，可用预览窗口来改变原理图的可视范围。

（2）预览窗口（the overview window）：它可显示两个内容，一个是，当你在元件列表中选择一个元件时，它会显示该元件的预览图；另一个是，当你的鼠标指针放在原理图编辑窗口时（即放置元件到原理图编辑窗口后或在原理图编辑窗口中单击后），它会显示整张原理图的缩略图，并会显示一个绿色的方框，绿色的方框里面的内容就是当前原理图窗口中显示的内容，因此，你可在它上面单击来改变绿色的方框的位置，从而改变原理图的可视范围。

（3）模型选择工具栏（mode selector toolbar）：

主要模型（main modes）：

① 选择元件（components）（默认选择的）；

② 放置连接点；

③ 放置标签（用总线时会用到）；

④ 放置文本；

⑤ 用于绘制总线；

⑥ 用于放置子电路；

⑦ 用于即时编辑元件参数（先单击该图标再单击要修改的元件）。

配件（gadgets）：

① 终端接口（terminals）：有 V_{CC}、地、输出、输入等接口；

② 器件引脚：用于绘制各种引脚；

③ 仿真图表（graph）：用于各种分析，如 Noise Analysis；

④ 录音机；

⑤ 信号发生器（generators）；

⑥ 电压探针：使用仿真图表时要用到；

⑦ 电流探针：使用仿真图表时要用到；

⑧ 虚拟仪表：有示波器等。

2D 图形（2D graphics）：

① 画各种直线；

② 画各种方框；

③ 画各种圆；

④ 画各种圆弧；

⑤ 画各种多边形；

⑥ 画各种文本；

⑦ 画符号；

⑧ 画原点等。

（4）元件列表（the object selector）：

用于挑选元件（components）、终端接口（terminals）、信号发生器（generators）、仿真图表（graph）等。举例，当你选择“元件（components）”，单击 P 按钮会弹出“挑选元件”对话框，选择了一个元件后（单击 OK 按钮），该元件会在元件列表中显示，以后要用到该元件时，只需在元件列表中选择即可。

（5）方向工具栏（orientation toolbar）：

旋转：旋转角度值只能是 90 的整数倍。

翻转：完成水平翻转和垂直翻转。

使用方法：先右击元件，再单击相应的旋转图标。

（6）仿真工具栏 ：

仿真控制按钮

① 运行；

② 单步运行；

③ 暂停；

④ 停止。

13.1.3 操作简介

（1）绘制原理图：绘制原理图要在原理图编辑窗口中的蓝色方框内完成。原理图编辑窗口的操作是不同于常用的 Windows 应用程序的，正确的操作是：用左键放置元件；右键选择元件；双击右键删除元件；右键拖选多个元件；先右键后左键编辑元件属性；先右键后左键拖动元件；

连线用左键，删除用右键；改连接线：先右击连线，再左键拖动；中键放缩原理图。

（2）定制自己的元件：有 3 个实现途径，一是用 PROTEUS VSM SDK 开发仿真模型，并制作元件；另一个是在已有的元件基础上进行改造，比如把元件改为 bus 接口的；还有一个是利用已制作好（别人的）的元件，也可以到网上下载一些新元件并把它们添加到自己的元件库里面。

如需要设计一个简单的电路图（包括电阻+电源+电灯元器件的电路图），其具体操作如下：

（1）打开 Proteus 软件，单击 按钮即可新建一个文件。其界面窗口如图 13-2 所示。在图中所示 P、L、DEVICES 选项卡中选择所需的元器件，并拖放到右边的窗口中，选择相应的元器件 RES、LAMP、BUTTON 和 RESISTOR 放置到右边窗口中，通过连线，即可以实现功能，如图 13-3 所示。

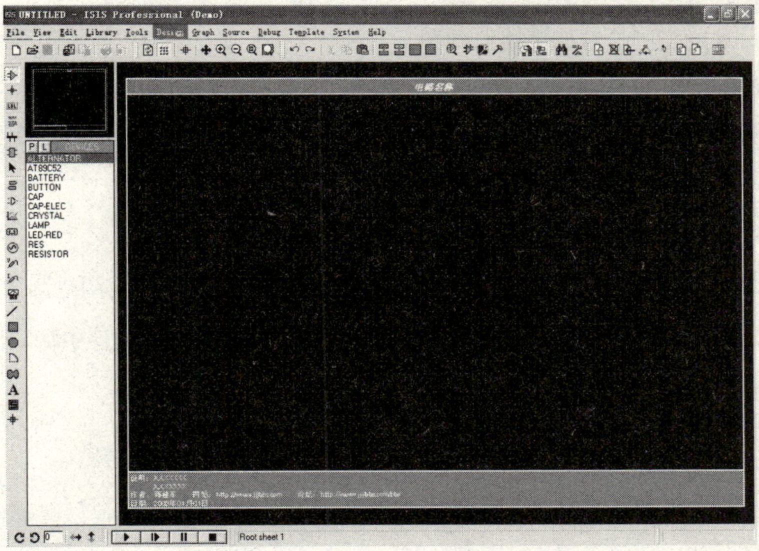

图13-2　Proteus 运行界面窗口1

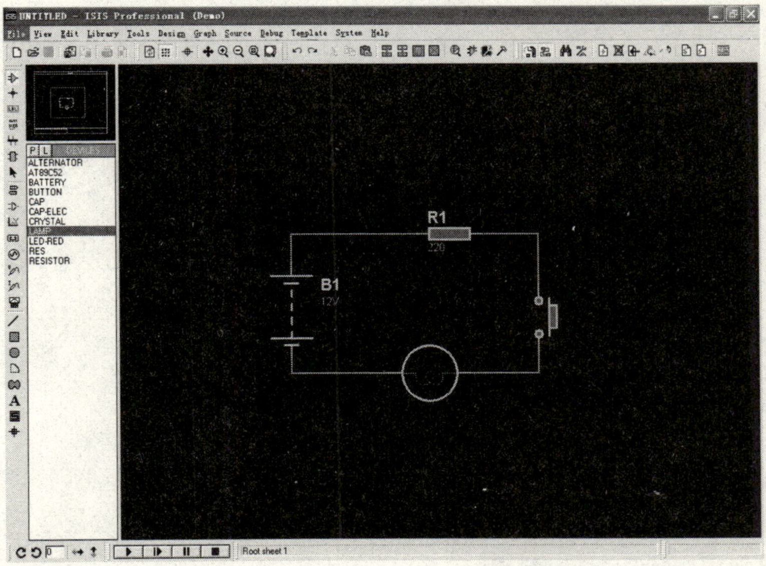

图13-3　Proteus 运行界面窗口2

（2）单击 按钮运行。当单击 BUTTON 按钮后，灯就会发亮。

13.2 多个小示例设计

13.2.1 闪烁灯的设计

1. 实验要求

P1.0 端口上接一个 LED_RED 发光二极管 DL1，使 L1 不停地一亮一灭，一亮一灭的时间间隔为 0.2 s。

2. 实验目的

（1）用 Proteus 绘制闪烁灯的电路原理图。

（2）能对电路原理图进行编译。

（3）通过编制闪烁灯的 C 语言代码，实现单片机的高级语言实现。使用 C51 创建工程、编写程序、保存该工程、编译并调试运行。

（4）Proteus 与 Keil C 联调，实现闪烁灯的软硬件仿真。

3. 实验步骤

（1）打开 Keil uVision 2 软件，新建文件 text01，在打开的 text01 文件中编写闪烁灯的程序，如图 13-4 所示。程序如下：

（光盘\程序\13_1. c）

```
#include<AT89X51.H>
sbit L1=p1^0;
void delay02s(void)
{
  unsigned char i,j,k;
  for(i=20;i>0;i--)
  for(j=20;j>0;j--)
  for(k=248;k>0;k--);
}
void main (void)
{
   while(1)
   {
      L1=0;
      delay02s();
      L1=1;
      delay02s();
   }
 }
```

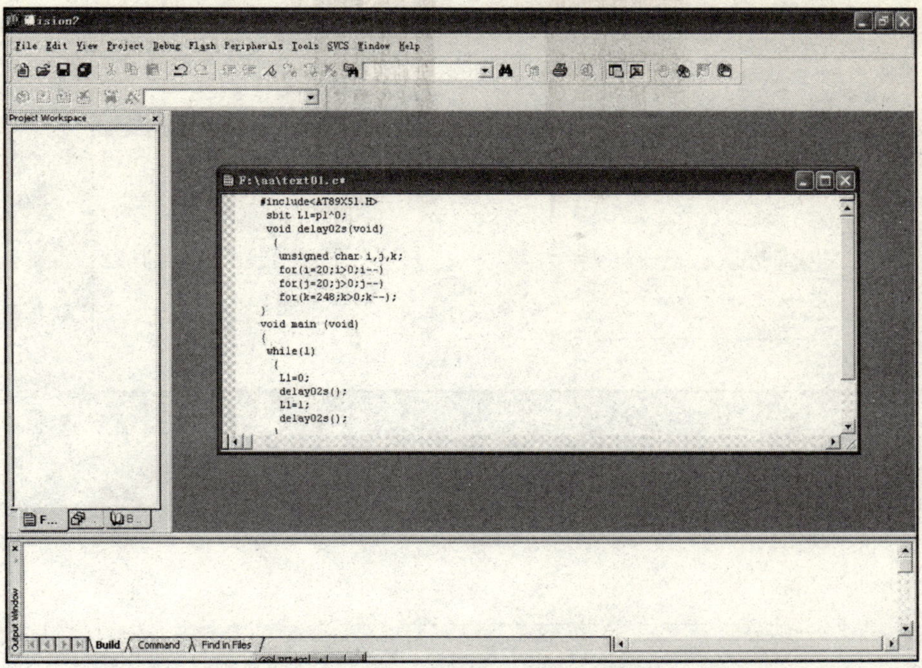

图13-4　Keil uVision 2软件界面（新建.c文件）

（2）保存文件，扩展名为.c，如图 13-5 所示。

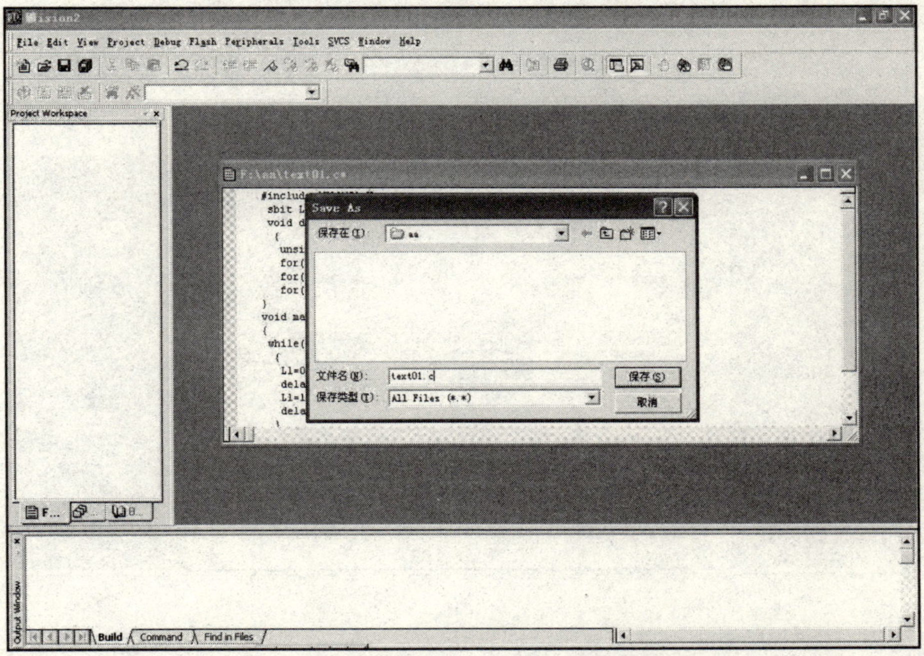

图13-5　Keil uVision 2软件界面（保存.c文件）

（3）建立工程文件，依次选择 Project | new project 命令，把 text01 设置为工程文件，如图 13-6 所示。

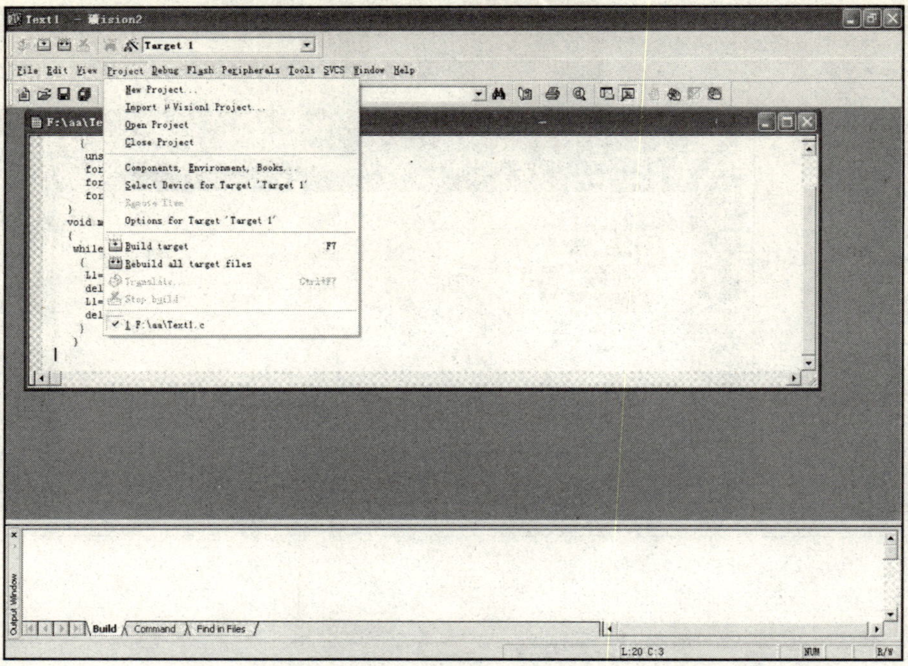

图13-6　Keil uVision 2软件界面（建立工程文件）

（4）输入文件 sa，单击“保存”按钮，在弹出的对话框中选择所需的 AT89C51 芯片，如图 13-7 所示，单击“确定”按钮。

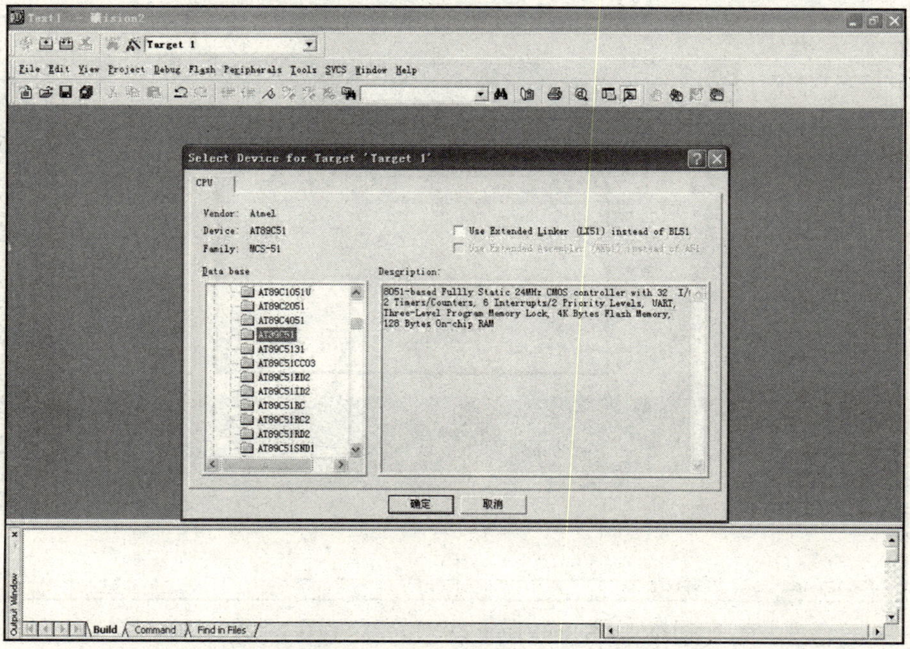

图13-7　Keil uVision 2软件界面（选择芯片）

（5）单击“确定”按钮后，弹出图 13-8 所示的窗口，单击“是”按钮。

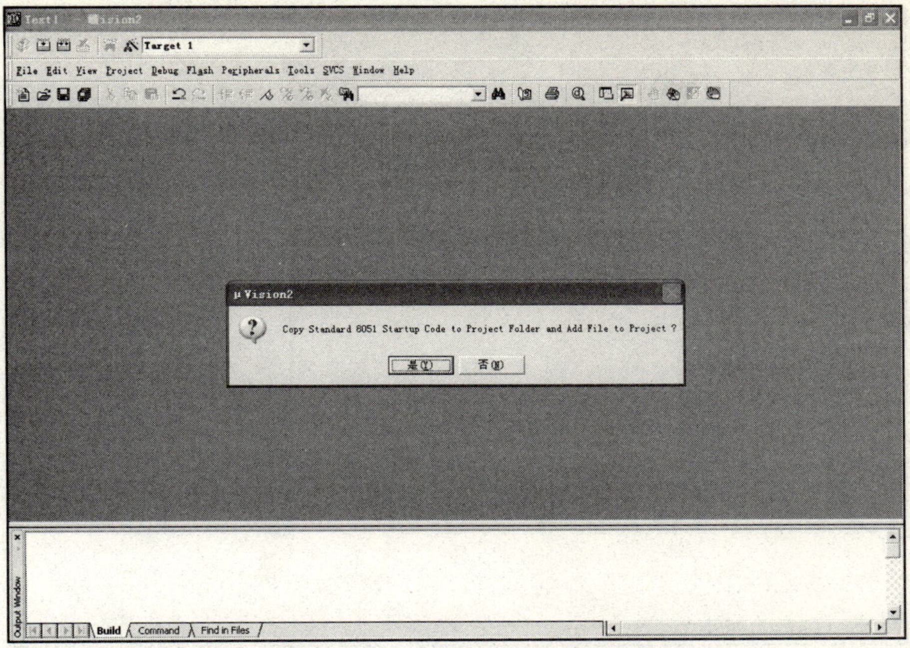

图13-8　Keil uVision 2软件界面（添加芯片代码）

（6）单击 Target1 后右击 Source Group1，在弹出的快捷菜单中选择 Add Files to Group' Source group1 命令，弹出图 13-9 所示的对话框，添加 Text1 文件，单击 Add 按钮，如图 13-10 所示。

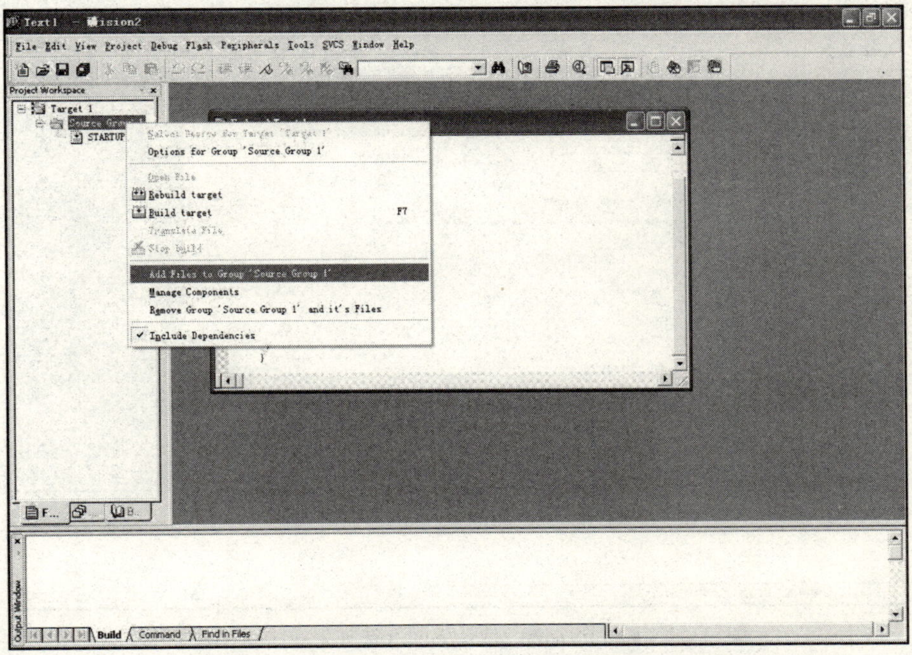

图13-9　Keil uVision 2软件界面（添加.c文件至工程文件）

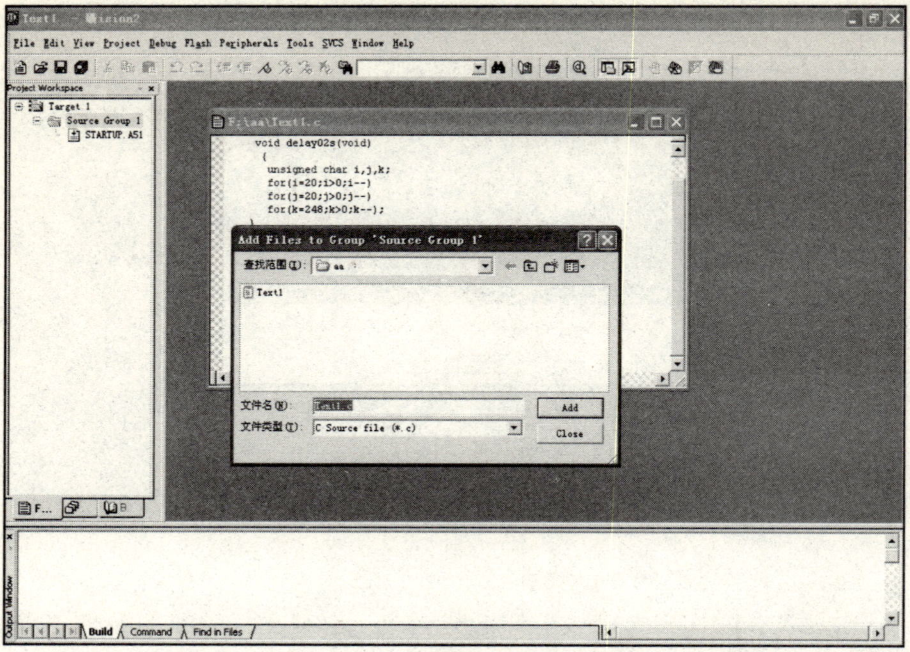

图13-10　Keil uVision 2软件界面（添加.c文件至工程文件）

（7）单击按钮，在弹出的对话框中选择 Output 选项卡，选择 Create HEX Fi 复选框，如图 13-11 所示，单击“确定”按钮。

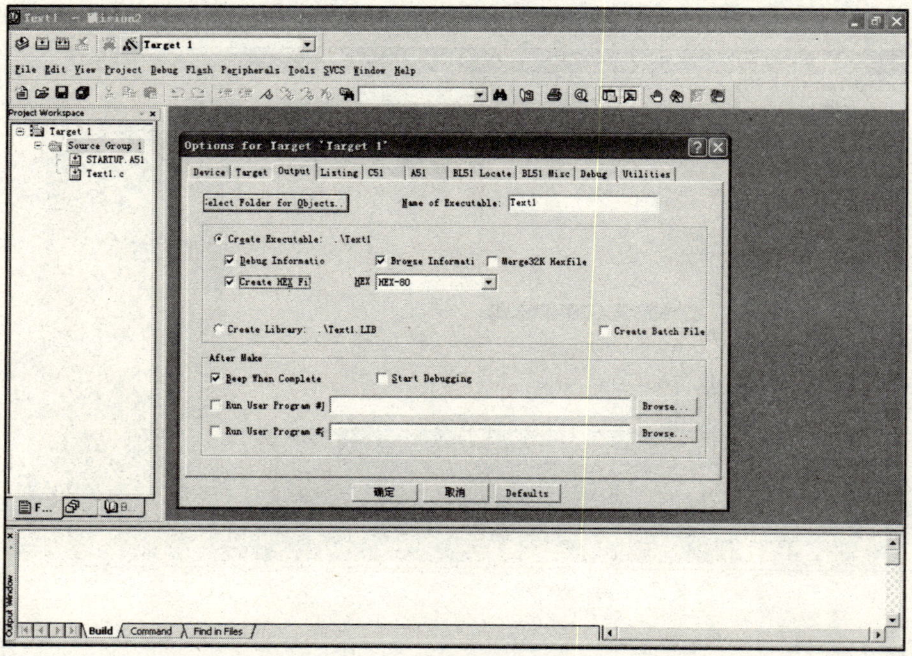

图13-11　Keil uVision 2软件界面（选择生成HEX文件）

（8）单击按钮，即 Rebuild all target files，可生成 HEX 文件，如图 13-12 所示。

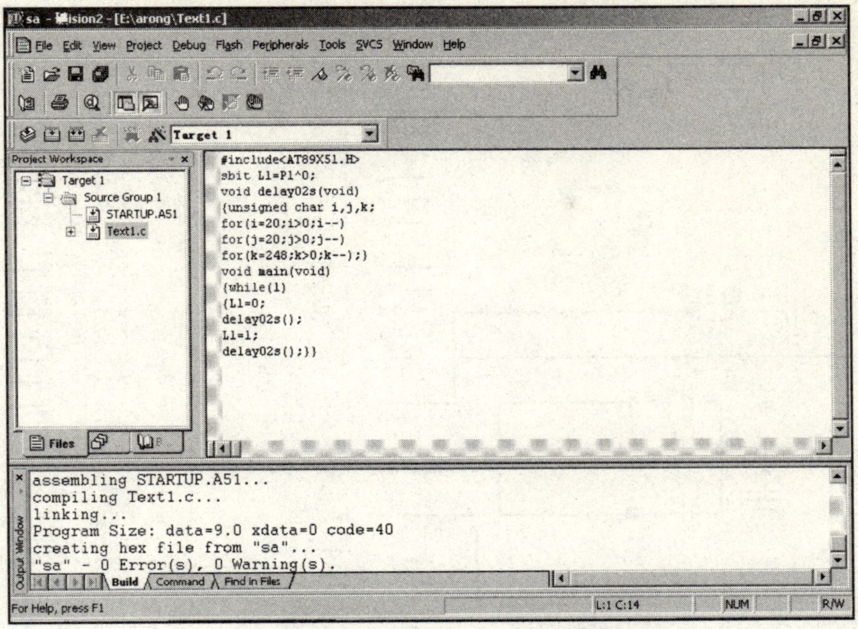

图13-12 Keil uVision 2软件界面（编译工程文件）

（9）打开 Proteus 软件，绘制该硬件电路图，其中 AT89C51 在窗口元器件不存在，要找到该元件，需单击P按钮，弹出一个 Pick Devices 对话框，在 Keywords 文本框中输入 AT89C51，再选中 AT89C51 选项，如图 13-13 所示，单击 OK 按钮，则该元件加入窗口。

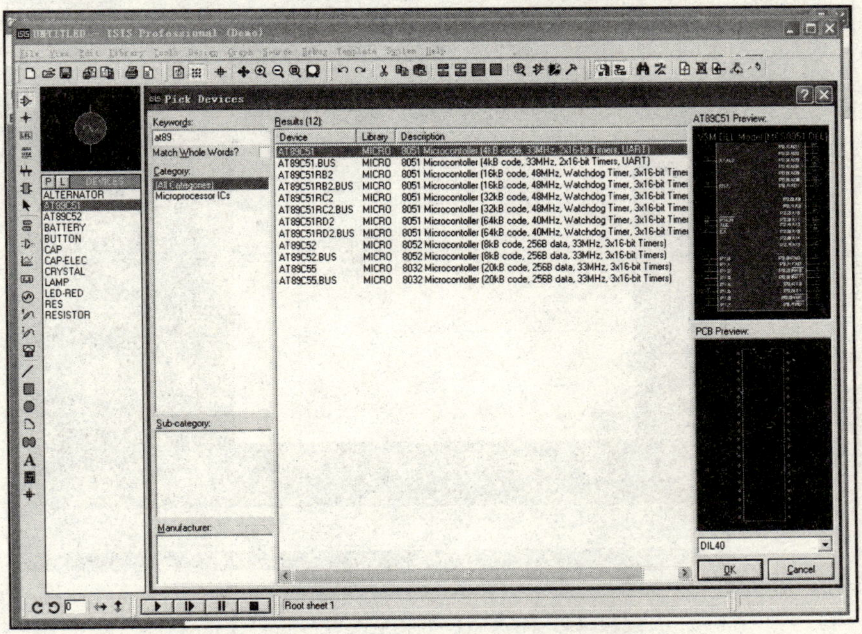

图13-13 Proteus 软件界面（选择元器件）

（10）逐步选择该电路的元器件，其电路如图 13-14 所示。

（光盘\原理图\13_14.SchDoc）

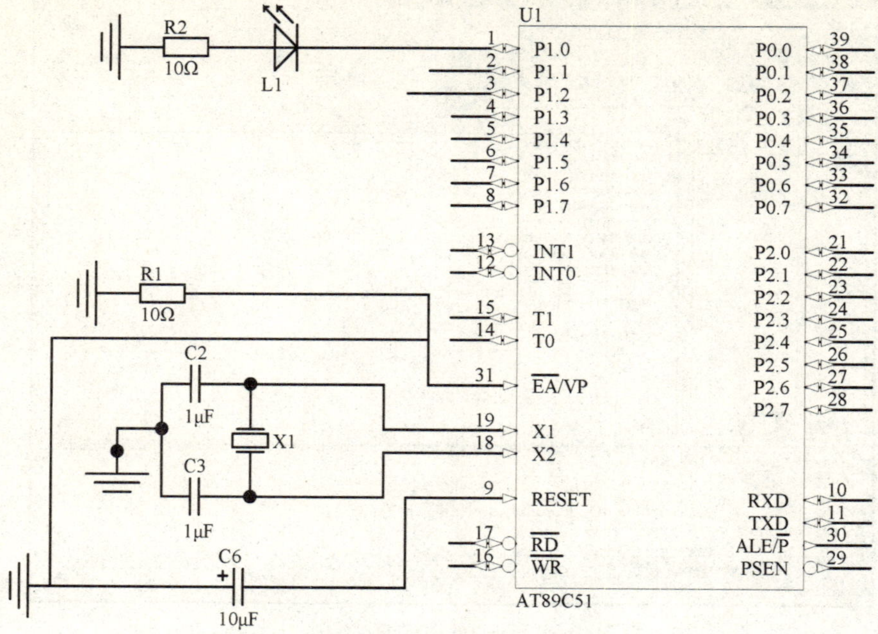

图13-14　Proteus软件界面（总体电路图）

（11）要将 HEX 下载到 AT89C51 芯片上，右键选中 AT89C51 元件，并单击弹出如图 13-15 所示的对话框。

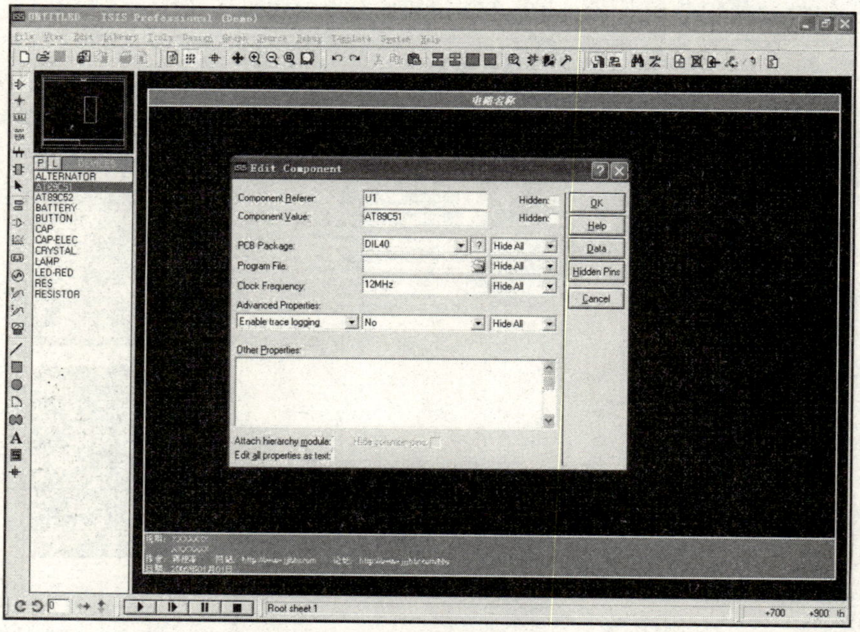

图13-15　HEX文件下载至Proteus界面 1

（12）单击 Program File 文本框后面的图标，选择扩展名为.hex 格式的文件，单击“打开”按钮，如图 13-16 所示。

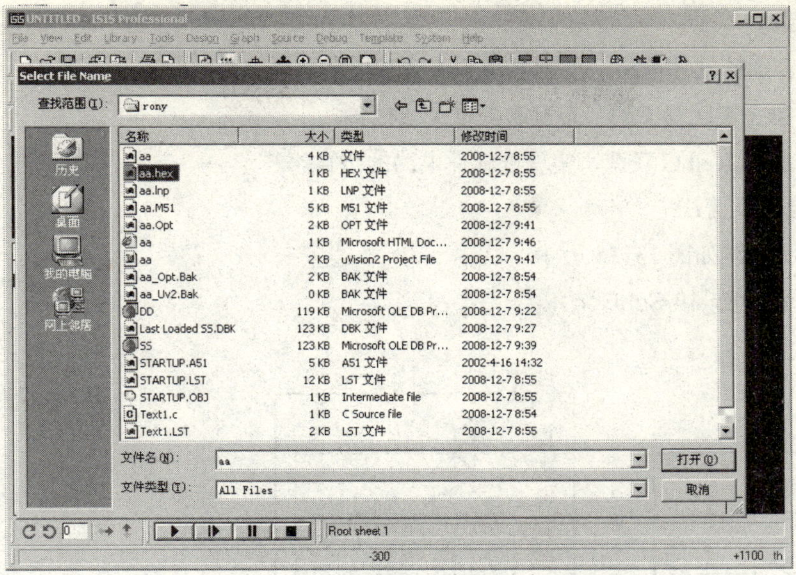

图13-16　HEX文件下载至Proteus界面 2

（13）则在 Program File 后出现图 13-17 所示的界面，单击 OK 按钮即可。

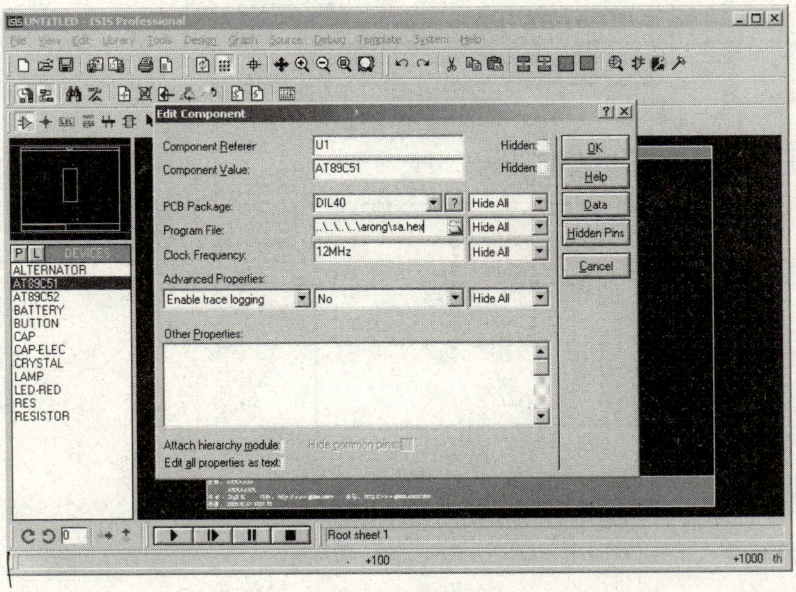

图13-17　HEX文件下载至Proteus界面 3

（14） 单击  按钮运行。

13.2.2　多路开关状态指示

1. 实验要求

AT89S51 单片机的 P1.0～P1.3 接 4 个发光二极管 L1～L4，P1.4～P1.7 接了 4 个开关 S1～S4，编程将开关的状态反映到发光二极管上（开关闭合，对应的灯亮；开关断开，对应的灯灭）。

2．实验目的

（1）选择合适的硬件电路，绘制多路开关状态指示。

（2）用 C 语言实现开关的状态反映到发关二极管。

（3）Proteus 与 Keil C 联调，实现硬软件电路的仿真。

3．实验电路及连线

实验电路及连线如图 13-18 所示。

（光盘\原理图\13_18.SchDoc）

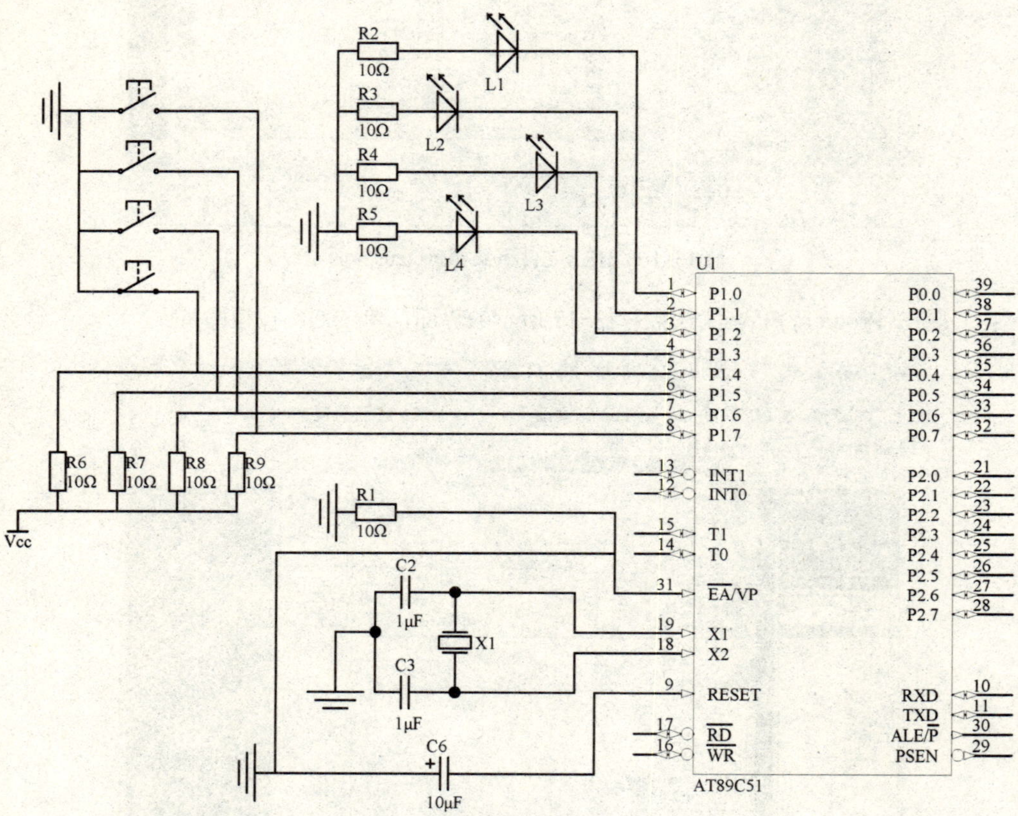

图13-18　多路开关状态指示总体电路图

4. C 语言源程序

方法一：

（光盘\程序\13_2. c）

```
#include <AT89X51.H>
unsigned char temp;
void main(void)
{
   while(1)
   {
       temp=P1>>4;
       temp=temp | 0xf0;
```

```
        P1=temp;
    }
}
```

方法二：

（光盘\程序\13_3. c）

```
#include <AT89X51.H>
void main(void)
{
    while(1)
    {
      if(P1_4==0)
      {
          P1_0=0;
      }
      else
      {
          P1_0=1;
      }
      if(P1_5==0)
      {
          P1_1=0;
      }
      else
      {
          P1_1=1;
      }
      if(P1_6==0)
      {
          P1_2=0;
      }
      else
      {
          P1_2=1;
      }
      if(P1_7==0)
      {
          P1_3=0;
      }
      else
      {
          P1_3=1;
      }
    }
}
```

13.2.3 I/O 并行口直接驱动 LED 显示

1. 实验要求

利用 AT89S51 单片机的 P0 端口的 P0.0～P0.7 连接到一个数码管的 a～h 笔段上，数码管的公共端接地。在数码管上循环显示 0～9 数字，时间间隔 0.2 s。

2. 实验目的

- 选择合适的硬件电路，绘制 I/O 并行口直接驱动 LED 显示电路。
- 用 C 语言实现数码管上循环显示 0～9 数字。
- Proteus 与 Keil C 联调，实现 I/O 并行口直接驱动 LED 显示电路。

3. 实验电路及连线

实验电路及连线如图 13-19 所示。

（光盘\原理图\13_19.SchDoc）

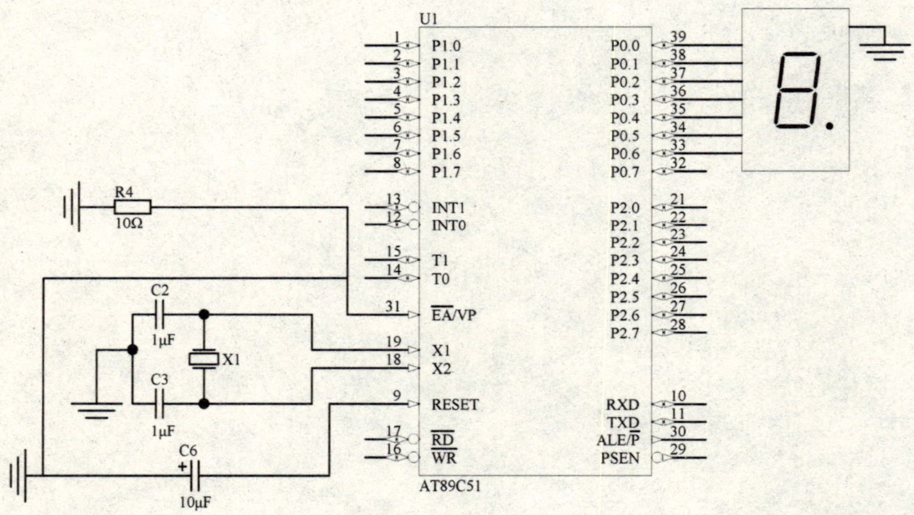

图13-19 I/O并行口直接驱动LED显示总体电路图

4. 实验说明

（1）LED 数码显示原理。

7 段 LED 显示器内部由 7 个条形发光二极管和一个小圆点发光二极管组成，根据各极管的接线形式，可分成共阴极型和共阳极型。

LED 数码管的 g～a 七个发光二极管因加零电压而发亮，因加正电压而不发亮，不同亮暗的组合就能形成不同的字形，这种组合称之为字形码。

共阴极（0～9）的字形码

```
"0"40H
"2"24H
"3"30H
"4"19H
```

```
"5"12H
"6"02H
"7"78H
"8"00H
"9"10FH
```

（2）由于显示的数字 0～9 的字形码没有规律可循，只能采用读取数组的方式来完成所需的要求。

按着数字 0～9 的顺序，把每个数字的笔段代码按顺序排好，建立的数组如下所示：table[]={0x40,0x79,0x24,0x30,0x19,0x12,0x02,0x78,0x00,0x10}

5. 程序框图（见图 13-20）

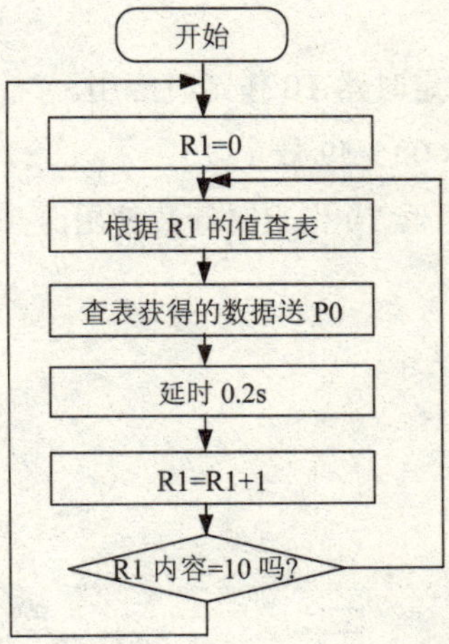

图13-20　程序流程图

6.　C 源程序代码

（光盘\程序\13_4. c）

```
#include <AT89X51.H>
unsigned    char    code    table[]={0x40,0x79,0x24,0x30,0x19,0x12,0x02,
0x78,0x00,0x10};
unsigned char dispcount;
void delay02s(void)
{
   unsigned char i,j,k;
   for(i=20;i>0;i--);
   for(j=20;j>0;j--);
   for(k=248;k>0;k--);
}
void main(void)
{
   while(1)
   {
     for(dispcount=0;dispcount<10;dispcount++)
     {
```

```
        P0=table[dispcount];
        delay02s();
    }
  }
}
```

13.2.4 定时计数器 T0 作定时应用技术

1. 实验要求

用 AT89C51 单片机的定时/计数器 T0 产生 1s 的定时时间，作为秒计数时间，当 1s 产生时，秒计数加 1，秒计数到 60 时，自动从 0 开始。

2. 实验目的

➢ 选择合适的硬件电路，绘制定时器 T0 作定时应用。

➢ 用 C 语言实现数码管上显示 00～59 数字。

➢ Proteus 与 Keil C 联调，定时器 T0 作定时计数使用。

3. 实验电路及连线

实验电路及连线如图 13-21 所示。

（光盘\原理图\13_21.SchDoc）

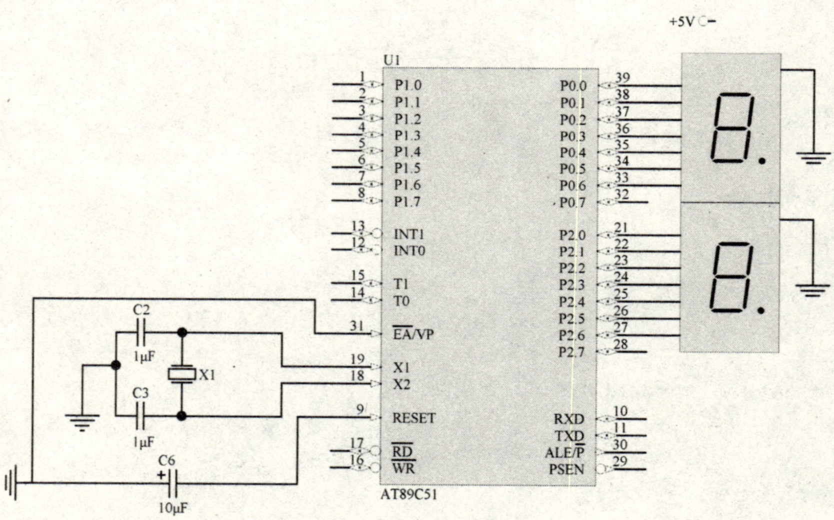

图13-21 定时计数器T0作定时应用技术总体电路图

4. 软件程序

（光盘\程序\13_5. c）

```
#include<AT89C51.H>
unsigned  char  code  dispcount[]={0x40,0x79,0x24,0x30,0x19,0x12,0x02,
0x78,0x00,0x10,0x08,0x09,0x4c,0x0c,0x0e,0x7f};
unsigned char second;
```

```
unsigned char tcount;
 void main (void)
{
   TMOD=0x01;
   TH0=(65536-50000)/256;
   TL0=(65536-50000)%256;
   TR0=1;
   ET0=1;
   EA=1;
   tcount=0;
   second=0;
   p0=dispcode[second/10]
   p2=dispcode[second%10];
   while(1);
}
void t0(void) interrupt 1 unsing 0
{
   tcount++;
   if(tcount==20)
   {
       tcount=0;
       second++;
       if(second==60)
       {
          second=0;
       }
       P0=dispcode[second/10];
       P2=dispcode[second%10];
   }
   p0=dispcode[second/10]
   p2=dispcode[second%10];
}
```

13.2.5 “嘀嘀”报警声

1. 实验要求

用 AT89C51 单片机产生“嘀、嘀、……”报警声从 P1.0 端口输出，产生频率为 1 kHz。其实现方法：1 kHz 方波从 P1.0 输出 0.2s，接着 0.2s 从 P1.0 输出电平信号，如此循环下去，即可形成所需的报警声。

2. 实验目的

- 选择合适的硬件电路，绘制定时器 T0 作定时应用。
- 用 C 语言实现数码管上显示 00～59 数字。
- Proteus 与 Keil C 联调，定时器 T0 作定时计数使用。

3. 实验电路及连线

实验电路及连线如图 13-22 所示。

（光盘\原理图\13_22.SchDoc）

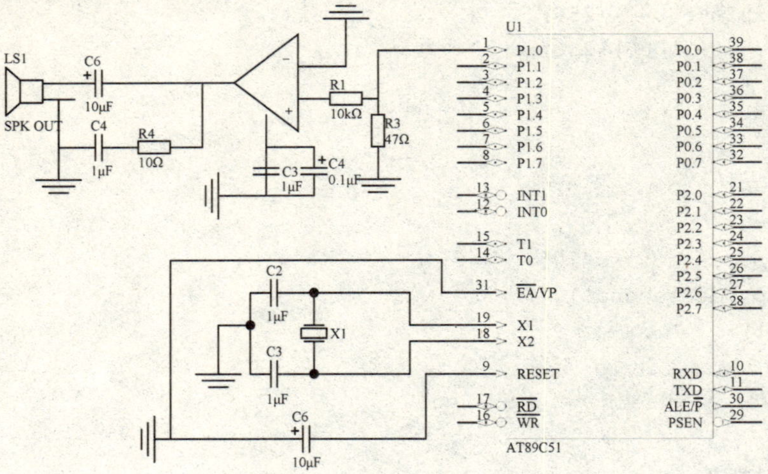

图13-22　报警声总体电路图

4. 软件程序

（光盘\程序\13_6. c）

```
#include <AT89X51.H>
unsigned int t02s;
unsigned char t05ms;
bit flag;
void main(void)
{
   TMOD=0x01;
   TH0=(65536-500)/256;
   TL0=(65536-500)%256;
   TR0=1;
   ET0=1;
   EA=1;
   while(1);
}
void t0(void) interrupt 1 using 0
{
   TH0=(65536-500)/256;
   TL0=(65536-500)%256;
   t02s++;
   if(t02s==400)
   {
      t02s=0;
      flag=~flag;
   }
   if(flag==0)
   {
      P1_0=~P1_0;
   }
}
```

附录A 89S51 指令表

机　器　码	指　　令	功　　能	字节数	周期数
74，data	MOV A，#data；	A←data	2	1
E8~EF	MOV A，Rn；	A←(Rn)	1	1
E5，direct	MOV A，direct；	A←(direct)	2	1
E6~E7	MOV A，@Ri；	A←((Ri))	1	1
78~7F，data	MOV Rn，#data；	Rn←data	2	1
A8~AF，direct	MOV Rn，direct；	Rn←(direct)	2	21
F8~FF	MOV Rn，A；	Rn←(A)	1	2
75，direct，data	MOV direct，#data；	direct←data	3	2
85，direct1，direct2	MOV direct，direct；	direct←(direct)	3	2
88~8F，direct	MOV direct，Rn；	direct←(Rn)	2	1
F5，direct	MOV direct，A；	direct←(A)	2	2
86~87，direct	MOV direct，@Ri；	direct←((Ri))	2	1
76~77，data	MOV @Ri，#data；	((Ri))←data	2	2
A6~A7，direct	MOV @Ri，direct；	((Ri))←(direct)	2	1
F6~F7	MOV @Ri，A；	((Ri))←(A)	1	2
90，data15~8，data7~0	MOV DPTR，#datal6；	DPTR←data16	1	2
E2~E3	MOVX A，@Ri；	A←((Ri))	1	2
F2~F3	MOVX @Ri，A；	((Ri))←(A)	1	22
E0	MOVX A，@DPTR；	A←((DPTR))	1	2
F0	MOVX @DPTR，A；	((DPTR))←(A)	1	2
93	MOVC A，@A＋DPTR；	A←((A)＋(DPTR))	1	1
83	MOVC A，@A＋PC；	A←((A)＋(PC))	1	1
C8~CF	XCH A，Rn；	(A)←→(Rn)	1	1
C5，direct	XCH A，direct；	(A)←→(direct)	2	1
C6~C7	XCH A，@Ri；	(A)←→((Ri))	1	1
D6~D7	XCHD A，@Ri；	(ACC.3~ACC.0)← →(Ri.3~Ri.0)	1	1
C4	SWAP A；	(ACC.7~ACC.4)← →(ACC.3~ACC.0)	1	1
C0，direct	PUSH direct；	(SP)←(SP)＋1， (SP)←(direct)	2	2
D0，direct	POP direct；	(direct)←(SP)， (SP)←(SP)－1	2	2

续表

机　器　码	指　　令	功　　能	字节数	周期数
28~2F	ADD　A，Rn；	(A)←(A)＋(Rn)	1	1
25，direct	ADD　A，direct；	(A)←(A)＋(direct)	2	1
26~27	ADD　A，@Ri；	(A)←(A)＋((Ri))	1	1
24，data	ADD　A，#data；	(A)←(A)＋data	2	1
38~3F	ADDC　A，Rn；	(A)←(A)＋(Rn)＋(CY)	1	1
35，direct	ADDC　A，direct；	(A)←(A)＋(direct)＋(CY)	2	1
36~37	ADDC　A，@Ri；	(A)←(A)＋((Ri))＋(CY)	1	1
34，data	ADDC　A，#data；	(A)←(A)＋data＋(CY)	2	1
98~9F	SUBB　A，Rn；	(A)←(A)－(Rn)－(CY)	1	1
95，direct	SUBB　A，direct；	(A)←(A)－(direct)－(CY)	2	1
96~97	SUBB　A，@Ri；	(A)←(A)－((Ri))－(CY)	1	1
94，data	SUBB　A，#data；	(A)←(A)－data－(CY)	2	1
04	INC　A；	A←(A)＋1	1	1
08~0F	INC　Rn；	Rn←(Rn)＋1	1	1
05，direct	INC　direct；	direct←(direct)＋1	2	1
06~07	INC　@Ri；	(Ri)←((Ri))＋1	1	1
A3	INC　DPTR；	DPTR←(DPTR)＋1	1	2
14	DEC　A；	A←(A)－1	1	1
18~1F	DEC　Rn；	Rn←(Rn)－1	1	1
16~17	DEC　@Ri；	(Ri)←((Ri))－1	1	1
15，direct	DEC　direct；	direct←(direct)－1	2	1
A4	MUL　AB；	BA←A×B	1	4
84	DIV　AB；	A←商(A/B)，B←余数(A/B)	1	4
D4	DA　A	(A)←(A)＋(Rn)	1	1
58~5F	ANL　A，Rn；	A←(A)∧(Rn)	1	1
55，direct	ANL　A，direct；	A←(A)∧(direct)	2	1
56~57	ANL　A，@Ri；	A←(A)∧((Ri))	1	1
54，data	ANL　A，#data；	A←(A)∧(data)	2	1
52，direct	ANL　direct，A；	direct←(direct)∧(A)	2	1
53，direct，data	ANL　direct，#data；	direct←(direct)∧data	3	2
48~4F	ORL　A，Rn；	A←(A)∨(Rn)	1	1
45，direct	ORL　A，direct；	A←(A)∨(direct)	2	1
46~47	ORL　A，@Ri；	A←(A)∨((Ri))	1	1
44，data	ORL　A，#data；	A←(A)∨(data)	2	1
42，direct	ORL　direct，A；	direct←(direct)∨(A)	2	1

续表

机器码	指令	功能	字节数	周期数
43，direct，data	ORL direct，#data；	direct←(direct)∨data	3	2
68~6F	XRL A，Rn；	A←(A)⊕(Rn)	1	1
65，direct	XRL A，direct；	A←(A)⊕(direct)	2	1
66~67	XRL A，@Ri；	A←(A)⊕((Ri))	1	1
64，data	XRL A，#data；	A←(A)⊕(data)	2	1
62，direct	XRL direct，A；	direct←(direct)⊕(A)	2	1
63，direct，data	XRL direct，#data；	direct←(direct)⊕data	3	2
E4	CLR A；	A←0	1	1
F4	CPL A；	A←($\overline{A}$)	1	1
23	RL A	ACC.(n+1)←ACC.n，（n＝0~6），ACC.0←ACC.7	1	1
03	RR A	ACC.n←ACC.(n+1)，（n＝0~6），ACC.7←ACC.0	1	1
33	RLC A	ACC.(n+1)←ACC.n，（n＝0~6），ACC.0←CY，CY←ACC.7	1	1
13	RRC A	ACC.n←ACC.(n+1)，（n＝0~6），ACC.7←CY，CY←ACC.0。	1	1
02，addr15~8，addr7~0	LJMP addr16；	PC←addr16	3	2
&0，addr7~0(注)	AJMP addr11；	PC←PC＋2；PC.10~PC.0←addr11	2	2
80，rel	SJMP rel；	PC←PC＋2＋rel	2	2
73	JMP @A＋DPTR；	PC←(A)＋(DPTR)	1	2
60，rel	JZ rel；	若(A)＝0，则(PC)←(PC)＋2＋rel，转移	2	2
70，rel	JNZ rel；	若(A)≠0，则(PC)←(PC)＋2，顺序执行	2	2
B4，data，rel	CJNE A，#data，rel；	若(A)≠0，则(PC)←(PC)＋2＋rel，转移	3	2
B5，direct，rel	CJNE A，direct，rel；	若(A)＝0，则(PC)←(PC)＋2，顺序执行	3	2
B8~BF，data，rel	CJNE Rn，#data，rel；	若(A)＝data，(PC)←(PC)＋3，CY←0	3	2
B6~B7，data，rel	CJNE @Ri，#data，rel；	若(A)>data，(PC)←(PC)＋3＋rel，CY←0	3	2
D8~DF，rel	DJNZ Rn，rel；	若(A)<data，(PC)←(PC)＋3＋rel，CY←1	2	2

续表

机　器　码	指　　令	功　　能	字节数	周期数
D5，direct，rel	DJNZ　direct，rel；	若（A）＝（direct），（PC）←（PC）＋3，CY←0	3	2
&1，addr7~0	ACALL　addrll；	若（A）＞（direct），（PC）←（PC）＋3＋rel，CY←0	2	2
12，addr15~8，addr7~0	LCALL　addr16；	若（A）＜（direct），（PC）←（PC）＋3＋rel，CY←1	3	2
22	RET；	若（Rn）＝data，（PC）←（PC）＋3，CY←0	1	2
32	RETI；	若（Rn）>data，（PC）←（PC）＋3＋rel，CY←0	1	2
00	NOP；	若（Rn）<data，（PC）←（PC）＋3＋rel，CY←1	1	1
A2，bit	MOV　C，bit；	CY←（bit）	2	1
92，bit	MOV　bit，C；	bit←（CY）	2	1
D3	SETB　C；	CY1	1	1
D2，bit	SETB　bit；	bit1	2	1
C3	CLR　C；	CY←0	1	1
C2，bit	CLR　bit；	bit←0	2	1
B3	CPL　C	/CY←CY	1	1
B2，bit	CPL　BIT	/bit←bit	2	1
82，bit	ANL　C，bit；	CY(CY)∧(bit)	2	2
B0，bit	ANL　C，/bit；	CY(CY)∧($\overline{\text{bit}}$)	2	2
72，bit	ORL　C，bit；	CY(CY)∨(bit)	2	2
B0，bit	ORL　C，/bit；	CY(CY)∨($\overline{\text{bit}}$)	2	2
B3	CPL　C；	CY($\overline{\text{CY}}$)	1	1
B2，bit	CPL　bit；	bit($\overline{\text{bit}}$)	2	1
40，rel	JC　rel；	若（CY）＝0，则 PC←（PC）＋2，程序顺序执行；	2	2
50，rel	JNC　rel；	若（CY）＝1，则 PC←（PC）＋2＋rel，程序转移。	2	2
20，bit，rel	JB　bit，rel；	若（CY）＝0，则 PC←（PC）＋2＋rel，程序转移；	3	2
30，bit，rel	JNB　bit，rel；	若（CY）＝1，则 PC←（PC）＋2，程序顺序执行。	3	2
10，bit，rel	JBC　bit，rel；	若（bit）＝0，则 PC←（PC）＋2，程序顺序执行；	3	2

附录 B ASCII 码表

低4位 \ 高3位		000	001	010	011	100	101	110	111
		0	1	2	3	4	5	6	7
0000	0	NUL	DLE	SP	0	@	P	`	p
0001	1	SOH	DC1	!	1	A	Q	a	q
0010	2	STX	DC2	"	2	B	R	b	r
0011	3	ETX	DC3	#	3	C	S	c	s
0100	4	EOT	DC4	$	4	D	T	d	t
0101	5	ENQ	NAK	%	5	E	U	e	u
0110	6	ACK	SYN	&	6	F	V	f	v
0111	7	BEL	ETB	'	7	G	W	g	w
1000	8	BS	CAN	(	8	H	X	h	x
1001	9	HT	EM	)	9	I	Y	i	y
1010	A	LF	SUB	*	:	J	Z	j	z
1011	B	VT	ESC	+	;	K	[	k	{
1100	C	FF	FS	,	<	L	\	l	|
1101	D	CR	GS	-	=	M	]	m	}
1110	E	SO	RS	.	>	N	↑	n	~
1111	F	SI	US	/	?	O	_	o	DEL

参考文献

[1] 余永权. ATMEL89系列单片机应用技术[M]. 北京：北京航空航天大学出版社，2002.

[2] 何立民. MCS-51系列单片机应用系统设计：系统配置与接口技术[M]. 北京：北京航空航天大学出版社，1999.

[3] 沈红卫. 单片机应用系统设计实例与分析[M]. 北京：北京航空航天大学出版社，2006.

[4] 蒋辉平，周国雄. 单片机原理与应用设计[M]. 北京：北京航空航天大学出版社，2007.

[5] 余永权，汪明慧，黄英. 单片机在控制系统中的应用[M]. 北京：电子工业出版社，2003.

[6] 沈红卫. 基于单片机的智能系统设计与实现[M]. 北京：电子工业出版社，2005.

[7] 王新贤. 通用集成电路速查手册[M]. 济南：山东科学技术出版社，2002.

[8] 扈啸，周旭升. 单片机数据通信技术从入门到精通[M]. 西安：西安电子科技大学出版社，2002.

[9] 赖麒文. 8051单片机C语言彻底应用[M]. 北京：科学出版社，2002.

[10] 黄继昌，张海贵. 实用单元电路及其应用[M]. 北京：人民邮电出版社，2000.

[11] 李广弟. 单片机基础[M]. 北京：北京航空航天大学出版社，1994.

[12] 宋浩，田丰. 单片机原理及应用[M]. 北京：清华大学出版社，北京交通大学出版社，2005.

[13] 鲍宏亚，李月华. MCS-51系列单片机应用系统设计及实用技术[M]. 北京：中国宇航出版社，2005.

[14] 胡汉才. 单片机原理及其接口技术[M]. 北京：清华大学出版社，2004.

[15] 马忠梅. 单片机的C语言应用程序设计[M]. 北京：北京航空航天大学出版社，1997.

[16] 李光飞，楼然苗，胡佳文，等. 单片机课程设计实例指导[M]. 北京：北京航空航天大学出版社，2004.

[17] 张毅坤，陈善久，裘雪红. 单片微型计算机原理及应用[M]. 西安：西安电子科技大学出版社，1998.

[18] 高锋. 单片微机应用系统设计及实用技术[M]. 北京：机械工业出版社，2004.

[19] 张毅刚，彭喜源，谭晓昀. MCS-51单片机应用设计[M]. 哈尔滨：哈尔滨工业大学出版社，1997.

[20] 张培仁，等. 基于C语言编程MCS-51单片机原理与应用[M]. 北京：清华大学出版社，2002.

[21] 徐爱钧，彭秀华. 单片机高级语言C51 Windows环境编程与应用[M]. 北京：电子工业出版社，2001.

[22] 张洪润，张亚凡. 单片机原理及应用[M]. 北京：清华大学出版社，2004.

[23] 傅扬烈. 单片机原理与应用教程[M]. 北京：电子工业出版社，2002.

[24] 蒋辉平，周国雄．单片机原理与应用设计[M]．北京：北京航空航天大学出版社，2007.
[25] 周国雄，夏国荣，周凯，等．基于无线数据收发原理的自动报站系统[J]．微计算机信息，2008，24（1-1）.
[26] 周国雄，许明情．城市公交车自动报站系统设计及其应用[J]．装备制造技术，2007，4：109-111.
[27] 蒋辉平，周国雄，皮暑利，等．超声波加热加湿及恒温恒湿控制系统[J]．山西电子技术，2008，3.
[28] 肖会芹，周国雄，孙艳华．基于单片机的超声波雾化器智能控制系统[J]．微计算机信息，2009.
[29] 周国雄，朱俊杰，郑伟．基于超声波雾化器的农作物温湿度智能控制系统[J]．农机化研究，2008.
[30] 王三胜，徐茵，顾彪，等．MAX813L 工作原理及其在 51 单片机系统抗干扰中的应用[J]．工业仪表与自动化装置，2001.
[31] 王水平．开关稳压电源设计与实用电路[M]．西安：西安电子科技大学出版社，1999.
[32] 刘胜利．现代高频开关电源实用技术[M]．北京：电子工业出版社，2001.
[33] 陈国成．新型电力电子变换技术[M]．北京：中国电力出版社，2004.
[34] 刘凤君．逆变器用整流电源[M]．北京：机械工业出版社，2003.
[35] 谢自美．电子线路设计•实验•测试[M]．武汉：华中电子科技大学出版社，2007.
[36] 周国雄，朱俊杰．一种智能农业设备开关稳压电源系统研究[J]，安徽农业科学，2008.
[37] 周国雄，晏密英．一种输出可调智能开关稳压电源设计[J]，微计算机信息，2009.
[38] 康华光．电子技术基础：数字部分[M]．北京：高等教育出版社, 2000.
[39] 康华光．电子技术基础：模拟部分[M]．北京：高等教育出版社, 2000.
[40] 卢元元，王辉．电路理论基础[M]．西安：西安电子科技大学出版社, 2004.
[41] 黄贤武，郑筱霞．传感器原理与应用[M]．北京：高等教育出版社, 2004.
[42] 寿松.自动控制原理[M]．北京：科学出版社, 2005.
[43] 周守昌.电路原理[M]．北京：高等教育出版社, 1999.
[44] 陈明荧．8051 单片机课程设计实训教材[M]．北京：清华大学出版社, 2004.
[45] 徐淑华，程退安，姚万生．单片机微型机原理及应用[M]．哈尔滨：哈尔滨工业大学出版社, 1994.
[46] 李晓妮．单片机温度控制系统的设计[J]．九江学院学报, 2005, 2: 20-23.
[47] 梁合庆．单片机开发调试应注意的问题[J]．电子产品世界, 2000, 5: 43-48.
[48] 居荣，郭怡倩．DS18B20 在温度控制中的运用[J]．农机化研究, 2004.
[49] 张开生，郭国法．MCS-51 单片机温度控制系统的设计[J]．微计算机信息, 2005.
[50] 李萍．单片机温度控制系统的设计与实现[J]．固原师专学报, 1999, 20(6): 22-25.
[51] 龚红军．单片机温度控制系统[J]．电子时代, 2002, 10：66-67.

[52] 陈润泰, 许琨. 检测技术和智能仪表[M]. 长沙: 中南工业大学出版社, 1998.

[53] BARRON J L , FLEET D J . Performance of optical flow techniques[J] Int. Journal on Computer Vision,1994.

[54] 郑伟，周国雄. 基于模糊控制算法的温控表设计[J]. 装备制造技术，2008(5)89-93.

[55] 杨小牛，楼才艺. 软件无线电原理与应用[M]. 北京：电子工业出版社，2002.

[56] 苏长赞. 实用遥控技术手册[M]. 北京：人民邮电出版社，1996.

[57] 宣飞，韩锐，王玉刚，等. 数字交流毫伏表的设计与制作[J]. 大连民族学院学报，2001.

[58] 张江，周国雄. 基于电压测量的智能数字交流毫伏表的设计[J]，微计算机信息，2009.

[59] 王水平. 开关稳压电源设计与实用电路[M]. 西安：西安电子科技大学出版社，1999.

[60] 黄智伟.全国大学生电子设计竞赛训练教程[M]. 北京：电子工业出版社，2005.

[61] 李迟生. 智能遥控器的设计［J］. 电子技术应用，1997.

[62] 严后选，孙健国，张天宏. 无线红外智能遥控器的设计［J］. 测控技术，2003.

[63] 张克芳，吴世龙. 基于 EM78P468 单片机的红外遥控器的编程与开发［J］. 红外技术，2004.

[64] 郝建国. 家用电器遥控系统集成电路大全[M]. 北京：人民邮电出版社，1996.

[65] 黄继昌，张海贵. 实用单元电路及其应用[M]. 北京：人民邮电出版社.2000.

[66] 张肃文，陆兆熊. 高频电子线路 [M]. 3 版.北京：高等教育出版社，1993.

[67] 吉雷. Protel 99 从入门到精通[M]. 西安：西安电子科技大学出版社，2000.

[68] 刘少聪. 新指纹学[M]. 合肥：安徽人民出版社，2004.

[69] 周孝权. 用微机图像处理[M]. 北京：北京航天大学出版社，1994.

[70] 王润生. 图像理解[M]. 长沙：国防科技大学出版社，2004.

[71] 王积分，张新容. 计算机图像识别[M]. 北京：中国铁道出版社，2000.

[72] 孟利民，周国雄. 基于指纹识别技术的银行储蓄网络认证系统[J]. 网络安全技术与应用 2006.

[73] 孟利民，周国雄. 计算机自动指纹识别技术的银行网络登录系统[J]. 福建电脑，2007.

[74] 薛定宇.反馈控制系统设计与分析-MATLAB 语言应用[M]. 北京：清华大学出版社，2000.

[75] 陈伯时.电力拖动自动控制系统 [M]. 3 版.北京：机械工业出版社，2003.

[76] 易继锴，侯媛彬. 智能控制技术[M]. 北京：北京工业大学出版社，2004.

[77] 于海生. 微型计算机控制技术[M]. 北京：清华大学出版社，1999.

读者意见反馈表

亲爱的读者：

感谢您对中国铁道出版社的支持，您的建议是我们不断改进工作的信息来源，您的需求是我们不断开拓创新的基础。为了更好地服务读者，出版更多的精品图书，希望您能在百忙之中抽出时间填写这份意见反馈表发给我们。随书纸制表格请在填好后剪下寄到：北京市宣武区右安门西街8号中国铁道出版社计算机图书中心零售部 苏茜 收（邮编：100054）。或者采用传真（010-63549458）方式发送。此外，读者也可以直接通过电子邮件把意见反馈给我们，E-mail地址是：suqian@tqbooks.net。我们将选出意见中肯的热心读者，赠送本社的其他图书作为奖励。同时，我们将充分考虑您的意见和建议，并尽可能地给您满意的答复。谢谢！

所购书名：______________________________

个人资料：

姓名：________ 性别：________ 年龄：________ 文化程度：________

职业：________ 电话：________ E-mail：________

通信地址：______________________________ 邮编：________

您是如何得知本书的：

□书店宣传 □网络宣传 □展会促销 □出版社图书目录 □论坛 □杂志、报纸等的介绍 □别人推荐

□其他（请指明）______________________________

您从何处得到本书的：

□书店 □邮购 □商场、超市等卖场 □图书销售的网站 □学校 □其他

影响您购买本书的因素（可多选）：

□内容实用 □价格合理 □装帧设计精美 □优惠促销 □书评广告 □出版社知名度 □作者名气

□娱乐需要 □其他

您对本书封面设计的满意程度：

□很满意 □比较满意 □一般 □不满意 □改进建议

您对本书的总体满意程度：

从文字的角度 □很满意 □比较满意 □一般 □不满意

从内容的角度 □很满意 □比较满意 □一般 □不满意

您希望书中图的比例是多少：

□少量的图片辅以大量的文字 □图文比例相当 □大量的图片辅以少量的文字

您希望本书的定价是多少：

本书最令您满意的是：

1.

2.

您在使用本书时遇到哪些困难：

1.

2.

您希望本书在哪些方面进行改进：

1.

2.

您需要购买哪些方面的图书？对我社现有图书有什么好的建议？

您更喜欢阅读哪些类型和层次的计算机书籍（可多选）？

□入门类 □精通类 □综合类 □问答类 □图解类 □查询手册类 □实例教程类

您在使用攻略类图书的过程中遇到哪些困难？

您的其他要求：